看图是个技术活——工程施工图识读系列

如何识读钢结构施工图

郭荣玲　编著

机械工业出版社

图纸是工程技术人员的语言，本书针对初入钢结构工程施工从业者的特点，从识图的基本知识和钢结构施工图中的符号出发，结合钢结构的特点，将内容分为3章：第一章结合国家标准先从钢结构施工图的基本内容和常用专业符号讲起，让初学者对施工图的内容有个全面的了解，引导入门；第二章结合标准图集从钢结构较为常见的结构类型出发，结合实例一一详解；第三章提供了较为常见并具有代表性的钢结构设计施工图实例，实例本着简单、全面、实用的原则，力求使读者学以致用。

本书通俗易懂，实践性强，适合于刚走上工作岗位的钢结构从业者和钢结构工程施工技术人员。

图书在版编目（CIP）数据

如何识读钢结构施工图/郭荣玲编著.—北京：机械工业出版社，2020.3
(2022.1 重印)
(看图是个技术活．工程施工图识读系列)
ISBN 978-7-111-64722-5

Ⅰ.①如…　Ⅱ.①郭…　Ⅲ.①钢结构－工程施工－识图
Ⅳ.①TU391

中国版本图书馆CIP数据核字（2020）第024658号

机械工业出版社（北京市百万庄大街22号　邮政编码100037）
策划编辑：薛俊高　责任编辑：薛俊高
责任校对：刘时光　封面设计：张　静
责任印制：张　博
保定市中画美凯印刷有限公司印刷
2022年1月第1版第2次印刷
184mm×260mm·10印张·15插页·290千字
标准书号：ISBN 978-7-111-64722-5
定价：39.00元

电话服务	网络服务
客服电话：010-88361066	机　工　官　网：www.cmpbook.com
010-88379833	机　工　官　博：weibo.com/cmp1952
010-68326294	金　书　网：www.golden-book.com
封底无防伪标均为盗版	机工教育服务网：www.cmpedu.com

前言 Perface

近年来，随着我国改革开放的不断深化和市场经济的飞速发展，追求高速、高效、高质量的产品已成为现代企业发展的方向。建筑行业当然也不例外，追求工程周期短、质量高、施工占地少、投资成效快、绿色环保是现代建筑的基本要求，钢结构建筑正好符合这一要求。特别是近几年高层建筑群已成为大中城市建筑的显著特征，尤其是在各大省会城市均采用钢结构建设标志性建筑。北京2008奥运会场馆跨度大，难度高，绝大部分也使用了高质量的建筑钢结构产品。而且钢结构还因具有良好的抗震性能，在高烈度地震区使用更广。

在钢结构市场不断扩大的同时，钢结构施工从业人员相应地也越来越多。随着我国钢产量的大幅度增长和钢结构建筑领域由工业建筑向民用住宅建筑的拓展，需要更多能够全面、准确地掌握钢结构识图技能的技术人员和施工人员在读懂钢结构施工图的设计意图后，严格按图施工，以确保施工安全和施工质量。然而，目前懂得和掌握钢结构技术的技术人员和工人严重匮乏，而钢结构施工图又与其他专业的施工图有着较大的差异，给初学者带来一定的难度。为此，编写本书，旨在为钢结构初学者掌握基本技能搭桥铺路，为其提升就业的能力；为部分已从事钢结构行业的人员的技能水平能够更上一层楼，切实提高其在钢结构专业方面的综合素质。

施工图是工程师的“语言”，是设计者设计意图的体现，因此要想读懂，首先必须先读懂这种语言，而这种语言是设计者根据建筑制图国家标准通过一系列的符号来表达清楚的。因此，本书第一章结合国家标准先从钢结构施工图的基本内容和常用专业符号讲起，让初学者对施工图的内容有个全面的了解，并熟悉施工图的一系列符号所表达的含义。第二章结合标准图集从钢结构较为常见的结构类型出发，图文并茂地进行详细讲解。第三章则将内容转换到钢结构较为常见并具有代表性的实例中，实例本着简单、全面、实用的原则，使初学者在熟悉了前面两章识图知识的基础上，可以结合实例进行识读，切实做到学以致用。

限于编者的水平，书中疏漏不妥之处在所难免，恳请广大读者批评指正，在此谨表谢意。

目录
Contents

第一章　钢结构施工图基础知识

钢结构是采用钢板及型钢经过加工焊接成各种形状的钢构件后，通过焊接、螺栓、铆钉将钢构件之间相互连接固定起来，从而形成的承重结构物。它具有重量轻、强度高、制作安装周期短、可靠性强、抗震性能好等优点，因此在建筑工程中被广泛应用。

施工图根据施工内容和作用的不同可分为建筑施工图、结构施工图和设备施工图。它是设计者设计意图的体现，也可称为是设计工程师的“语言”，是设计者根据国家标准通过一系列的符号和图示方法表达自己设计理念的一种方法，并通过这种方法来进行工程建设过程中的交流。因此要学会识读施工图，必须要先从这些符号和图示方法着手学起，熟悉它在施工图中所表示的含义，这也是本章所要掌握的主要内容。

第一节　钢结构施工图的内容及阅图技法

钢结构施工图分为设计图和施工详图两种，本书只针对钢结构设计图进行讲解。

一、钢结构设计图的基本内容

设计图是由设计单位负责编制的，是提供给编制钢结构施工详图的单位作为深化设计的依据，所以钢结构设计图应在内容和深度方面满足编制钢结构施工详图的要求。

钢结构的结构类型多种多样，主要分为单层、多层、高层、网架等钢结构。所以构件的选型和截面种类也很多，设计单位必须对设计依据、荷载资料、建筑抗震设防类别和设防标准，工程概况、材料选用和材质要求，结构布置、支撑设置、构件选型、构件截面和内力，主要节点构造、应用的符号、代号、图例形式及控制尺寸等均应表达清楚，为相关主管部门的审查和钢结构施工详图的编制提供方便。

一般钢结构设计图包括以下几部分：图纸目录、设计总说明、基础布置图、地脚锚栓布置图、结构布置图、构件图、连接节点详图、辅助构件布置图和详图、材料表等。

1）图纸目录通常注有设计单位、工程名称、工程编号、出图日期、图纸名称、图别、图号、图幅和校对制表人等。

2）设计总说明通常放在整套图纸的首页，主要对设计简介（工程概况、设计假定、特点和设计要求、使用程序）、设计依据、设计荷载资料、材料的选用、主要节点的构造做法、制作安装要求等内容进行文字说明。

3）基础布置图包括基础平面布置图和基础详图。前者表示出基础相对于轴线所处的平面位置，并标明了基础、基础梁和钢筋混凝土柱的编号，以及基础、基础梁与其他构件与基础间的相互关系，并对有关基础的设计要求进行文字说明。后者主要表示出基础所在的轴线号、基底平面尺寸、底板的配筋、基底的标高、基础的高度等细部尺寸。

4）地脚锚栓布置图分别标注了各个柱脚锚栓相对于纵横轴线的具体位置尺寸，并在基础剖面图上标出螺栓空间位置标高、规格数量及埋设深度。

5）结构布置图可分为两大部分，一是主刚架结构布置图，二是次构件布置图。主刚架主要包括钢柱、钢梁、吊车梁平面布置图。多层和高层钢结构还包括各层框架梁平面布置图。次构件布置图可分为屋面次构件和墙面次构件两部分。其中屋面次构件部分主要包括屋面水平支撑、拉条、隅撑、檩条；墙面次构件部分主要包括柱间支撑、拉条、隅撑和檩条的布置图。主刚架和次构件平面布置图上均标明了各主次构件的编号和它在轴线上的具体位置。

6）构件图可以是刚架图、框架图或是单根构件图。

7）连接节点详图一般包括柱脚节点详图、柱拼接详图、梁拼接节点详图、柱与梁连接节点详图、主次梁连接详图、钢梁与混凝土连接详图、屋脊节点详图、支撑节点等详图。如果工程有外围护要求，则还包括外围护详图。节点详图是表示某些复杂节点的细部构造情况，详图上注明了与此节点相关构件的位置、尺寸、需控制的标高、构件编号、截面和节点板规格尺寸以及加劲肋做法。如果构件节点采用螺栓连接时，会在详图上标明螺栓的等级、直径、数量以及螺栓孔径的大小；如若节点采用焊接的连接方法，还会标明此节点处焊缝的尺寸。

8）辅助构件布置图和详图一般包括楼梯、爬梯、天窗架、车挡、走道板等，是设计者根据建设方要求和工程需要而设置的。

9）材料表包括构件的编号、规格型号、构件长度、构件数量和重量等内容。

二、钢结构施工图的阅图技法

钢结构的结构形式多种多样，施工图所包含的内容自然也各不相同，但在图纸的看图技法上还是有一定的共性。

钢结构施工图识读步骤可以总结为如下三步：

第一步：阅读建筑施工图（简称“建施”）。建筑施工图主要包括建筑总平面图、建筑平面图、建筑立面图、建筑剖面图和建筑详图等。通过对建筑施工图的阅读，可以对建筑物的功能及空间划分有个整体了解，掌握建筑物的一些主要关键尺寸。

第二步：阅读结构施工图（简称“结施”）。结构施工图是对构成建筑的承重构件依据力学原理、有关的设计规程、设计规范进行计算，确定建筑的形状、尺寸以及内部构造等，主要是为了满足建筑的安全与经济施工的要求，然后将选择的计算结果绘成图纸。

第三步：阅读设备施工图（简称“设施”）。主要表达建筑的给水排水、采暖、通风、电气照明等设备的布置和施工要求等。在看图过程中根据需要结合设备施工图来看，可以达到更好的看图效果。

施工图的看图技法及看图时需注意的问题可以归纳如下：

（1）由整体往局部看　在看图过程中，首先要对整个工程的概况及结构特点在头脑里有个大致的概念，然后再针对局部位置进行细看。

（2）从上往下看，从左往右看　在施工图的某页图纸上，往往左边或上边是构件正面图、正立面图或平面图，而这些构件的背面或某些节点的具体做法往往是不能表达清楚的，就需要通过一些剖面图或节点详图来表示，而这些剖面图和节点详图一般是在构件图的下方或右方。因此就需要从上往下，从左往右结合起来进行识读。

（3）从外向内看　有些设计图应建设方或工程需要可能在主体建筑物的内部设有其他小型建筑或满足功能需要的结构设置。例如有可能在建筑物内部设有办公室或楼梯等，这就需要在看图过程中，对整个建筑物外部结构有所了解后，对内部构造图纸进一步识读。

（4）图纸说明对照看　在施工图中除了设计总说明外，在其他图纸上的下方也可能会出现一些简单的说明，这些说明一般是针对本页图纸中的一些共性问题，可以通过这些说明表示清楚，避免同一问题一一标注的麻烦，也方便图纸的识读。

（5）有联系的看　初学者在读图时，很容易孤立地看某一张图纸，往往忽视这张图纸与其他图纸之间的联系。例如：建筑施工图与结构施工图要结合起来看，必要时还要结合设备施工图看；结构体系的布置图和构件的详图往往不会出现在同一张图纸上，此时就要根据索引符号将这两张图纸联系起来看，这样才能准确理解图纸表达的意思。

（6）理论与实际结合看　图纸的绘制一般是按照施工过程不同的工种和工序进行的，看图时应与生产和安装的实际情况结合起来。

第二节　视图基本知识

视图是人从不同的位置所看到的一个物体在投影平面上投影后所绘成的图纸。工程制图中的视图就是画法几何中的投影，有关投影的方法和规律均适用于视图。视图可分为基本视图和特殊视图两大类。

一、基本视图

在绘制工程图时，怎样才能将一个三维的空间立体表达在一个二维的平面图上呢？一个投影是不能反映物体的形状和大小的，故在画法几何中，在空间设立三个互相垂直的投影面 H、V、W，如图 1-1a 所示，并求得物体在三个投影面上的投影，即水平投影、正面投影和侧面投影，简称“三面投影图”，如图 1-1b 所示。建筑物体就可用这组投影图在图纸上表达。

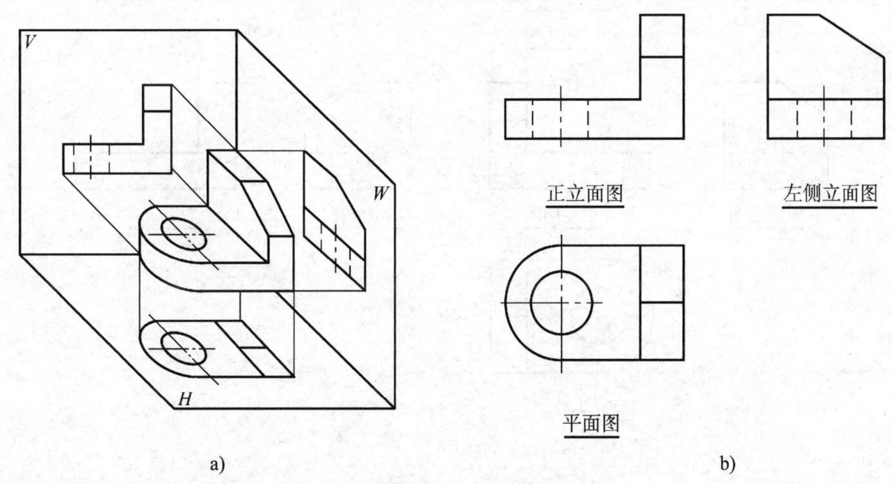

图 1-1　三面视图

a）空间状况　b）视图

工程制图中把相当于水平投影、正面投影和侧面投影的视图，分别称为俯视图（平面图）、主视图（正立面图）和左视图（左侧立面图）。即俯视图相当于观看者面对 H 面，从上向下观看物体时所得到的视图；主视图是面对 V 面从前向后观看时所得到的视图；左视图则是面对 W 面从左向右观看时所得到的视图。

一般情况下，用三面视图及尺寸标注就可以表达出建筑物体的形状、大小和结构等。但对于某些结构复杂的物体，仅用三面视图无法将它们的形状完全晰地表达出来，还需要得到从物体下方、背后或者右侧观看时的视图，如图 1-2a 所示，此时需再增设三个分别平行于 H、V 和 W 面的新投影面 H_1、V_1 和 W_1，并在它们上面分别形成从下向上、从后向前和从右向左观看时所得到的视图，分别称为仰视图（底面图）、后视图（背立面图）和右视图（右侧立面图），此时共有六个投影面和六个视图。然后将这些视图展平在 V 面所在的平面上，

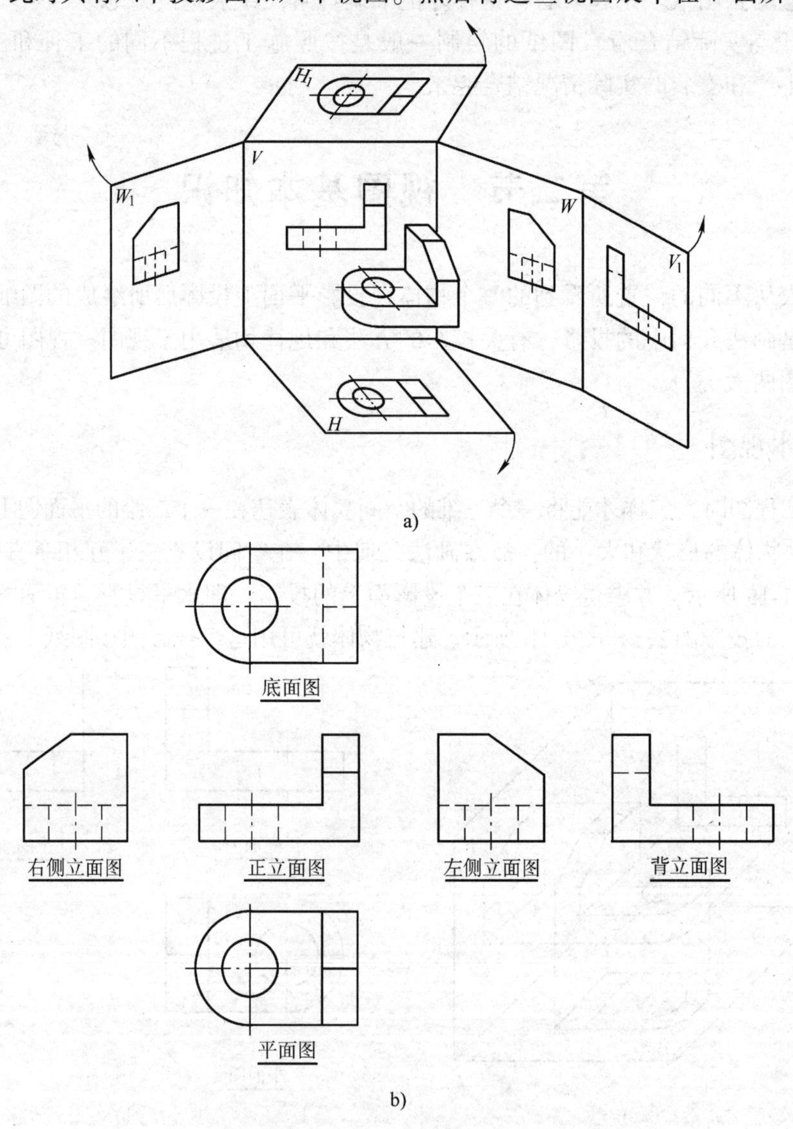

图 1-2　六面基本视图

a）空间状况　b）视图

便得到了图 1-2b 所示的六个视图的排列位置，每个视图下方均标注出视图的名称。一般情况下，如果视图在一张图纸内并且是按图 1-2b 所示的位置排列时，则可不必标注视图的名称。如不能按图 1-2b 所示配置视图时，则应标注出视图的名称，如图 1-3 所示。

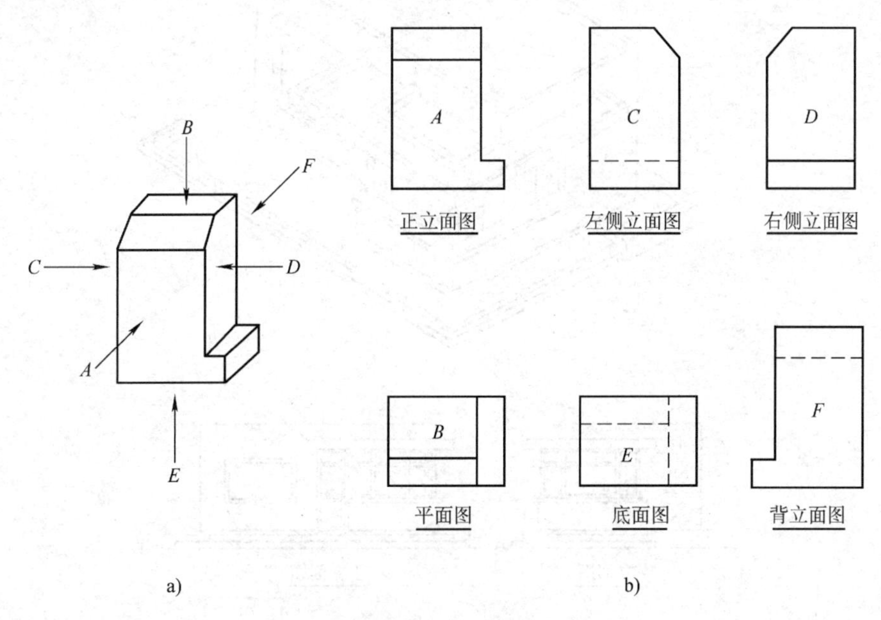

图 1-3　基本视图

a）空间状况　b）视图

对于房屋建筑物，由于图大，一般都不能全部安排在一张图纸上，因此在工程实践上均需标注出各视图的图名。例如图 1-4a 为一座房屋的轴测图（按平行投影法绘制的，工程中常用作辅助图纸)，从图中可以看出它的不同立面的墙面、门窗布置情况都不相同。因此要完整在图纸上表达出它的外貌，需画出四个方向的立面图和一个屋顶平面图，采用这五个视图来表达这座建筑物的外貌。图 1-4b 没有完全按图 1-2b 所示六面视图的展开位置排列，故应在视图下方标注视图名称。因在房屋建筑工程中，画的图纸有时把左右两个侧立面图位置对换，便于就近对照，即当正立面图和两侧立面图同时画在一张图纸上时，常把左侧立面图画在正立面图的左边，把右侧立面图画在正立面图的右边。如受图幅限制，房屋的各立面图不能同时画在一张图纸上时，就不存在上述的排列问题，因视图下方均标注视图名称，故不会混淆。

为了与其他视图区别，特把上述的六面视图称为基本视图，相应地称六个投影面为基本投影面。没有特殊情况时，一般应选用正立面图、平面图和左侧立面图。

六面投影图对应的关系是：

1）六视图的度量保持“三等关系”，即主视图、后视图、左视图、右视图高度相等；主视图、后视图、俯视图、仰视图长度相等；左视图、右视图、俯视图、仰视图宽度相等。

2）六视图的方位对应关系，除后视图外，其他视图在远离主视图的一侧，仍表示形体的前面部分。

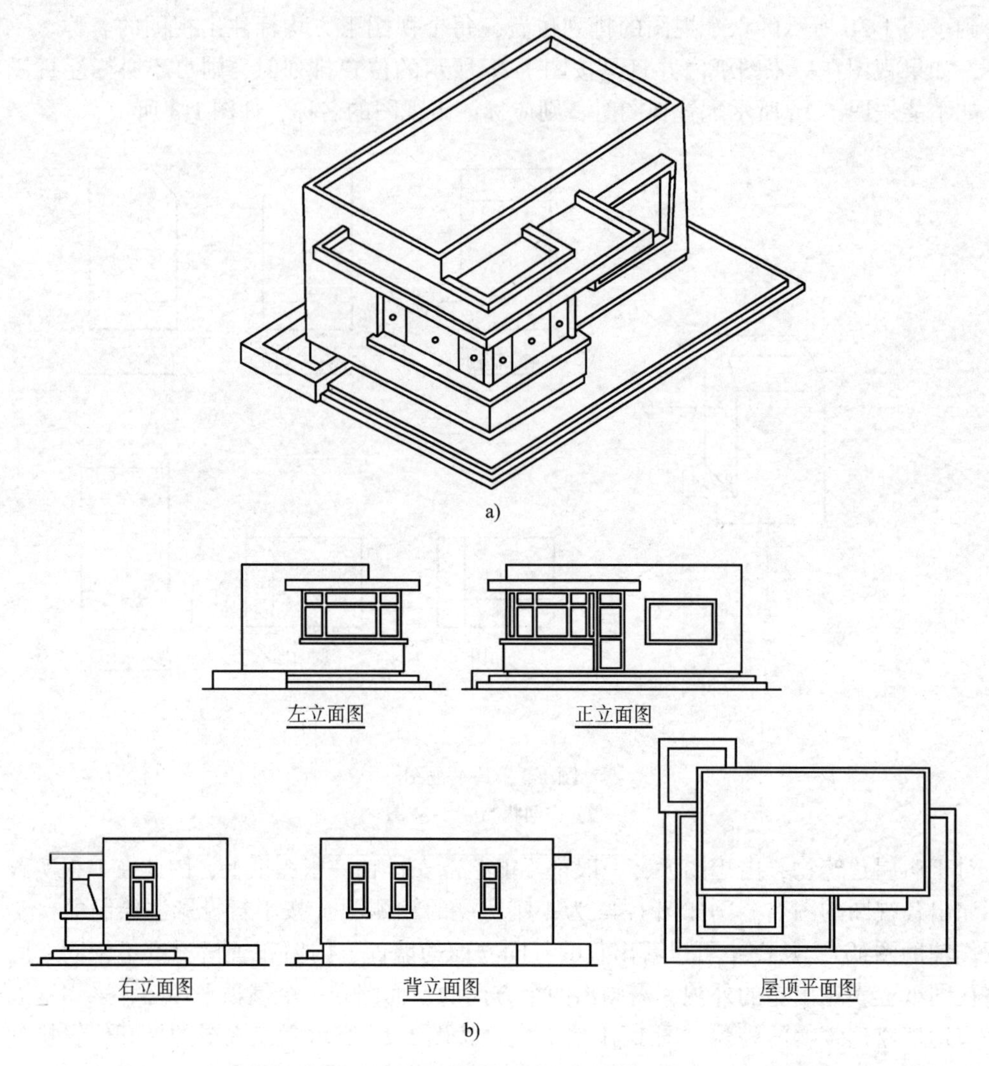

图 1-4　房屋的轴测图与多面视图

a）房屋的轴测图　b）房屋的多面视图

二、辅助视图

1. 向视图

将物体从某一个方向投射所得到的视图称为向视图，它可自由配置视图。根据专业需要，只允许从以下两种表达方式中选择其一。

1）如果六视图不能按上述位置配置时，则也可用向视图来自由配置。即在向视图的上方用大写拉丁字母标注，并在相应原视图的附近用箭头指明投射方向，标注上与向视图相对应的拉丁字母，如图 1-5 所示。

2）在视图下方或上方标注图名。各视图的位置应根据需要按相应的规则来布置，如图 1-6所示。

2. 斜视图

向不平行于任何基本投影面的方向投射所得到的视图称为斜视图，如图 1-7 所示。

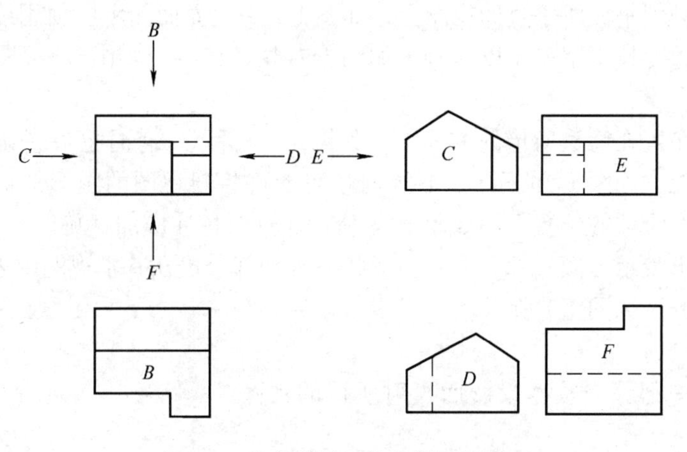

图 1-5　基本视图（按向视图配置）

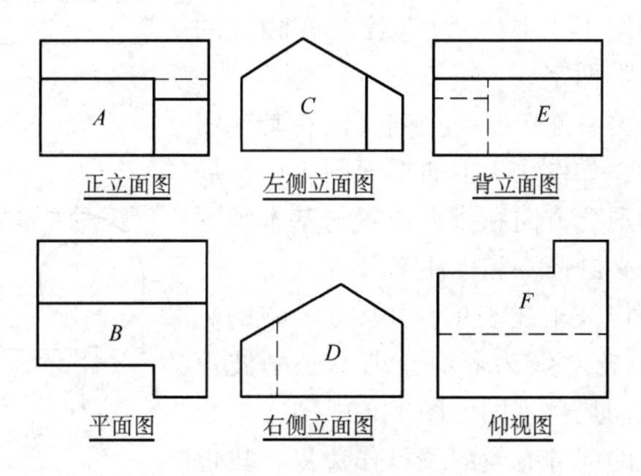

图 1-6　基本视图

如图 1-7a 所示，物体的右方部分不平行于基本投影面，为了要得到反映该倾斜部分真实形状的视图，可应用画法几何中的辅助投影面法（换面法）来解决。即设置一个平行于该倾斜部分的辅助投影面，得到如图 1-7 中 A 向所示的局部辅助投影图，反映出这部分的实形。工程制图中，把辅助投影作为面对倾斜的投影面观看物体时所得到的视图，故称为斜视图。

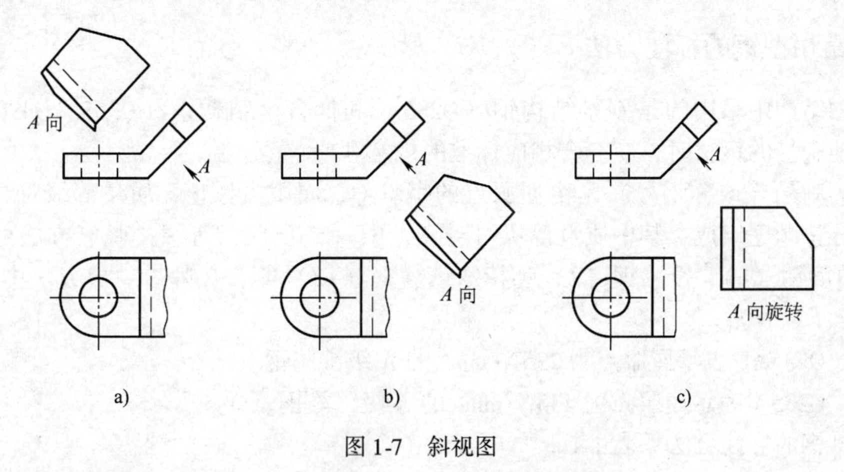

图 1-7　斜视图

在物体上含倾斜平面所垂直的视图上，如图 1-7 中正立面图上，须用箭头表示斜视图的观看方向，并用大写拉丁字母予以编号，如图 1-7 中“*A*”字。并于斜视图下方水平方向注写“*A* 向”两字。

斜视图最好布置在箭头所指的方向上，如图 1-7a 所示。有时也可紧靠该箭头所在方向的倾斜平面来布置，如图 1-7b 所示。必要时还可允许将斜视图的图形平移布置或将图形旋转成不倾斜布置在合适的位置上，如图 1-7c 所示，这时标注应加“旋转”两字。

斜视图只要求表示出倾斜部分的真实形状，其余部分仍在基本视图中表达，但弯折边界线需用波浪线断开，如图 1-7 所示。

3. 局部视图

把物体的某一部分向基本投影面投射所得的视图，称为局部视图。

局部视图同斜视图一样，要用箭头表示它的投影方向，并标注上字母，如图 1-8 中的“*B*”字，在相应的局部视图上标注“*B* 向”两字。

当局部视图按投影关系配置时，中间又没有其他图形隔开时，可不加标注，如图 1-7 中的平面图，也是局部视图。因该平面图的观看方向和排列位置与基本视图的投影关系一致，故不必画箭头和标注字母。

局部视图的边界线以波浪线表示，如图 1-7 中的平面图；但当所示部分以轮廓线为界时，则不必画波浪线，如图 1-8 所示的 *B* 向局部视图。图 1-8 中的 *A* 向视图为斜视图，因所显示的部分有轮廓线可作边界，故也不必画波浪线。

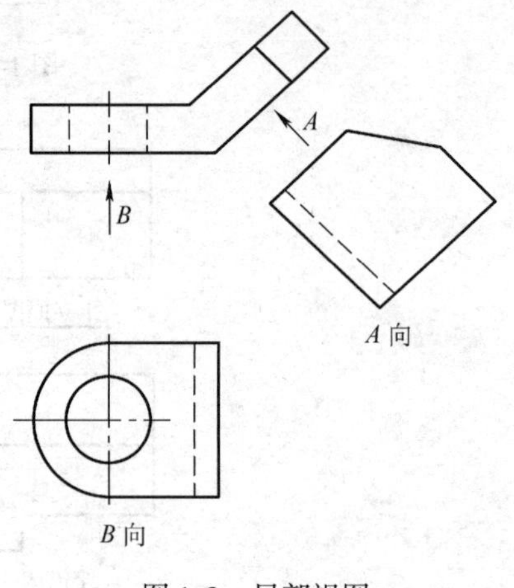

图 1-8　局部视图

第三节　图纸中的材料型号、代号、符号和标注

一、常用型钢的标注方法

建筑钢结构中采用的是碳素结构钢（Q235）和低合金结构钢（Q355、Q390、Q420），若采用其他牌号的钢材时，应符合相应标准的规定和要求。

钢材的牌号（或称钢号）是由屈服点的字母 Q、屈服点数值、质量等级符号、脱氧方法等四部分按顺序组成。其中质量等级可分 A、B、C、D 四个等级；脱氧方法可分沸腾钢（F）、半镇静钢（b）、镇静钢（Z）和特殊镇静钢（TZ）等，在牌号组成方法中，“Z”和“TZ”符号予以省略。

例如：Q235AF 表示屈服点为 235N/mm^2 的 A 级沸腾钢。

　　　Q235A 表示屈服点为 235N/mm^2 的 A 级镇静钢。

常用型钢的标注方法见表 1-1。

表 1-1　常用型钢的标注方法

序号	型钢名称	截面形状	标注方法	说明
1	等边角钢		∟ $b \times t$	b 为肢宽，t 为肢厚 如：∟80×6 表示等边角钢肢宽为 80mm，肢厚为 6mm
2	不等边角钢	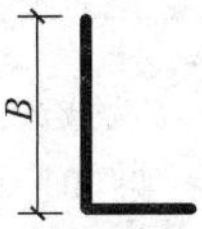 B	∟ $B \times b \times t$	B 为长肢宽，b 为短肢宽，t 为肢厚 如：∟80×60×5 表示不等边角钢肢宽为 80mm 和 60mm，肢厚为 5mm
3	工字钢		工 N　Q 工 N	轻型工字钢加注 Q 字，N 为工字钢的型号 如：工20a 表示截面高度为 200mm 的 a 类厚板工字钢
4	槽钢		[N　Q [N	轻型槽钢加注 Q 字，N 为槽钢的型号 如：Q [20b 表示截面高度为 200mm 的 b 类轻型槽钢
5	方钢	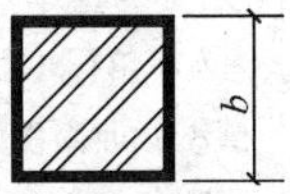 b	□ b	b 为方钢边长 如：□50 表示边长为 50mm 的方钢
6	扁钢	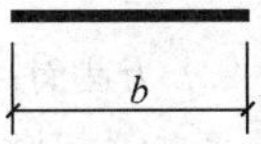 b	$-b \times t$	b 表示宽度，t 表示厚度 如：－100×4 表示宽度为 100mm，厚度为 4mm 的扁钢
7	钢板		$\frac{-b \times t}{l}$	b 表示宽度，t 表示厚度，l 表示板长。即：$\frac{宽 \times 厚}{板长}$ 如：$\frac{-100 \times 6}{1500}$ 表示钢板的宽度为 100mm，厚度为 6mm，长度为 1500mm
8	圆钢		ϕd	d 表示圆钢的直径 如：ϕ25 表示圆钢的直径为 25mm
9	钢管		$\phi d \times t$	d 表示钢管的外径，t 为钢管的壁厚 如：ϕ89×3.0 表示钢管的外径为 89mm，壁厚为 3mm
10	薄壁方钢管		B □ $b \times t$	薄壁型钢加注 B 字，b 为边长，t 为壁厚 如 B□50×2 表示边长为 50mm，壁厚为 2mm 的薄壁方钢管

（续）

序号	型钢名称	截面形状	标注方法	说明
11	薄壁等肢角钢		B∟ $b\times t$	b 为肢宽，t 为壁厚 如：B∟50×2 表示薄壁等肢角钢肢宽为50mm，壁厚为2mm
12	薄壁等肢卷边角钢	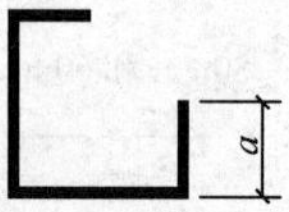	B $b\times a\times t$	b 为肢宽，a 为卷边宽度，t 为壁厚 如：B 60×20×2 表示薄壁等肢卷边角钢肢宽为60mm，卷边宽度为20mm，壁厚为2mm
13	薄壁槽钢	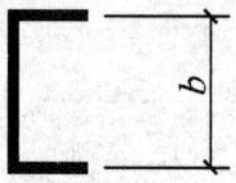	B［ $b\times a\times t$	b 为截面高度，a 为卷边宽度，t 为壁厚 如：B［50×20×2 表示薄壁槽钢截面高度为50mm，宽度为20mm，壁厚为2mm
14	薄壁卷边槽钢	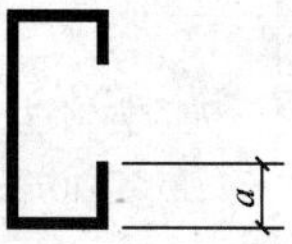	B $h\times b\times a\times t$	h 为截面高度，b 为宽度，a 为卷边宽度，t 为壁厚 如：B 120×60×20×2 表示薄壁卷边槽钢截面高度为120mm，宽度为60mm，卷边宽度为20mm，壁厚为2mm
15	薄壁卷边Z型钢	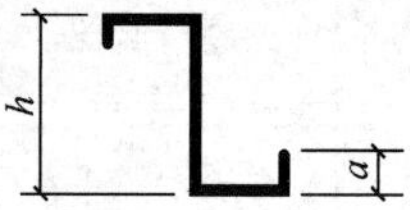	B $h\times b\times a\times t$	h 为截面高度，b 为宽度，a 为卷边宽度，t 为壁厚 如：B⺄120×60×20×2 表示薄壁卷边Z型钢截面高度为120mm，宽度为60mm，卷边宽度为20mm，壁厚为2mm
16	T型钢	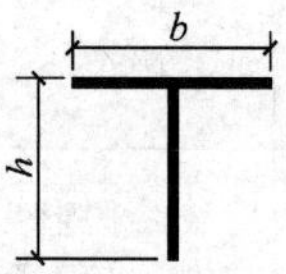	TW$h\times b$ TM$h\times b$ TN$h\times b$	热轧T型钢：TW为宽翼缘，TM为中翼缘，TN为窄翼缘，h 为截面高度，b 为宽度 如：TW200×400 表示截面高度为200mm，宽度为400mm的宽翼缘热轧T型钢
17	热轧H型钢	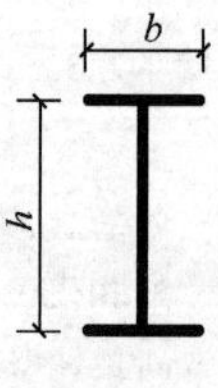	HW$h\times b$ HM$h\times b$ HN$h\times b$	热轧H型钢：TW为宽翼缘，TM为中翼缘，TN为窄翼缘，h 为截面高度，b 为宽度 如：HM400×300 表示截面高度为400mm，宽度为300mm的中翼缘热轧H型钢

（续）

序号	型钢名称	截面形状	标注方法	说明
18	焊接 H 型钢	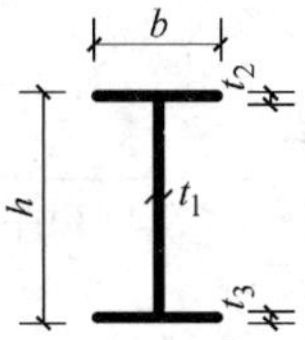	$Hh \times b \times t_1 \times t_2$	h 表示截面高度，b 表示宽度，t_1 表示腹板厚度，t_2 表示翼板厚度 如：①H350×180×6×8 表示截面高度为 350mm，宽度为 180mm，腹板厚度为 6mm，翼板厚度为 8mm 的等截面焊接 H 型钢 ②H（350～500）×180×6×8 表示截面高度随长度方向由 350mm 变到 500mm，宽度为 180mm，腹板厚度为 6mm，翼板厚度为 8mm 的变截面焊接 H 型钢
19	起重机钢轨		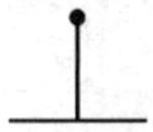 QU××	××为起重机轨道型号
20	轻轨及钢轨		 ××kg/m 钢轨	××为轻轨或钢轨型号

压型钢板的表示方法见表 1-2。

表 1-2 压型钢板的表示方法

名称	截面形状	表示方法	举例说明
压型钢板	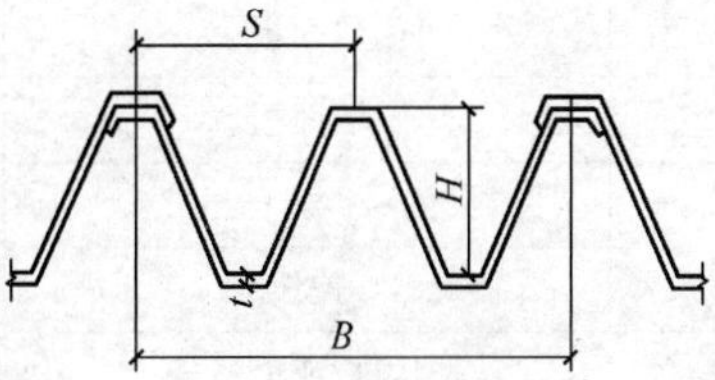	YX *H-S-B*	YX 表示压、型汉字拼音的第一个字母 *H* 为压型钢板的波高 *S* 为压型钢板的波距 *B* 为压型钢板的有效覆盖宽度 *t* 为压型钢板的厚度 如：①YX130-300-600 表示压型钢板的波高为 130mm，波距为 300mm，有效覆盖宽度为 600mm，如下图所示 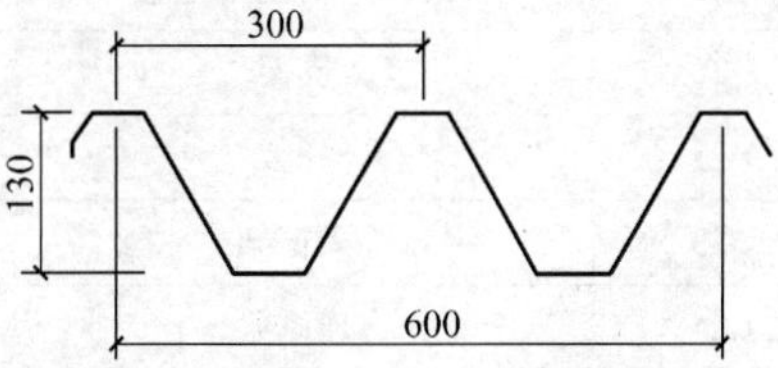 ②YX173—300—300 表示压型钢板的波高为 173mm，波距为 300mm，有效覆盖宽度为 300mm，如下图所示 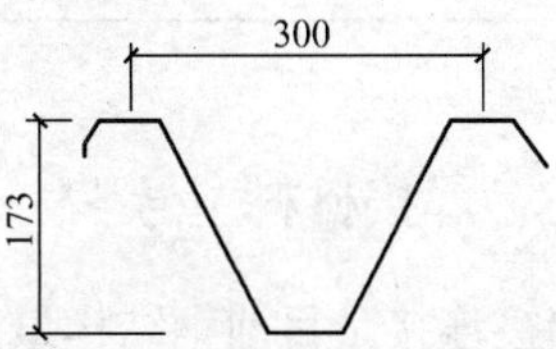

二、构件的代号

构件在施工图中可用代号来表示，一般用构件名称的汉语拼音的第一个字母加以组合，如后面缀有阿拉伯数字则为该构件的编号，如果材料为钢材前面可加上字母“G”。常用构件的代号见表1-3。

表1-3　常用构件的代号表

序号	构件名称	代号	序号	构件名称	代号
1	基础	J	28	梁垫	LD
2	设备基础	SJ	29	隅撑	YC
3	基础梁	JL	30	柱间支撑	ZC
4	预埋件	MJ	31	水平支撑	SC
5	框架	KJ	32	垂直支撑	CC
6	刚架	GJ	33	拉条	LT
7	屋架	WJ	34	套管	TG
8	钢柱	GZ	35	系杆	XG
9	抗风柱	KFZ	36	斜拉条	XLT
10	框架柱	KZ	37	檩条	LT
11	屋面梁	WL	38	门梁	ML
12	屋面框架梁	WKL	39	门柱	MZ
13	框梁	KL	40	窗柱	CZ
14	框支梁	KZL	41	阳台	YT
15	次梁	CL	42	楼梯梁	LTL
16	梁	L	43	楼梯板	TB
17	屋面框架梁	WKL	44	爬梯	PT
18	吊车梁	DCL	45	梯	T
19	单轨吊车梁	DDL	46	雨篷梁	YPL
20	吊车梁安全走道板	ZDB	47	雨篷	YP
21	支架	ZJ	48	屋面板	WB
22	托架	TJ	49	墙面板	QB
23	天窗架	TCJ	50	板	B
24	连系梁	LL	51	盖板	GB
25	桩	ZH	52	挡雨板或檐口板	YB
26	承台	CT	53	车挡	CD
27	地沟	DG	54	天沟	TG

三、焊接材料型号

焊接连接是目前钢结构最主要的连接方法，其焊接材料主要有焊条、焊丝和焊剂。

（一）焊条型号

焊条可分为碳钢焊条和低合金钢焊条。碳钢焊条型号有 E43 系列（E4300 ~ E4316）和 E50 系列（E5001 ~ E5048）两类；低合金钢焊条型号有 E50 系列（E5000—X ~ E5027—X）和 E55 系列（E5500—X ~ E5548—X）。

碳钢焊条型号中各符号所表示的含义如下："E"表示焊条；E 后面的前两位数字表示焊条熔敷金属和对接焊缝抗拉强度最低值，单位为 kgf/mm^2 ⊖；第三个数字表示焊接位置，0 和 1 适用于全位置（平、横、立、仰）焊接；第三、四位数字组合表示药皮类型和使用的交流、直流电源和正极、负极要求。

低合金钢焊条型号中的符号"X"表示熔敷金属化学分类代号，如 A_1、B_1、B_2 等，其余符号含义与碳钢焊条相同。

（二）焊丝型号

焊丝可分为碳钢焊丝和低合金钢焊丝，其型号有 ER50 系列、ER55 系列、ER62 系列、ER69 系列等。以"ER55—B2—Mn"为例说明各符号的含义："ER"表示焊丝；55 表示熔敷金属抗拉强度最低值，单位为 kgf/mm^2；B2 表示焊丝化学成分分类代号；Mn 表示焊丝中含有 Mn 元素。

（三）焊剂型号

焊剂型号可分为碳素钢埋弧焊焊剂和低合金钢埋弧焊焊剂。

碳素钢埋弧焊焊剂型号可用"$HJX_1X_2X_3$—HXXX"表示，符号含义：HJ 表示埋弧焊用的焊剂；X_1 表示焊缝金属的拉伸力学性能（包括焊缝金属的抗拉强度、屈服强度和伸长率），通常用"3""4""5"表示。X_2 表示拉伸试样和冲击试样的状态，"0"表示焊态，"1"表示焊后热处理状态；X_3 表示焊缝金属冲击韧度值不小于 $34J/cm^2$ 时的最低试验温度；HXXX 表示焊接试件用的典型焊丝牌号，详见国家标准 GB/T 14957—1994。

低合金钢埋弧焊焊剂的型号可用"$HJX_1X_2X_3X_4$—HXXX"表示，符号含义：HJ 表示埋弧焊用的焊剂；X_1 表示焊缝金属的拉伸力学性能（包括焊缝金属的抗拉强度、屈服强度和伸长率），通常用"5""6""7""8""9""10"表示。X_2 表示拉伸试样的状态，"0"表示焊态，"1"表示焊后热处理状态；X_3 表示焊缝金属冲击吸收功的分级代号，用"0"……"10"表示；X_4 表示焊剂渣系代号，用"1""2"……"6"表示；HXXX 表示焊接试件用的典型焊丝牌号，详见国家标准《熔化焊用钢丝》（GB/T 14957—1994）。

钢结构焊接材料在选用时应与被连接构件所采用的钢材相匹配，若两种不同的钢材连接时，可采用与低强度钢材相适应的连接材料。例如 Q235 钢宜选用 E43 型焊条，Q345 钢宜选用 E50 型焊条。

四、常用符号

施工图中的符号在图纸中起着举足轻重的作用，是制作加工和安装的重要依据，是初学者必须熟悉和掌握的最基本内容。

施工图中常用到的符号主要有：定位轴线、标高符号、索引和详图符号、剖切符号、对称符号、连接符号、指北针和风向玫瑰图等。

⊖ $1kgf/mm^2 \approx 9.8MPa$。

（一）定位轴线

在建筑平面图中，通常采用网格划分平面，使房屋的平面构件和配件趋于统一，这些轴线称为定位轴线。它是确定房屋主要承重构件（墙、柱、梁）及标注尺寸的基线，是设计和施工定位放线时的重要依据。

定位轴线是采用细点画线绘制的，为了区分轴线还要对这些轴线编上编号，轴线编号一般标注在轴线一端的细实线的圆圈内，圆圈的直径为 8～10mm，定位轴线圆的圆心应在定位轴线的延长线或延长线的折线上，如图 1-9 所示。

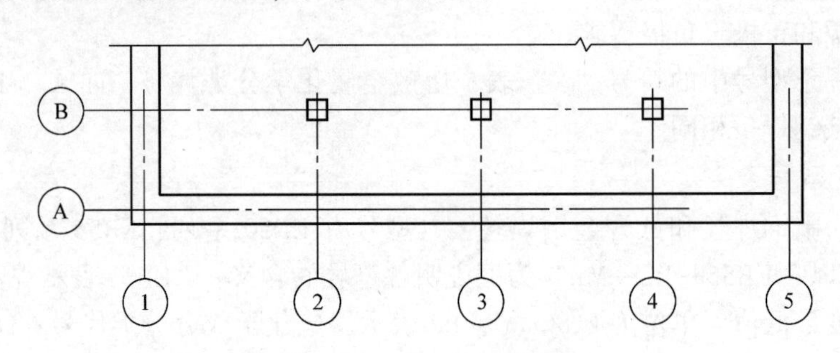

图 1-9　定位轴线的编号顺序

平面图上的定位轴线的编号，宜标在图纸的下方或左侧。横向编号应用阿拉伯数字，按从左往右顺序编号，依次连续编为①、②、③……；竖向编号应用大写拉丁字母，按从下往上顺序编号，依次连续编为Ⓐ、Ⓑ、Ⓒ……，并除去 I、O、Z 三个字母，如图 1-9 所示。

遇到以下几种情况时定位轴线的标注方法：

1）如果出现字母数量不够使用时，可采用双字母或单字母加数字进行标注，如 AA、BA、CA…YA 或 A1、B1、C1…Y1。

2）通常承重墙及外墙等编为主轴线，如果图纸上存在有与主要承重构件（墙、柱、梁等）相联系的次要构件（非承重墙、隔墙等），它们的定位轴线一般编为附加轴线（也称分轴线），如图 1-10 所示。

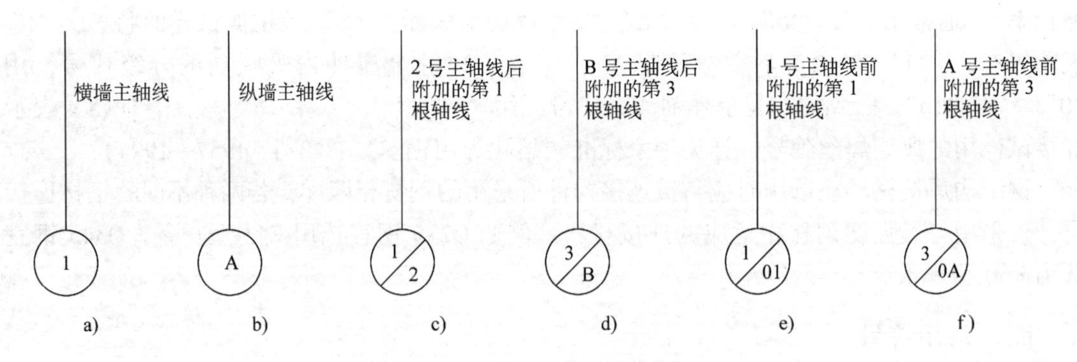

图 1-10　主轴线与附加轴线的标注

①两根轴线之间的附加轴线，应以分母表示前一根轴线的编号，分子表示附加轴线的编号，该编号宜用阿拉伯数字顺序编写，例如：

(1/2)表示 2 号轴线后附加的第一根轴线。

(2/C)表示 C 号轴线后附加的第二根轴线。

②1 号轴线或 A 号轴线之前的附加轴线分母应以 01 、0A 表示，例如：

$\frac{1}{01}$表示 1 号轴线前附加的第一根轴线。

$\frac{2}{0A}$表示 A 号轴线前附加的第二根轴线。

3）在建筑平面形状较为复杂或形状特殊时，可采用分区编号的方法，编号方式为“分区号——该分区编号”。分区号一般采用阿拉伯数字，分区编号横向轴线通常采用数字，纵向轴线通常采用拉丁字母。如图 1-11 所示。

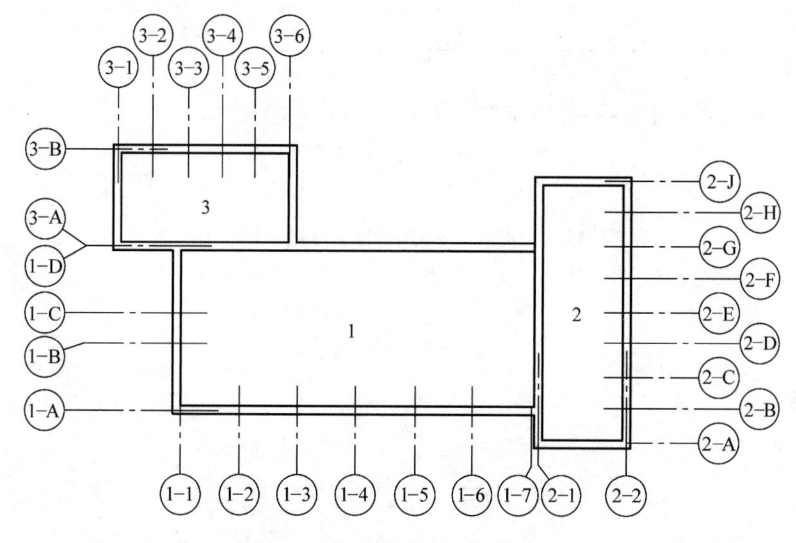

图 1-11 定位轴线分区标注方法

4）有时一个详图可以适用于几根轴线，这时需要将相同的轴线编号注明，如图 1-12 所示。

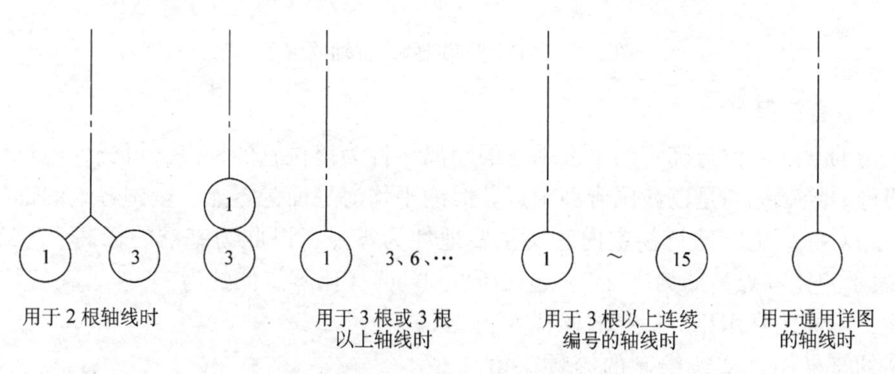

图 1-12 详图的轴线编号

5）如果平面为折线形时，定位轴线的编号也可用分区编注，也可从左往右依次编注，如图 1-13 所示。

6）如果平面为圆形时，定位轴线用阿拉伯数字，沿直径从左下角开始按逆时针方向编号，圆周轴线用大写拉丁字母，从外向里编号，如图 1-14 所示。

结构平面图中的定位轴线与建筑平面图或总平面图中的定位轴线是要保持一致的，这是需要注意的问题。

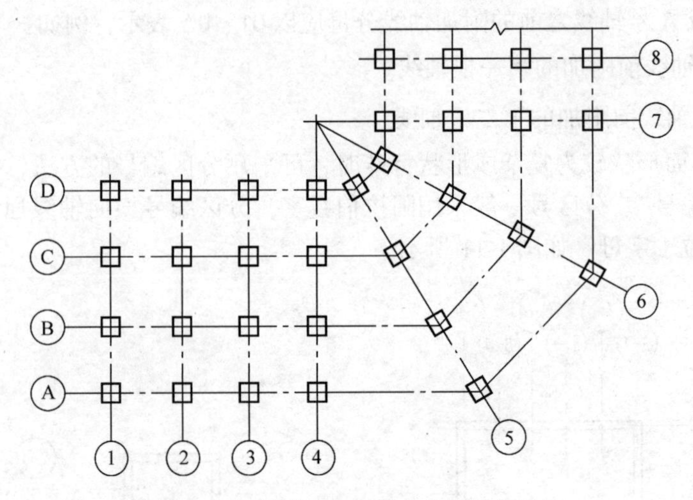

图 1-13　折线形平面图的定位轴线的标注

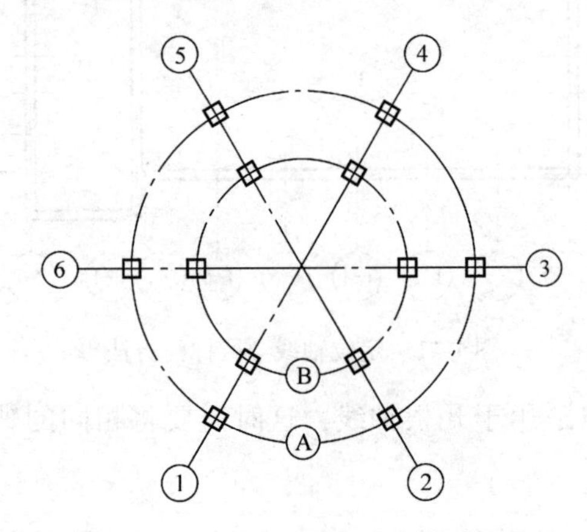

图 1-14　圆形平面图的定位轴线编号

（二）标高符号

建筑物的某一部位与确定的水准基点的距离，称为该位置的标高，可分为绝对标高和相对标高两种。绝对标高是以我国青岛附近黄海的平均海平面为零点，全国各地的标高均以此为基准；相对标高是以建筑物室内底层主要地坪为零点，以此为基准的标高。零点标高用±0.000表示，比零点高的为“+”，也可不注“+”，比零点低的为“-”。在实际设计中，为了方便，习惯上常用相对标高的标注方法。

标高的符号用细实线绘制的等腰三角形来表示，高度约为 3mm，标高数值以“米”为单位，准确到小数点后三位（总平面图为两位）如图 1-15a 所示。如若同一位置出现多个标高时，标注方法如图 1-15b所示。总平面图上的室外标高符号采用全部涂黑的等腰三角形，如图 1-15c 所示。

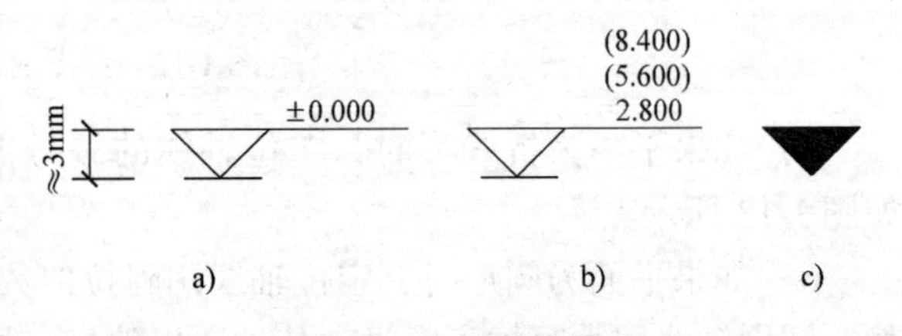

图 1-15　标高符号

a）标高符号　b）同一位置注写多个标高

c）总平面图的标高符号

（三）索引和详图符号

施工图中经常会出现图中的某一局部或某一构件在图中由于比例太小无法表示清楚时，此时就需要通过较大比例的详图来表达，为了方便看图和查找，就需要用到索引和详图符号。索引符号是用细实线绘制的直径为 8～10mm 的圆和水平直径组成的，各部分具体所表示的含义如图 1-16 所示。

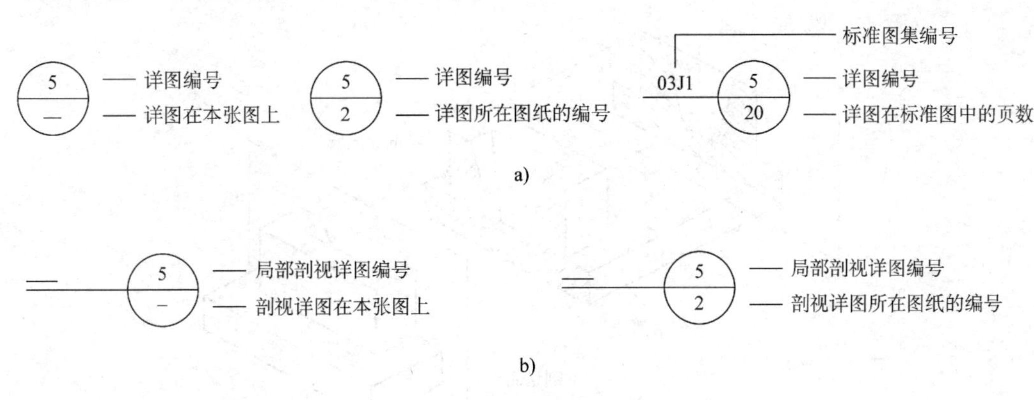

图 1-16　索引符号
a）详图索引符号　b）局部剖切索引符号

索引出的详图要注明详图符号，它要与索引符号相对应。详图符号是用粗实线绘制的直径为 14mm 的圆。详图与被索引的图纸在和不在同一张图纸上时，详图表示方法如图 1-17 所示。

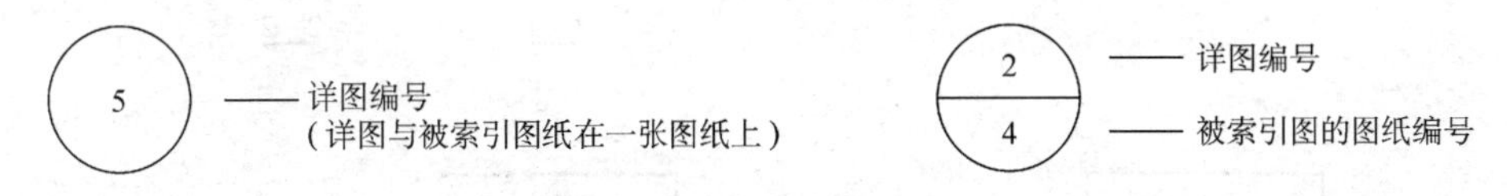

图 1-17　详图符号

（四）剖切符号

剖切是通过剖切位置、编号、剖视方向和断面图例来表示的。剖切后的剖面图内容与剖切平面的剖切位置和投影的方向有关。因此，在图中必须用剖切符号指明剖切位置和投影的方向，为了便于将不同的剖面图区分开，还要对每个剖切符号进行编号，并在剖面图的下方标注与剖切位置相对应的名称。

1）剖切位置在图中是用剖切位置线来表示的，剖切位置线是长度为 6～10mm 的两段断开的粗实线。在图中不应穿视图中的图线，如图 1-18c 所示的水平方向的“—”和垂直方向的“｜”。

2）投影方向在图中是用剖视方向线表示的，应垂直画在剖切位置线的两端，其长度稍短于剖切位置线，宜为 4～6mm，也是用粗实线绘制的，如图 1-18c 所示的水平方向的“｜”和垂直方向的“—”。

3）剖切符号的编号是用阿拉伯数字按顺序进行编排的，编号水平书写在剖视方向线的端部，如图 1-18c 所示的“1”和“2”，编号所在的一侧为剖视方向。需要转折的剖切位置线，应在转角的外侧加注与该符号相同的编号，如图 1-19 所示的“3”。

4）剖面的名称要与剖切符号的编号相对应，并写在剖面图的正下方，符号下面加上一粗实线，如图 1-18c 所示的“1—1”和“2—2”。

如果剖切平面通过物体的对称面时，剖面又画在投影方向上时，中间又没有其他图形相隔时，上述的标注可以完全省略，如图 1-18b 所示。

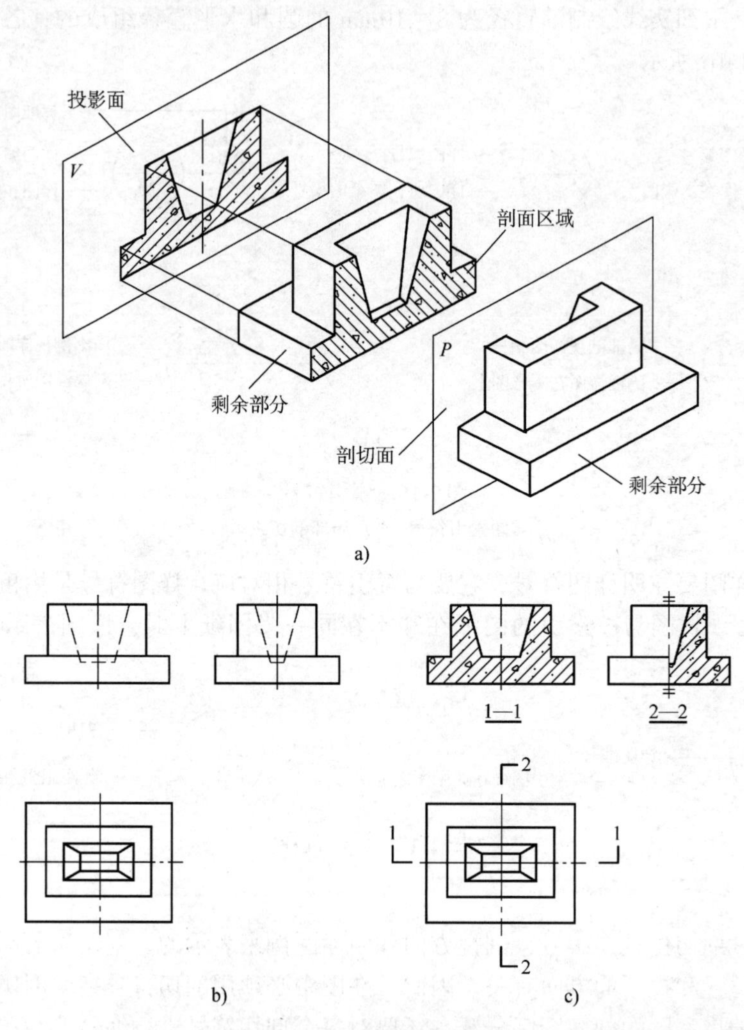

图 1-18　剖面图的组成

剖切符号可分为剖视剖切符号和断面剖切符号。剖视的剖切符号应由剖切位置线、剖视方向线组成，如图 1-19 所示。断面的剖切符号只用剖切位置线表示，编号所在的一侧为该断面的剖视方向，如图 1-20 所示。

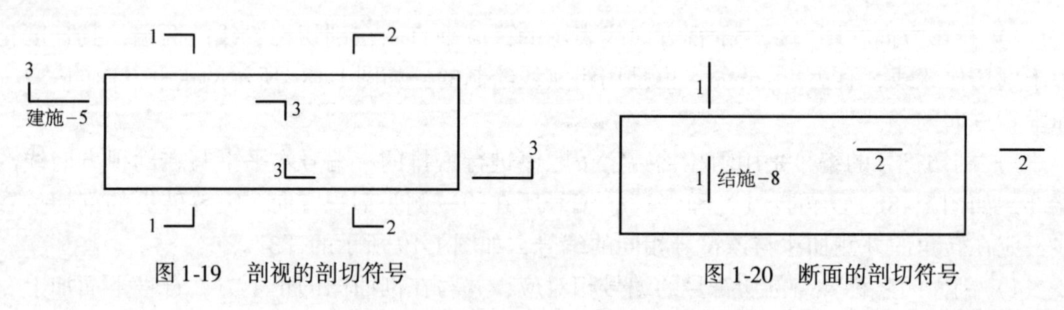

图 1-19　剖视的剖切符号　　图 1-20　断面的剖切符号

（五）对称符号

对称线和两端的两对平行线组成了对称符号，它主要是为了简化结构对称的图形画图的繁琐。对称符号是用细点画线画出对称线，然后用细实线画出对称符号，平行线用细实线绘制，其长度为 6 ~ 10mm，每组的间距为 2 ~ 3mm，对称线垂直平分于两对平行线，两端超出平行线宜为 2 ~ 3mm，如图 1-21 所示。

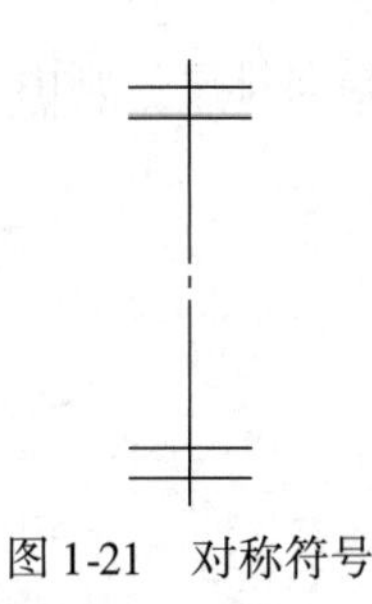

图 1-21 对称符号

（六）连接符号

连接符号是以折断线表示需连接的部位的，是在绘图位置不够的情况下，分成几部分绘制，然后通过连接符号将这几部分连接起来。折断线两端靠图纸一侧应标注大写拉丁字母表示连接编号，两个被连接的图纸必须用相同的字母编号，如图 1-22 所示。

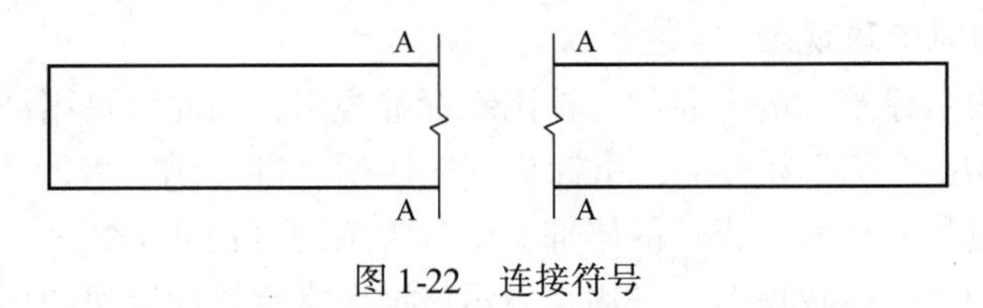

图 1-22 连接符号

（七）引出线

建筑物的某些部位有时需用详图或必要的文字进行详加说明，就需要用到引出线。引出线可以是用细实线绘制的水平直线，也可以是与水平方向成 30°、45°、60°、90°角的直线或是经上述角度再折为水平的折线。文字说明标注在引出线横线的上方或标注在水平线的端部，如图 1-23a、b 所示。索引详图的引出线应与圆的水平直径连接起来，并对准索引符号的圆心，如图 1-23c 所示。

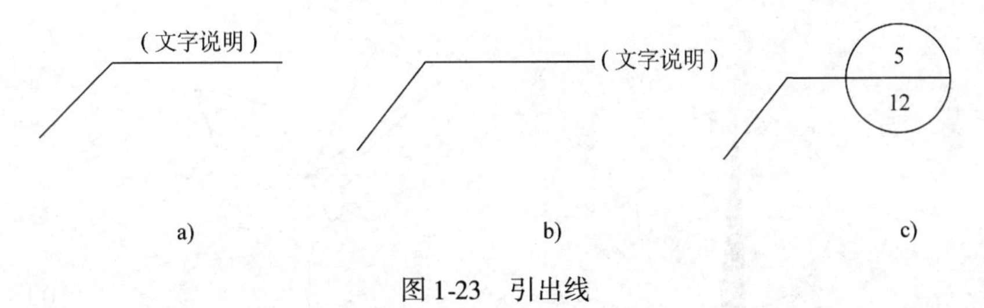

图 1-23 引出线

如果同时引出多个相同部分的引出线，这些引出线应互相平行，如图 1-24a 所示，也可画成集中一点的放射线，如图 1-24b 所示。

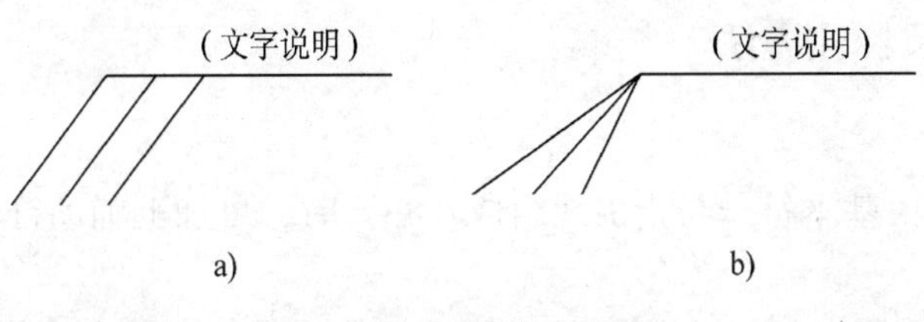

图 1-24 共用引出线

用于多层构造或多层管道的引出线应通过被引出的各层。文字说明应注写在横线的上方或水平线的端部，按由上到下的顺序注写，注写内容应与被说明的层次相互一致。如：层次为横向排序，则由上至下的说明顺序应与从左至右的层次相一致，如图 1-25 所示。

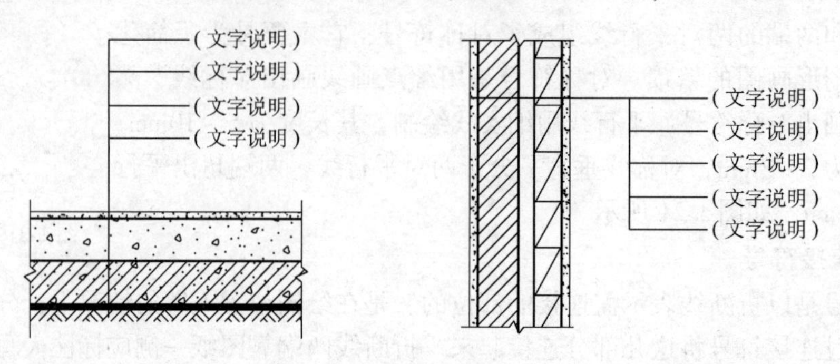

图 1-25　多层构造的引出线

(八) 指北针和风向玫瑰图

指北针是用来表示建筑物的方向的。按国家标准规定，指北针是用细实线绘制的圆，直径为 24mm，指针的尾部宽度为 3mm，指针头部应注明“北”或“N”字，如图 1-26 所示。当需用较大直径绘制指北针时，指针的尾部宽度宜为圆的直径的 1/8。

风向频率玫瑰图简称风玫瑰图，是用来表示该地区常年风向频率的标志，标注在总平面图上。风向频率玫瑰图在 8 个或 16 个方位线上用端点与中心的距离，代表当地这一风向在一年中发生次数的多少，粗实线表示全年风向。细虚线范围表示夏季风向。风向由各方位吹向中心，风向线最长的为主导风向，如图 1-27 所示。

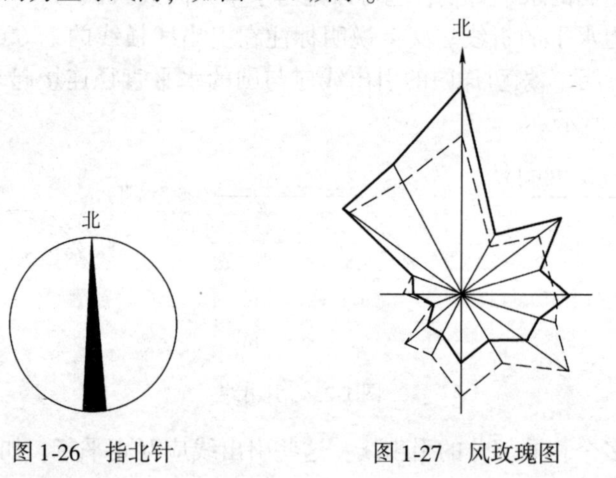

图 1-26　指北针　　　　图 1-27　风玫瑰图

五、焊缝符号及标注方法

(一) 焊缝符号

焊缝符号一般是由基本符号与指引线组成。必要时，可加上辅助符号、补充符号和焊缝的尺寸符号。

1) 基本焊缝符号是表示焊缝截面形状的符号，一般采用近似焊缝横截面的符号来表示，见表 1-4。

表 1-4　焊接接头及焊缝的基本形式

接头形式	序号	焊接接头示意图	焊缝形式举例	坡口名称	焊缝符号
对接	1	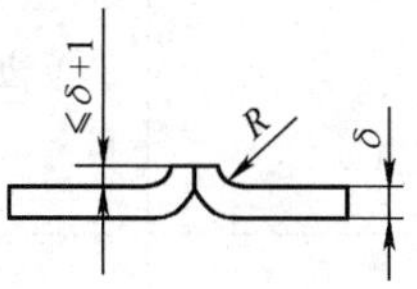 $\leqslant\delta+1$　R　δ		卷边坡口	
	2	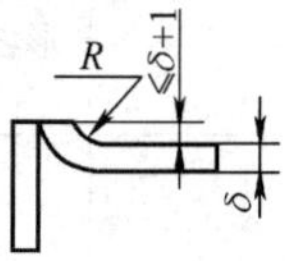 R　$\leqslant\delta+1$　δ	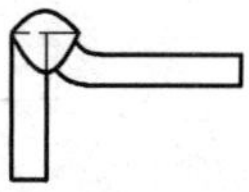		
	3	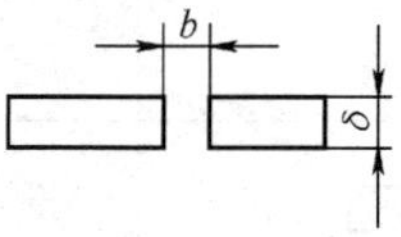 b　δ	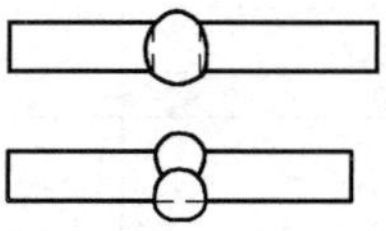	I形坡口	
	4	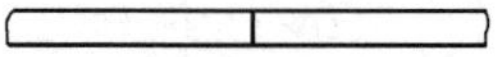	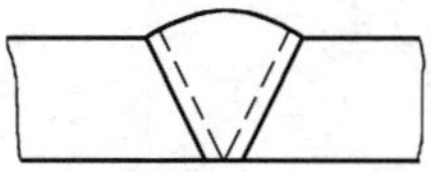	V形坡口	
			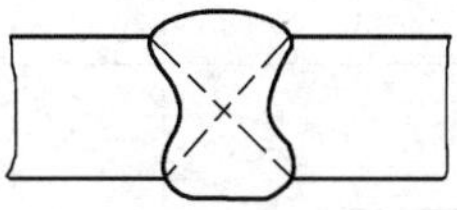	双V形坡口	
	5	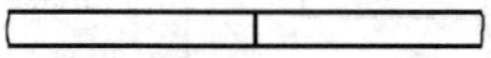	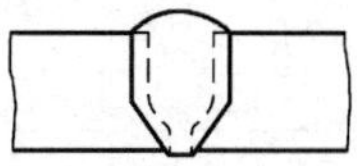	带钝边U形坡口	
			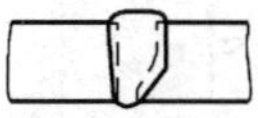	带钝边J形坡口	
			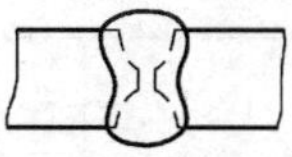	带钝边双U形坡口	
搭接	6	 δ　l　h　δ	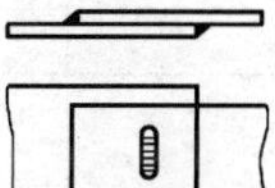	不开坡口填角（槽）焊缝	
	7		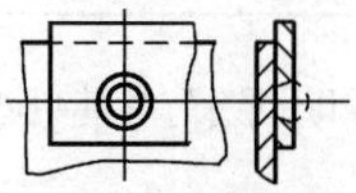	圆孔内塞焊缝	

（续）

接头形式	序号	焊接接头示意图	焊缝形式举例	坡口名称	焊缝符号
T形（十字）接	8		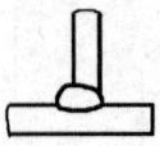	单边V形坡口	
	9	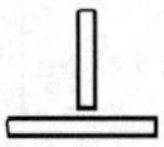	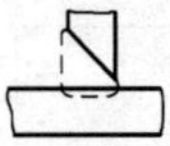	钝边单边V形坡口	
	10		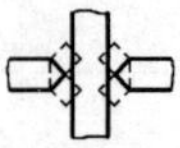	双单边V形坡口	
角接	11	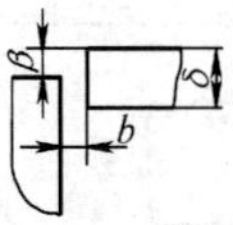	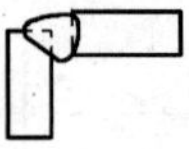 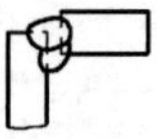	错边I形坡口	 
	12	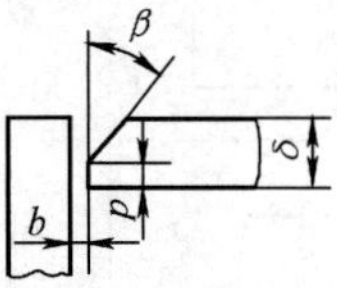	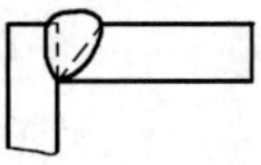	带钝边V形坡口	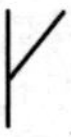
	13	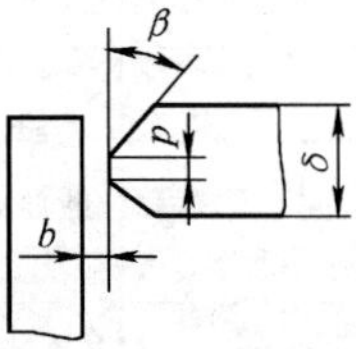	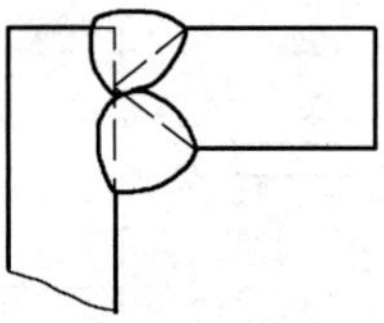	带钝边双面V形坡口	
端接	14		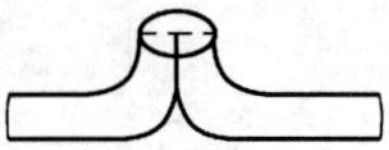	卷边端接	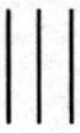
	15	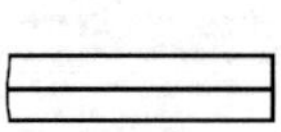	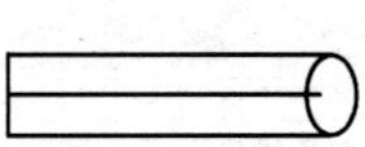	直边端接	

2）补充符号是为了补充说明焊缝的某些特征而采用的符号，见表1-5。

表 1-5　焊缝补充符号

序号	名称	符号	说明	序号	名称	符号	说明
1	平面		焊缝表面通常经过加工后平整	6	临时衬垫	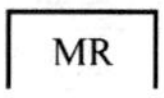 MR	衬垫在焊接完成后拆除
2	凹面		焊缝表面凹陷	7	三面焊缝		三面带有焊缝
3	凸面		焊缝表面凸起	8	周围焊缝	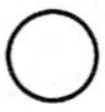	沿着工件周边施焊的焊缝 标注位置为基准线与箭头线的交点处
4	圆滑过渡		焊趾处过渡圆滑	9	现场焊缝		在现场焊接的焊缝
5	永久衬垫	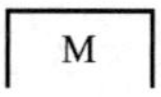 M	衬垫永久保留	10	尾部		可以表示所需的信息

补充符号的应用示例见表 1-6。

表 1-6　补充符号的应用示例

示意图	标注示例	说明
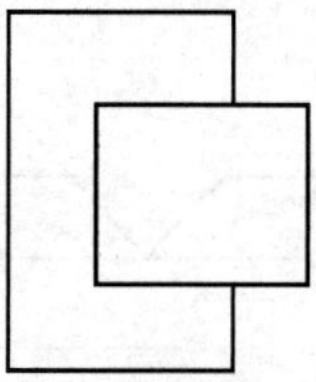	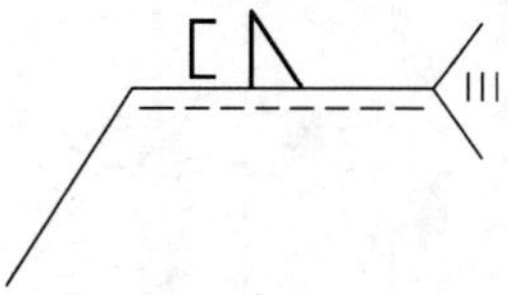	工件三面带有角焊缝，焊接方法为焊条电弧焊
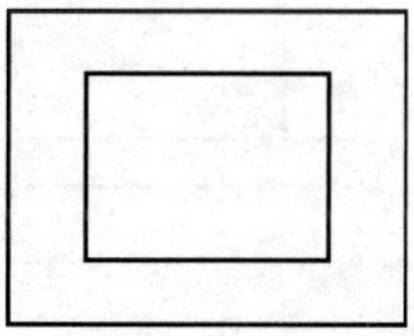	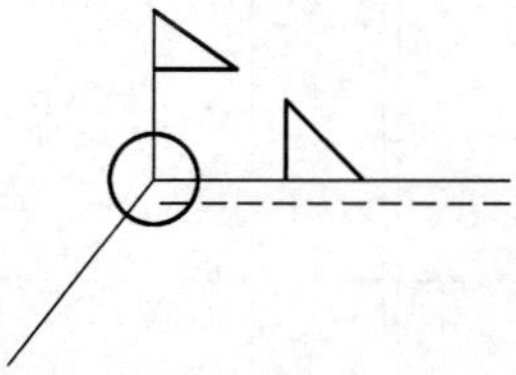	表示在现场沿工件周围施焊角焊缝

3）指引线一般由带有箭头的指引线和两条基准线（一虚一实）两部分组成，如图 1-28 所示。

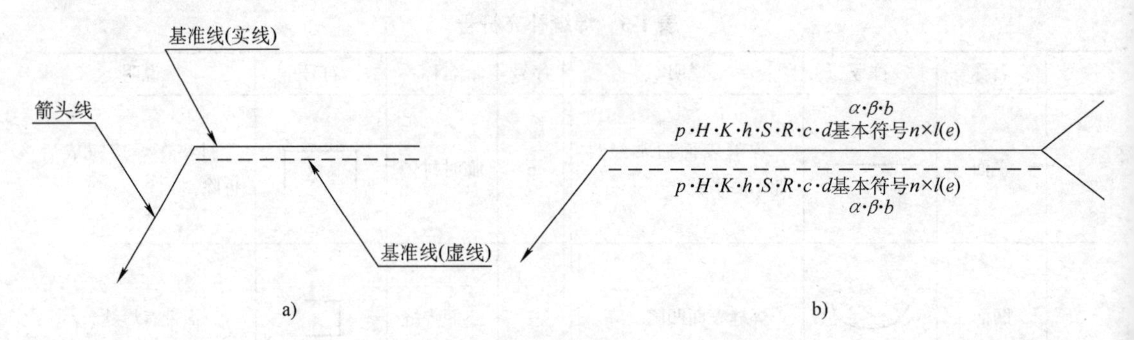

图 1-28　焊缝符号指引线

（二）焊缝的尺寸符号

焊缝的尺寸符号见表 1-7。

表 1-7　焊缝的尺寸符号

符号	名称	示意图	符号	名称	示意图
δ	工件厚度		S	焊缝有效厚度	
b	根部间隙		N	相同焊缝数量符号	
p	钝边		R	根部半径	
c	焊缝宽度		α	坡口角度	
d	点焊：熔核直径 塞焊：孔径		l	焊缝长度	
n	焊缝段数		H	坡口深度	

（续）

符号	名称	示意图	符号	名称	示意图
e	焊缝间距		h	余高	
K	焊脚尺寸		β	坡口面角度	

（三）焊缝在图纸上的标注方法

焊缝在图纸上标注时，其符号有如下规定：

1）若焊缝处在接头的箭头侧，则基本符号标注在基准线的实线侧；若焊缝处在接头的非箭头侧时，则基本符号标注在基准线的虚线侧，如图 1-29 所示。

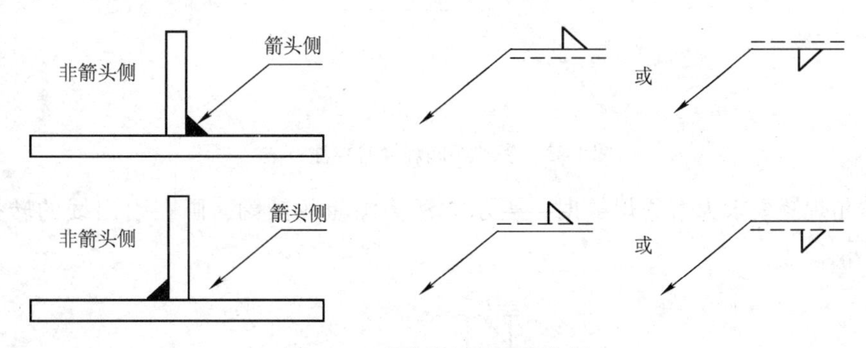

图 1-29　基本符号的表示位置

2）若焊缝为双面焊缝或对称焊缝时，基准线可不加虚线，如图 1-30 所示。

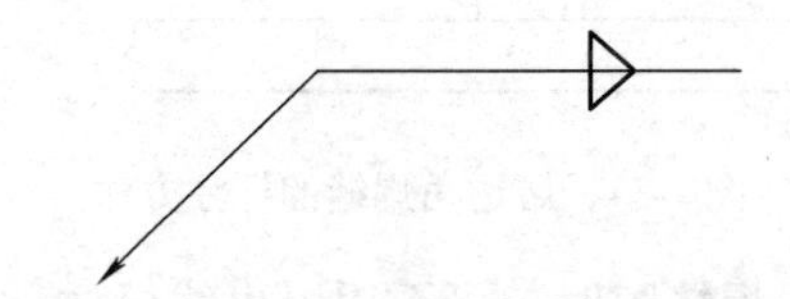

图 1-30　双面对称焊缝的引出线及符号

3）箭头线相对焊缝的位置一般无特殊要求，但在标注单边形焊缝时箭头线要指向带有坡口一侧的工件，如图 1-31 所示。

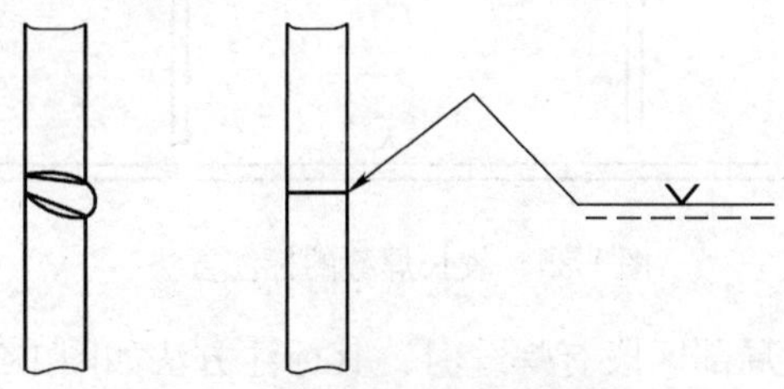

图 1-31　单边形焊缝的引出线

4）焊缝的基本符号、辅助符号和补充符号（尾部符号除外）一律为粗实线表示，尺寸数字原则上变为粗实线，尾部符号主要是焊接工艺、方法等内容。

5）若在同一个图形上，当焊缝形式、断面尺寸和辅助要求均相同时，可只选择一处标注焊缝符号和尺寸，并注上“相同焊缝符号”。相同焊缝符号的表示方法为3/4圆弧，画在引出线的转折处，如图1-32所示。

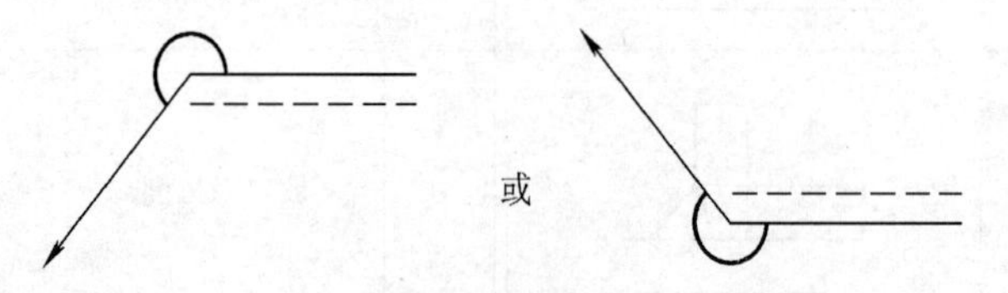

图1-32　相同焊缝符号的标注方法

如果同一图形上有数种相同焊缝时，可将焊缝分类编号，标注在尾部符号内，分类编号采用A、B、C……，在同一类焊缝中可选择一处标注代号，如图1-33所示。

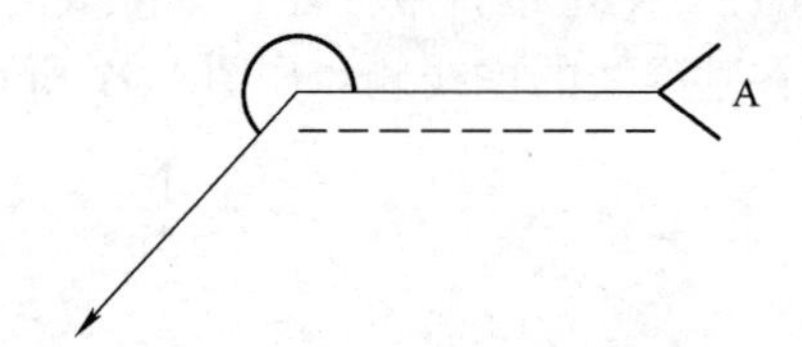

图1-33　多种相同焊缝时标注方法

6）若角焊缝要求为熔透焊缝时，表示方法为涂黑的圆圈，画在引出线的转折处，如图1-34所示。

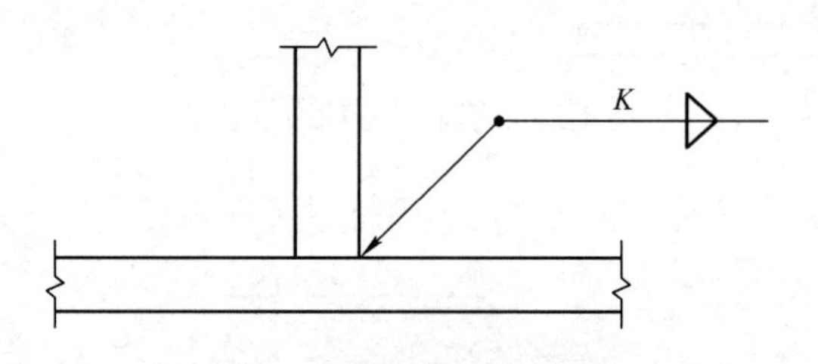

图1-34　熔透角焊缝的标注方法

7）若在图形中有较长的角焊缝隙时，可不用引出线标注，直接在角焊缝旁标注焊缝尺寸值K即可，如图1-35所示。

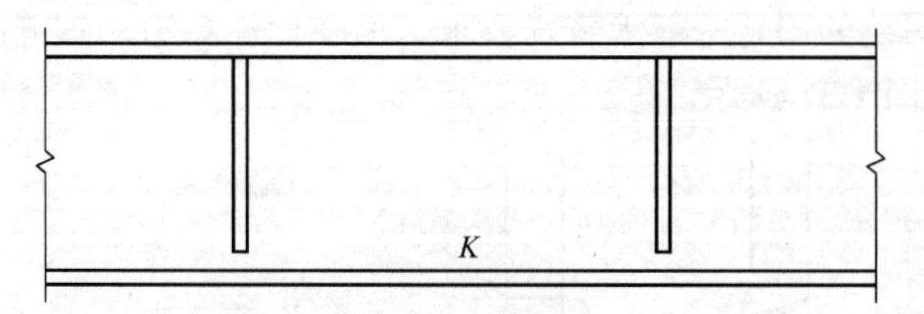

图1-35　较长焊缝的标注方法

8）若在连接长度内仅局部区段有焊缝时，其标注方法如图1-36所示，K为焊脚尺寸。

9）若焊缝分布不规则时，在焊缝处加中实线表示可见焊缝或加栅线表示不可见焊缝，

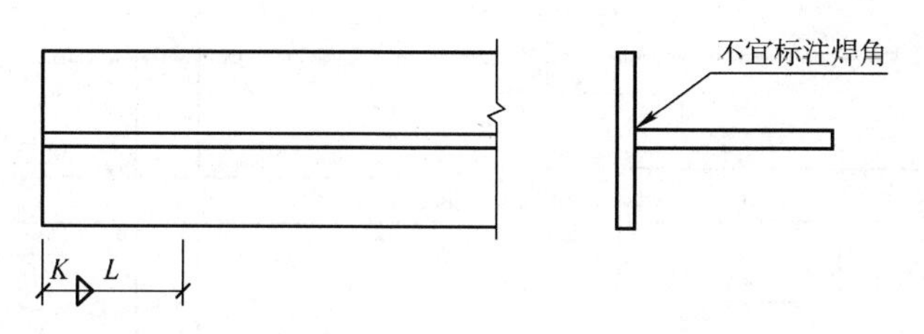

图 1-36　局部焊缝的标注方法

标注方法如图 1-37 所示。

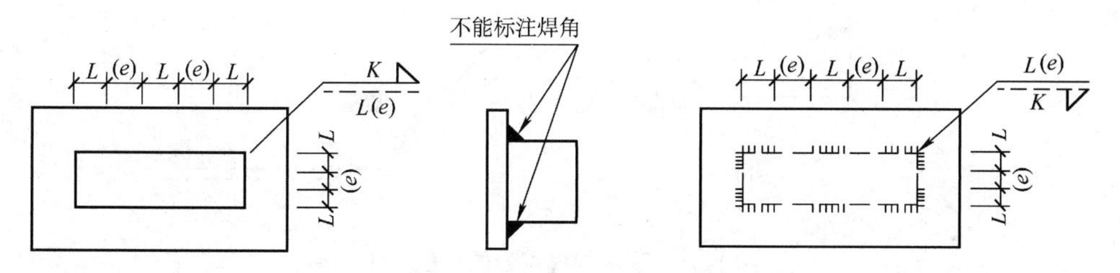

图 1-37　不规则焊缝的标注方法

10）相互焊接的两个焊件，当为单面带双边不对称坡口焊缝时，引出线箭头指向较大坡口的焊件，如图 1-38 所示。

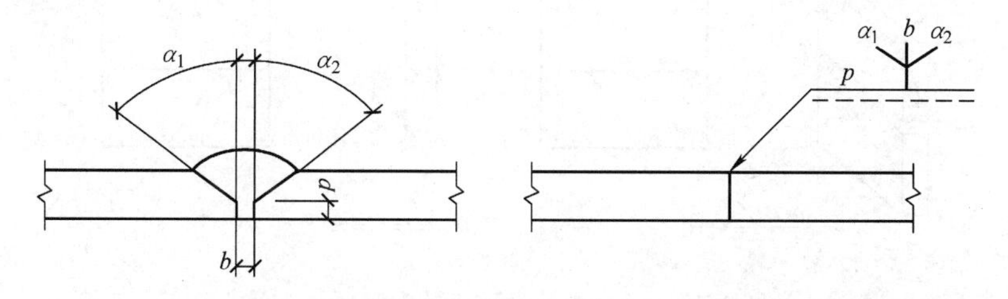

图 1-38　单面带双边不对称坡口焊缝的标注方法

11）若焊件为三个或三个以上且相互焊接时，焊缝不可用双面焊缝来标注，焊缝符号和尺寸应分别标注，如图 1-39 所示。

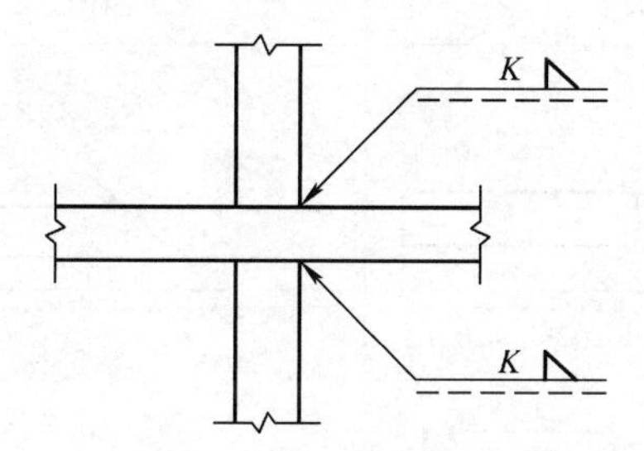

图 1-39　三个以上焊件的焊缝标注方法

12）若焊缝围绕工件焊接时，需标注围焊缝符号，围焊缝符号用圆圈表示，画在引出线的转折处，并标注上焊脚尺寸 K，如图 1-40 所示。

13）若焊件需在现场焊接时，需标注“现场焊缝符号”，现场焊缝符号为小黑旗，绘在引出线的转折处，如图 1-41 所示。

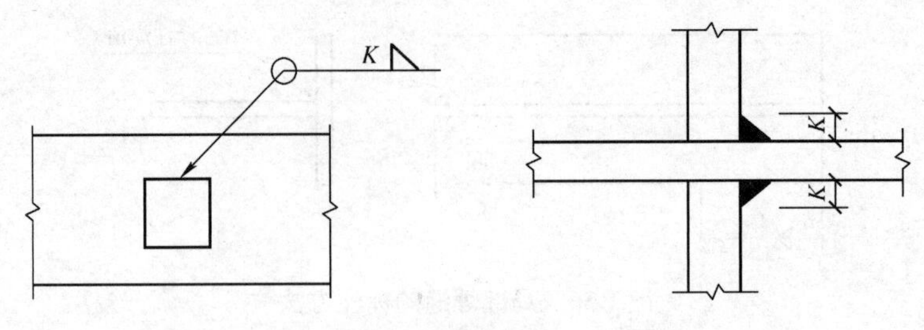

图 1-40　围焊缝的标注方法

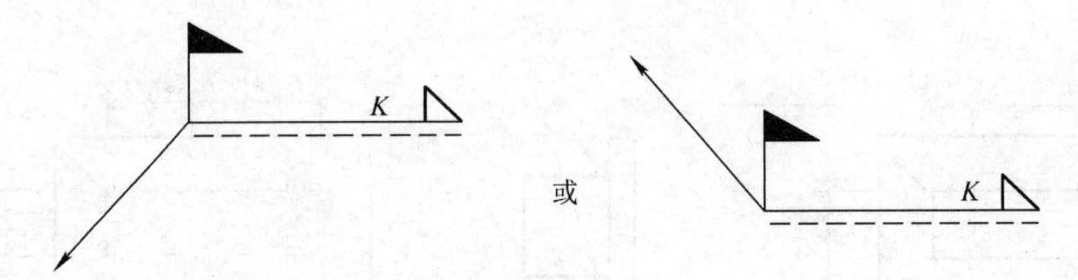

图 1-41　现场焊缝符号的标注方法

14）若相互焊接的两个焊件只有一个焊件带有坡口时，引出线箭头指向带坡口的焊件，如图 1-42 所示。

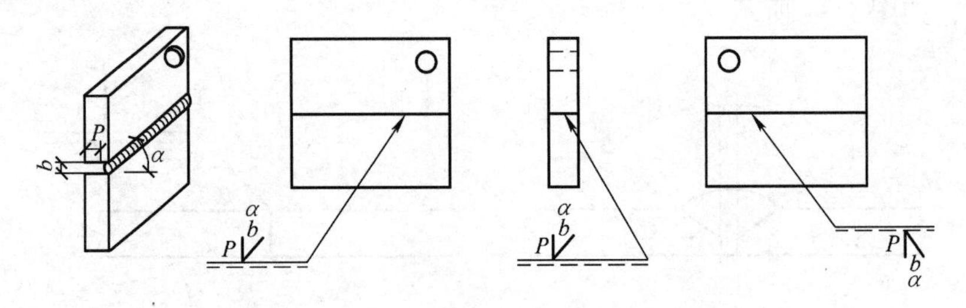

图 1-42　一个焊件带坡口的焊缝标注方法

在图纸上常用焊缝的标注方法可参照表 1-8。

表 1-8　常用焊缝的标注方法

焊缝名称	示意图	图例	说明
I 形焊缝	b	b	b 焊件间隙（施工图中可不标注）
单边 V 形焊缝	β(35°～50°) b(0～4)	β b	β 施工图中可不标注
带钝边的单边 V 形焊缝	β(35°～50°) P(1～3) b(0～3)	β P b	P 的高度称钝边，施工中可不标注

（续）

焊缝名称	示意图	图例	说明
带钝边的 V 形焊缝	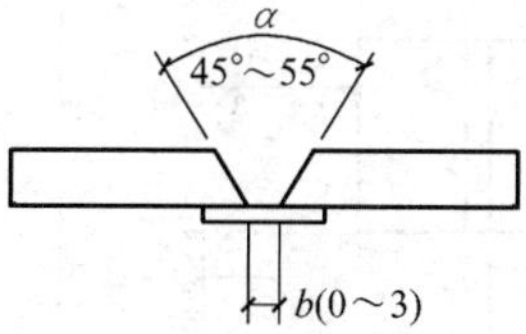 α 45°～55° $b(0\sim3)$	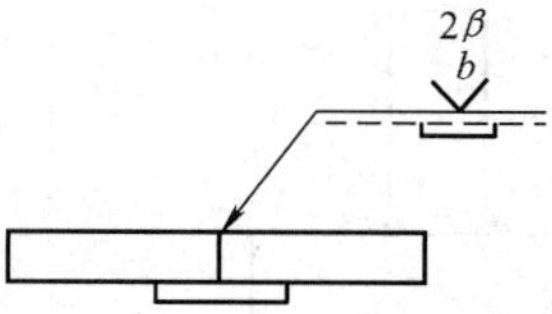 2β b	α 施工图中可不标注
带垫板 V 形焊缝	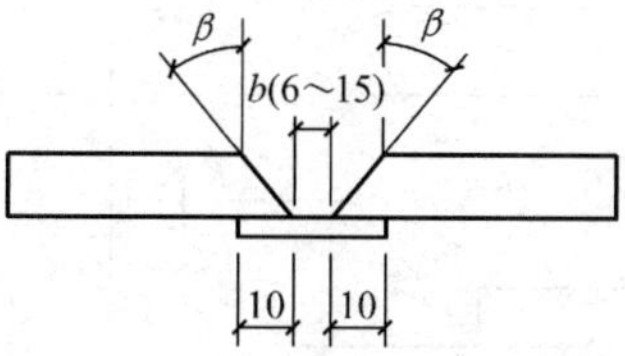 β β $b(6\sim15)$ 10 10	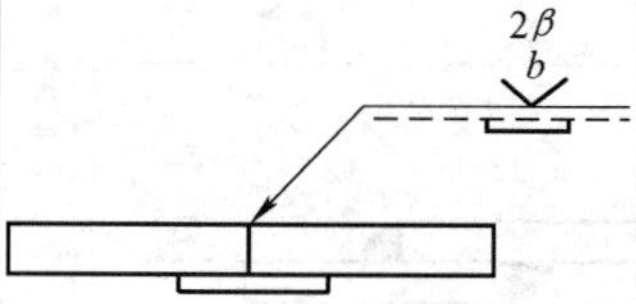 2β b	焊件较厚时
双单边 V 形焊缝	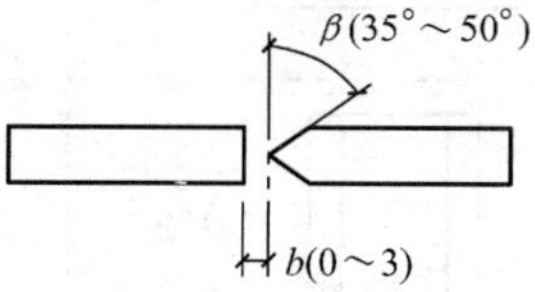 β(35°～50°) $b(0\sim3)$	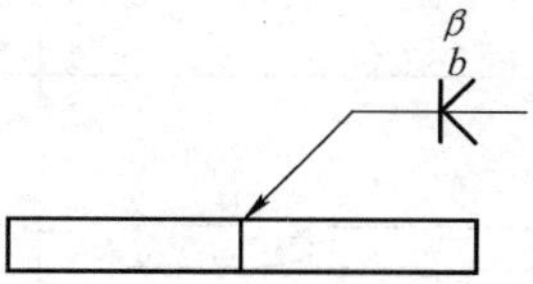 β b	b 焊件间隙（施工图中可不标注）
双 V 形焊缝	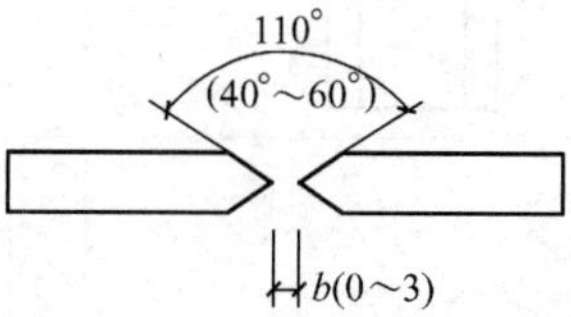 110° (40°～60°) $b(0\sim3)$	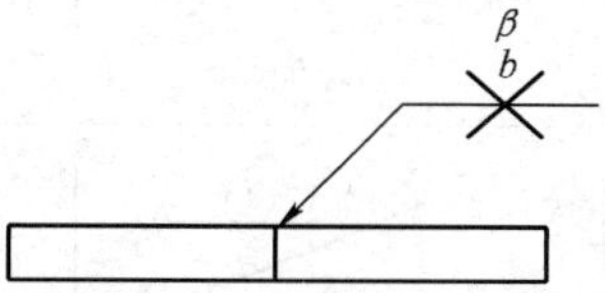 β b	β 施工图中可不标注
Y 形焊缝	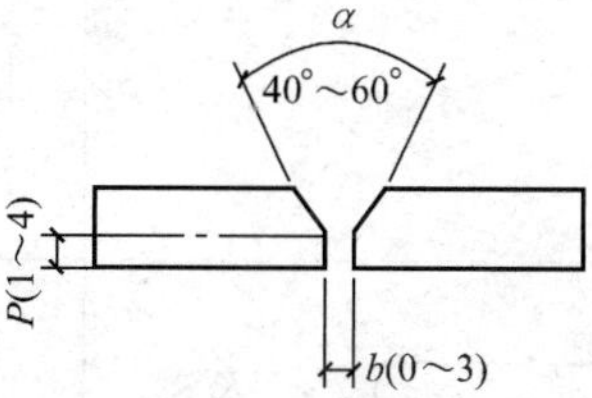 α 40°～60° $P(1\sim4)$ $b(0\sim3)$	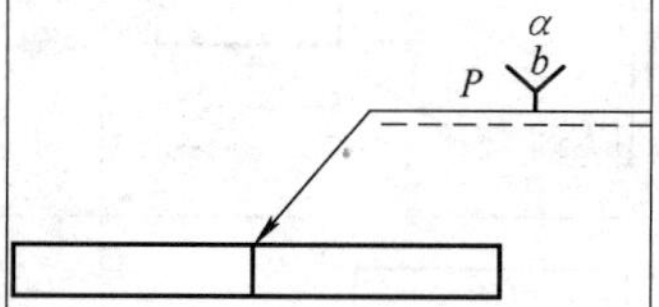 P α b	
带垫板 Y 形焊缝	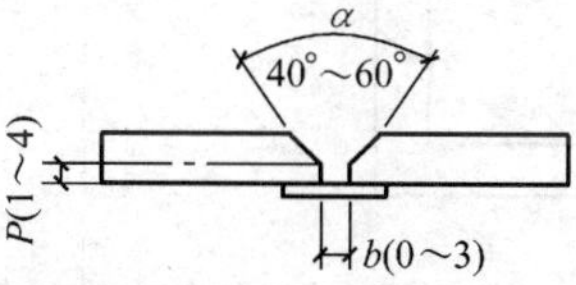 α 40°～60° $P(1\sim4)$ $b(0\sim3)$	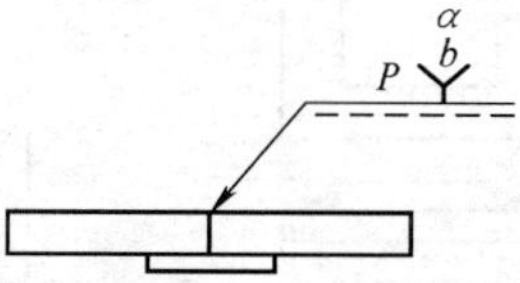 P α b	
T 形接头双面焊缝	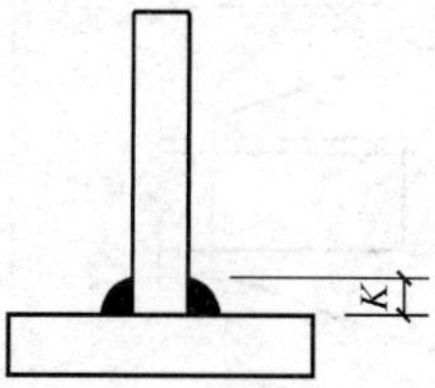 K	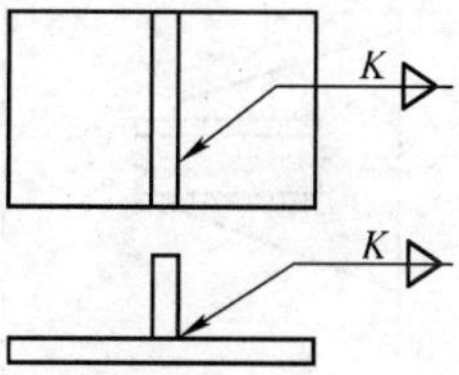 K K	P 的高度为钝边，施工图中可不标注
T 形接头单面焊缝	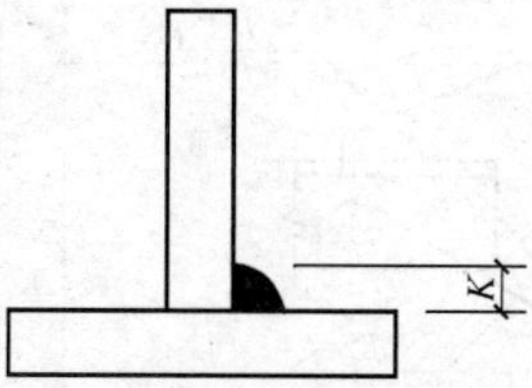 K	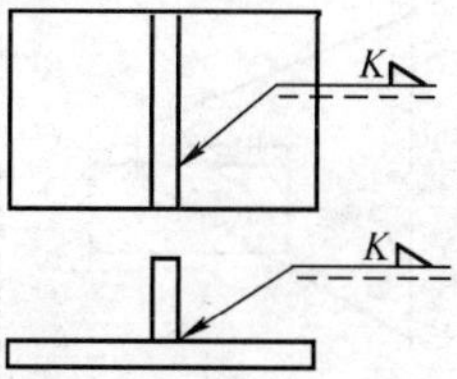 K K	

（续）

焊缝名称	示意图	图例	说明
T形接头带钝边双面焊缝（不焊透）	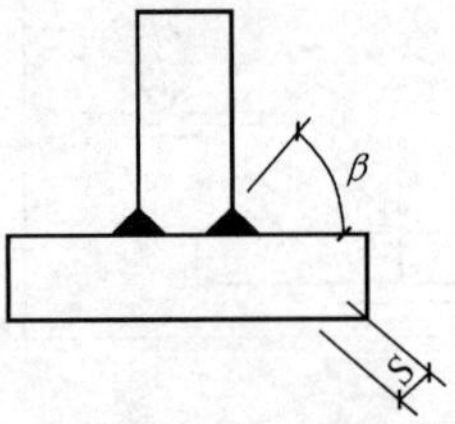	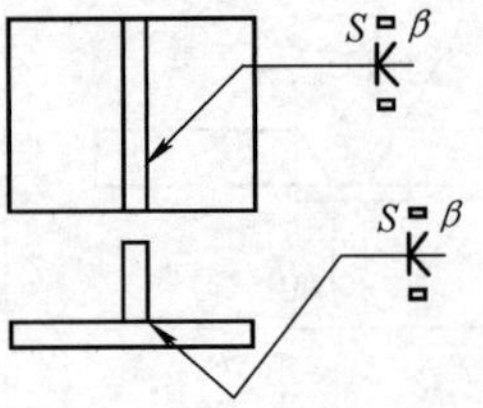	α施工图中可不标注
双面角焊缝	 	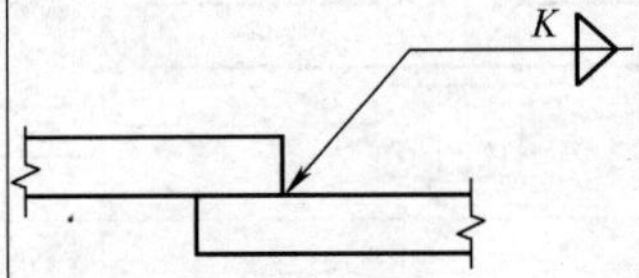 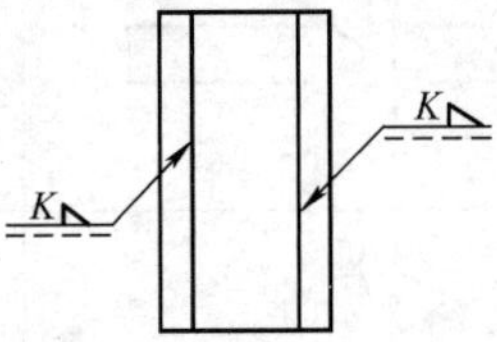	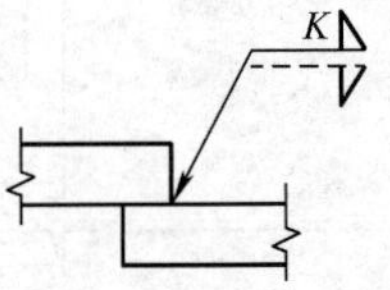 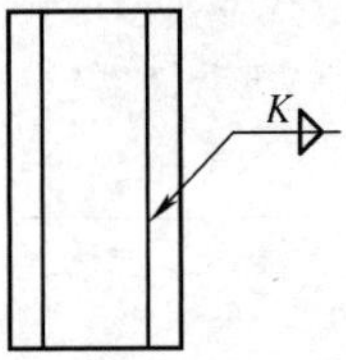
	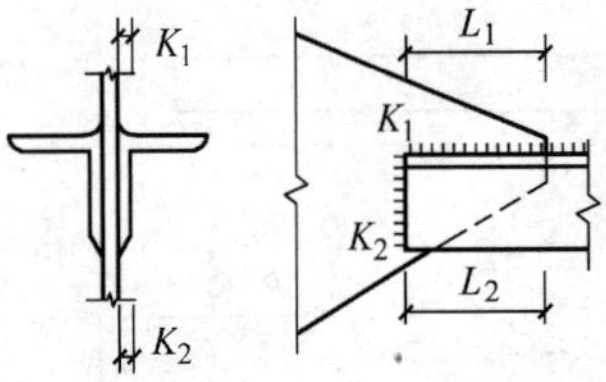		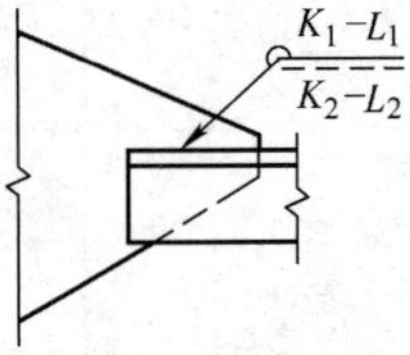
周围角焊缝	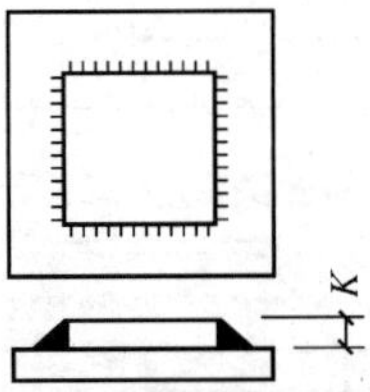	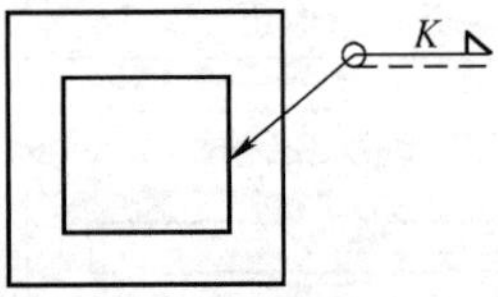	
三面围焊角焊缝	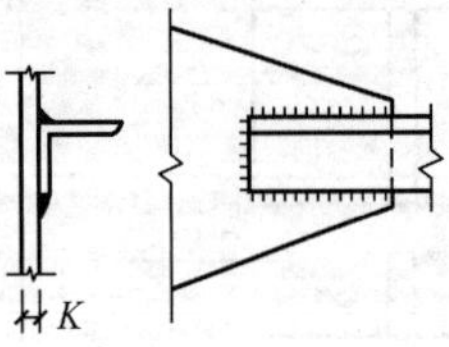	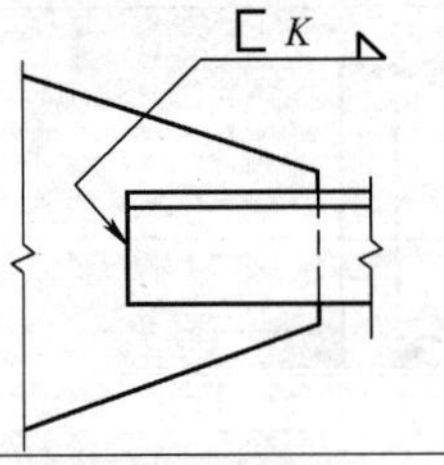	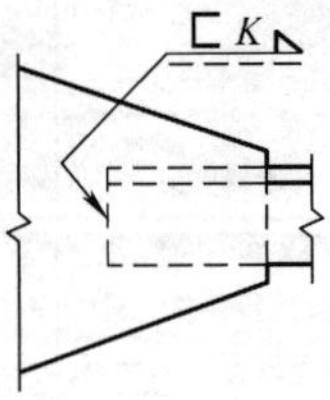
L形围角焊缝	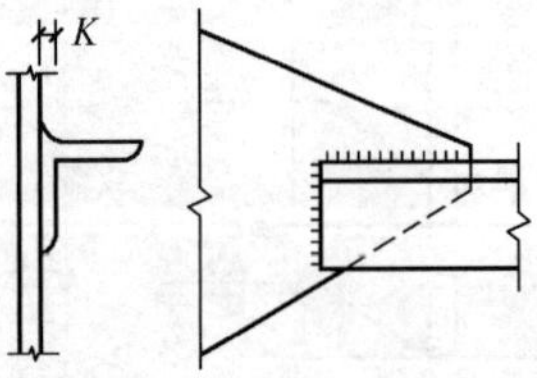	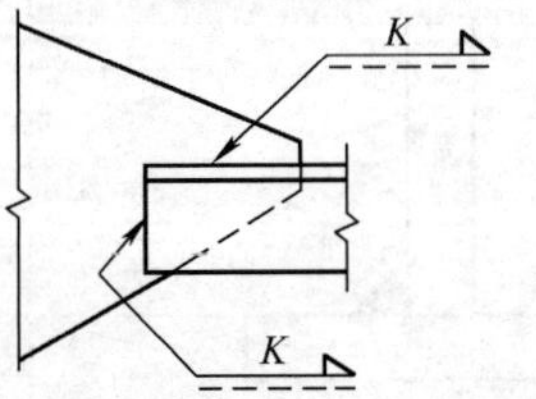	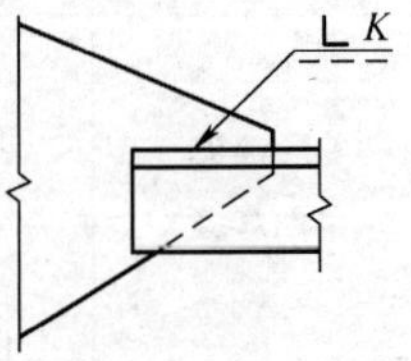

（续）

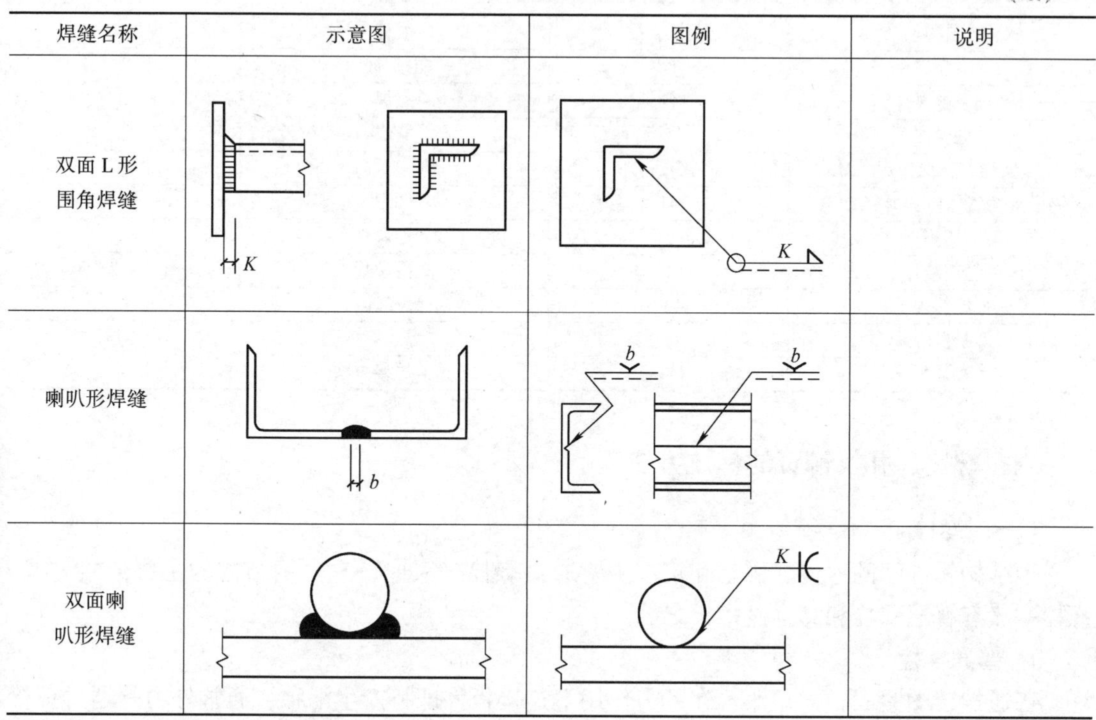

焊缝名称	示意图	图例	说明
双面L形围角焊缝	K	K	
喇叭形焊缝	b	b　b	
双面喇叭形焊缝		K	

注：1. 实际应用中基准线中的虚线往往被省略。

2. 此表只例举一部分常用焊缝的标注方法，实际应用中可以查阅有关的钢结构手册。

（四）焊缝符号与尺寸标注应用实例

焊缝符号与尺寸标注应用实例如图1-43所示。

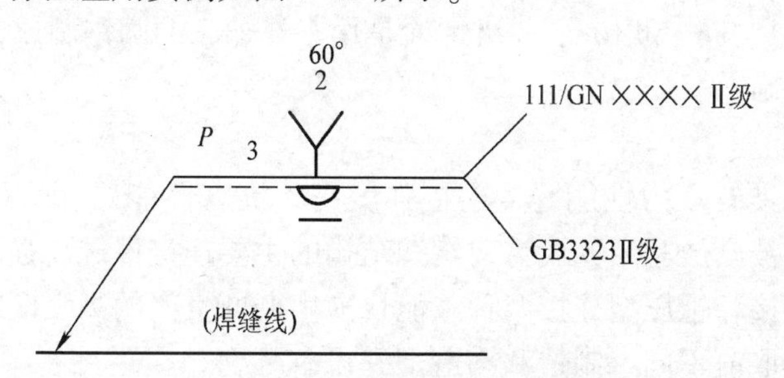

图1-43　焊缝符号与尺寸标注应用实例

图1-43表达的含义如下：

1）焊缝坡口采用钝边的V形坡口，坡口间隙为2mm，钝边高为3mm，坡口角度为60°。

2）111表示采用焊条电弧焊（常用的焊接方法代号见表1-9，不常用的焊接方法代号可查阅国家标准《焊接及相关工艺方法代号》GB/T 5185—2005），反面封底焊（即焊缝背面清根后再封底），反面焊缝要求打渣平整。

3）焊缝内部质量要求达到GB/T 3323—2005规定，Ⅱ级为合格。

表 1-9 常用的焊接方法代号表

名称	焊接方法	名称	焊接方法
电弧焊	1	电阻焊	2
焊条电弧焊	111	点焊	21
埋弧焊	12	缝焊	22
熔化极惰性气体保护焊（MIG）	131	闪光焊	24
钨极惰性气体保护焊（TIG）	141	气焊	3
压焊	4	氧乙炔焊	311
超声波焊	41	氧丙烷焊	312
摩擦焊	42	激光焊	52
扩散焊	45	电子束	51
爆炸焊	441	其他焊接方法	7

六、螺栓、孔及铆钉的标注方法

（一）螺栓

钢结构构件间的连接、固定和定位主要通过螺栓来完成，它是钢结构的主要连接方式。螺栓一般有普通螺栓和高强度螺栓之分。

1. 普通螺栓

普通螺栓的紧固轴力很小，在外力作用下连接板件即将产生滑移，通常外力是通过螺栓杆的受剪和连接板孔壁的承压来传递的。

普通螺栓质量按其加工制作的质量及精度公差不同可分为 A、B、C 三个质量等级。A 级加工精度最高，C 级最差。A、B 级螺栓称为精制螺栓，C 级称为粗制螺栓。A 级螺栓适用于小规格的螺栓，直径 $d\leqslant$M24，长度 $l\leqslant$150mm 和 10d；B 级螺栓适用于大规格螺栓，直径 $d>$M24，长度 $l>$150mm 和 10d；C 级螺栓是用未经加工的圆钢制成，杆身表面粗糙，加工精度低，尺寸不准确。

2. 高强度螺栓

高强度螺栓连接具有受力性能好、连接强度高、抗震性能好、耐疲劳、施工简单等特点，在建筑钢结构中被广泛利用，成为建筑钢结构的主要连接件。高强度螺栓按受力特点的不同可分为摩擦型连接和承压型连接两种。但目前生产商生产的高强度螺栓，摩擦型和承压型只是在极限状态上取值不同，制造和构造上并没有区别。

高强度螺栓在性能等级上可分为 8.8 级（或 8.8S）和 10.9 级（或 10.9S）。根据螺栓构造和施工方法不同，高强度螺栓可分为大六角头高强度螺栓和扭剪型高强度螺栓两类。大六角头高强度螺栓连接副包含一个螺栓、一个螺母和两个垫圈；扭剪型高强度螺栓连接副包含一个螺栓、一个螺母和一个垫圈。8.8 级仅用于大六角头高强度螺栓，10.9 级既可用于扭剪型高强度螺栓，也可用于大六角头高强度螺栓。扭剪型高强度螺栓只有 10.9 级一种。

高强度螺栓连接的摩擦面是需要通过处理的，以达到规范要求的抗滑移系数（是连接件摩擦面产生滑动时的外力与垂直于摩擦面的高强度螺母预拉力之和的比值，是影响承载的重要因素）数值。摩擦面的处理一般是和钢构件表面处理一起进行的，只是处理过后不再进行涂装处理。摩擦面的处理方法可分为喷砂（丸）法、砂轮打磨法、钢丝刷人工除锈法（用于不重要的结构）和酸洗法。目前大型钢结构厂基本上都采用喷丸法，酸洗法因受环境的限制，基本已淘汰。

（二）螺栓、孔、铆钉在图纸的标注

螺栓、孔、电焊铆钉的标注方法见表1-10。

表1-10 螺栓、孔、电焊铆钉的标注方法

序号	名称	图例	说明
1	永久螺栓	M ϕ	1. 细“+”表示定位轴线 2. M表示螺栓型号 3. ϕ表示螺栓孔径 4. d表示膨胀螺栓的直径、电焊铆钉直径 5. 采用引出线标注螺栓时，横线上标注螺栓规格，横线下标注螺栓孔直径
2	高强度螺栓	M ϕ	
3	安装螺栓	M ϕ	
4	膨胀螺栓	d	
5	圆形螺栓孔	ϕ	
6	长圆形螺栓孔	ϕ b	
7	电焊铆钉	d	

第四节　钢结构表面防护

钢结构最大的缺点就是防火和防腐性能差，如果不进行防护，不仅会造成直接的经济损失，而且还会严重地影响到结构的安全和耐久性。钢结构的涂装防护是利用防火和防腐蚀的涂料的涂层使被涂物与所处的环境相隔离，从而达到防火和防腐蚀的目的，延长结构的使用年限，因此，在钢结构规范里要求，钢结构是必须进行必要的防护处理的。

一、防火涂装

钢结构防火保护的目的，就是在钢结构构件表面提供一层绝热或吸热的材料，隔离火焰直接燃烧钢结构，阻止热量迅速传给钢基材，推迟钢结构温度升高的时间，使之达到规范规定的耐火极限要求，以利于消防灭火和安全疏散人员，避免和减轻火灾造成的损失。

钢结构的耐火等级可划分为一、二、三、四等四个等级，耐火极限在0.15～4h，未经防火处理的承重构件的耐火极限仅为0.15h，施工时如果有防火要求时，需要根据设计说明的防火等级要求进行防火处理。

二、防腐涂装

钢结构的防腐方法主要有涂装法、热镀锌法和热喷铝（锌）复合涂层等。涂装法是钢结构最基本的防腐方法，它是将涂料涂覆在构件表面上结成薄膜来进行保护钢结构的。防腐涂层通常可分两层（底层和面层）或三层（底层、中间层、面层）进行涂装，施工时需按建设方及设计图要求进行涂装。钢材防腐涂层的厚度是保证钢材防腐效果的重要因素，目前国内钢结构涂层的总厚度（包括底漆和面漆），要求室内涂层厚度一般为100～150μm，室外涂层厚度为150～200μm。

钢结构在防腐涂装前必须对被涂覆构件基层进行除锈，使表面达到一定的粗糙度，宜于涂料更有效地附着在构件上。根据国家标准《涂装前钢材表面锈蚀等级和除锈等级》的规定，将除锈等级分为喷射除锈、抛射除锈、手工和动力工具除锈法、火焰除锈三种类型。

喷射、抛射除锈用字母“Sa”表示，可分为四个等级：

Sa1：轻度的喷射或抛射除锈。钢材表面应无可见的油脂和污垢，没有附着不牢的氧化皮、铁锈和油漆涂层等附着物。

Sa2：彻底地喷射或抛射除锈。钢材表面无可见的油脂和污垢，氧化皮、铁锈等附着物已基本清除，其残留物应是牢固附着的。

Sa2 $\frac{1}{2}$：能非常彻底地喷射或抛射除锈。钢材表面无可见的油脂、污垢、氧化皮、铁锈和油漆涂层等附着物，任何残留的痕迹应为点状或条状的轻微色斑。

Sa3：使钢材表面洁净的喷射或抛射除锈。钢材表面无可见的油脂、污垢、氧化皮、铁锈和油污附着物，该表面应显示均匀的钢材金属光泽。

手工和动力工具除锈用“St”表示，可分为两个等级：

St2：彻底手工和动力工具除锈。钢材表面无可见的油脂和污垢，没有附着不牢的氧化皮、铁锈和油漆涂层等附着物。

St3：非常彻底地手工和动力工具除锈。钢材表面无可见的油脂和污垢，没有附着不牢的氧化皮、铁锈和油漆涂层等附着物，除锈比 St2 更彻底，底材显露出部分的表面具有金属光泽。

火焰除锈用“F1”表示，要求钢材表面无氧化皮、铁锈和油漆层等附着物，任何残留的痕迹仅为表面变色彩（即不同颜色的暗影）。

第二章　钢结构设计施工图识读

通过第一章对钢结构施工图基础知识的理解和掌握，本章开始针对施工图全部内容展开详细讲解。各类详图的识读是本章需要掌握的重点和难点，需要初学者结合前面讲过的基本符号和标注方法等基础知识来进行识读。

第一节　钢结构设计总说明

钢结构设计总说明是施工图中的一个重要的组成部分，通常放在整套图纸的首页，它是对一个建筑物的整体结构形式和结构构造等方面的要求所做的总体概述。

不同的钢结构施工图所包含的设计总说明内容也不尽相同。通常钢结构的设计总说明主要包括以下几方面的内容：

1）设计依据。主要有国家现行有关规范和甲方的有关要求。

2）设计条件。主要包含永久荷载、可变荷载，工程所在地的风荷载、雪荷载、抗震设防烈度及工程主体结构使用年限和结构重要等级等。

3）工程概况。主要是指结构质式和结构规模。

4）设计控制参数。是指有关的变形控制条件。

5）材料的选用。主要是指所选用的材料要符合有关规范及所选用材料的强度等级等。

6）钢构件的制作加工。主要是指焊接和螺栓等方面的有关要求及其验收的标准。

7）钢构件的运输和安装。是指运输和安装过程中需注意的事项和应满足的有关要求。

8）钢结构的防护涂装。包含构件防腐涂装时构件表面的防锈处理方法、防锈等级及对油漆和涂层厚度的要求，防火涂装时防火等级和构件的耐火极限等方面的要求。

9）钢结构围护。包括所采用的屋面板、墙面板和配件等围护材料的要求。

10）钢结构维护及其他需要说明的事项。

钢结构设计总说明的具体内容可以参照第三章的实例来进行阅读理解。

第二节　基础平面布置图及详图

一、基础的组成

基础一般说来是指在建筑物标高 ±0.000 以下的构造部分，是建筑物底部的主要承重构件，它将建筑物的全部荷载传递给地基。基础的类型很多，根据其构造形式的不同，可分为独立基础（可分为阶梯形和棱锥形独立基础）、条形基础、桩基础和筏形基础等，如图 2-1

所示。

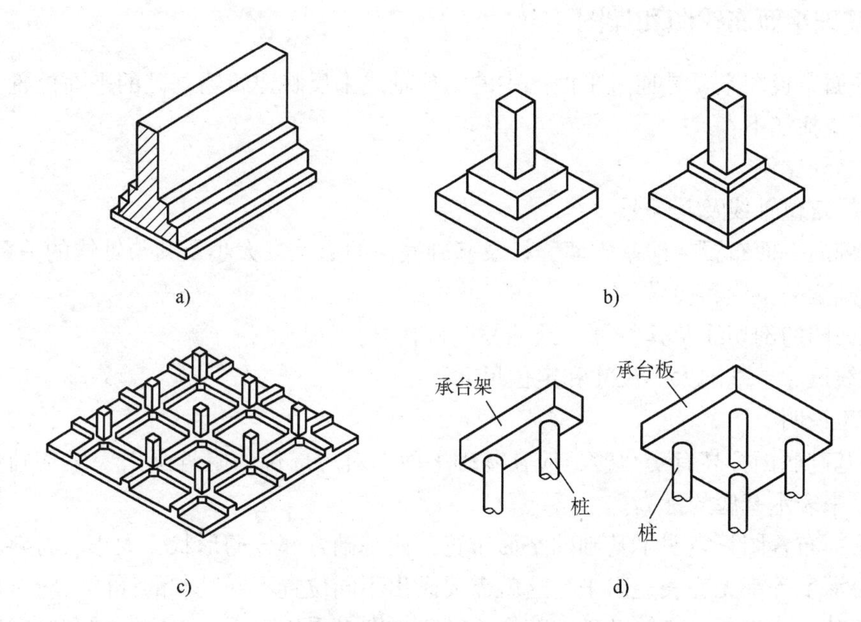

图 2-1 常见的基础形式

a）条形基础 b）独立基础 c）筏形基础 d）桩基础

下面以条形基础（图 2-2）为例介绍一下基础的组成：

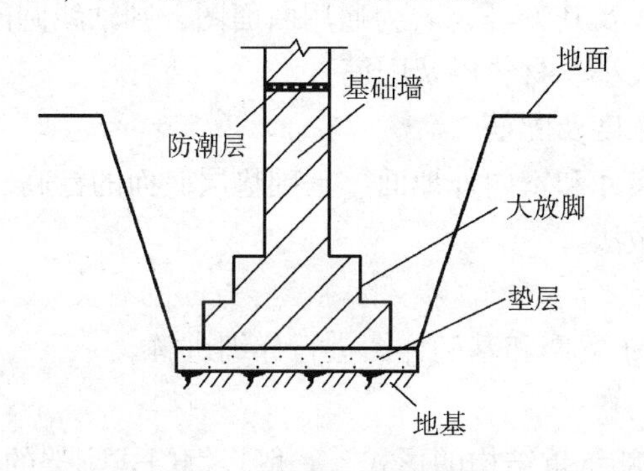

图 2-2 条形基础的组成

（1）地基 地基是承受基础传递建筑物的全部荷载的土层。一般房屋进行设计前应对地基土层进行勘察，了解地基土层的组成、地下水位、承载力等地质情况。

（2）垫层 垫层在基础最底部，将基础传来的荷载均匀地传递给地基，材料一般采用混凝土，荷载较小时可采用灰土垫层。

（3）大放脚 大放脚为基础底部比基础墙扩大的部分，它可以增加基础墙与垫层的接触面积，从而减少垫层上单位面积上承受的压力。

（4）基础墙 基础墙是指在室内地面以下的墙体。

（5）防潮层 防潮层是为了防止水分沿基础墙上升，避免墙身受潮，一般在室内地面以下 -0.06m 处设置的一层防水材料。

二、基础平面布置图和详图

基础平面布置图主要是通过平面图中的定位轴线来反映建筑物基础的平面位置关系，其主要内容可概括如下：

1）图名和比例。

2）纵横定位轴线及其编号。

3）基础的平面布置，即基础墙、柱及基础底面的形状、大小及其与轴线的关系。

4）基础梁的位置和代号。

5）断面图的剖切线及其编号（或注写基础代号）。

6）轴线尺寸、基础大小尺寸和定位尺寸。

7）施工说明。

8）当基础底面标高有变化时，应在基础平面图对应部位的附近画出一段基础垫层的垂直剖面图，来表示基底的标高。

基础平面布置图只表明了基础的平面布置，而基础各部分的形状、大小、材料、构造及基础的埋设深度等都无法表达出来，这就需要画出不同位置不同基础的详图，将基础的这些内容表达清楚，才能作为砌筑基础的依据。基础详图是采用水平局部剖面图和竖向剖面图来表达基础构造的，其主要内容可概括如下：

1）图名（或基础代号）和比例。

2）基础断面图中轴线及其编号（若为通用断面图，则轴线圆圈内不予编号）。

3）基础断面形状、大小、材料以及配筋。

4）基础梁的高度、宽度及配筋。

5）基础断面的详细尺寸和室内外地面、基础垫层底面的标高。

6）防潮层的位置和做法。

7）施工说明等。

下面举例对基础平面布置图和基础详图进行详细讲解。

（一）独立基础

基础的形式取决于上部承重结构的形式，一般轻钢门式刚架的基础形式采用柱下独立基础，结构比较单一，基础类型较少，所以往往把基础详图和基础平面布置图放在一张图纸上，图纸下方还会有必要的文字说明。如果基础类型较多的话，可考虑将基础详图单列在一张图纸上。

图 2-3 为独立基础平面布置图和基础详图的图例。

从图 2-3a 基础平面布置图中可以读出：

1）该建筑基础类型少，故将基础详图和平面布置图放在同一张图纸上。

2）该建筑物基础形式为柱下钢筋混凝土棱锥形独立基础，基础有 JC-1 和 JC-2 两种类型，其中 JC-1 有 18 个，JC-2 有 4 个，具体构造分别见详图。

3）建筑物总长 50m，跨度 16m，有两种开间尺寸，即：①、②轴线和⑧、⑨轴线间为 7m 开间，②~⑧轴线间为 6m 开间。纵向两端间基础间距为 5m，中间基础间距为 6m。

4）结合图 2-3b 可知，图中基础有两种平面尺寸，即 1600mm×1800mm 和 1600mm×1400mm。

从图 2-3b 基础详图中可以读出：

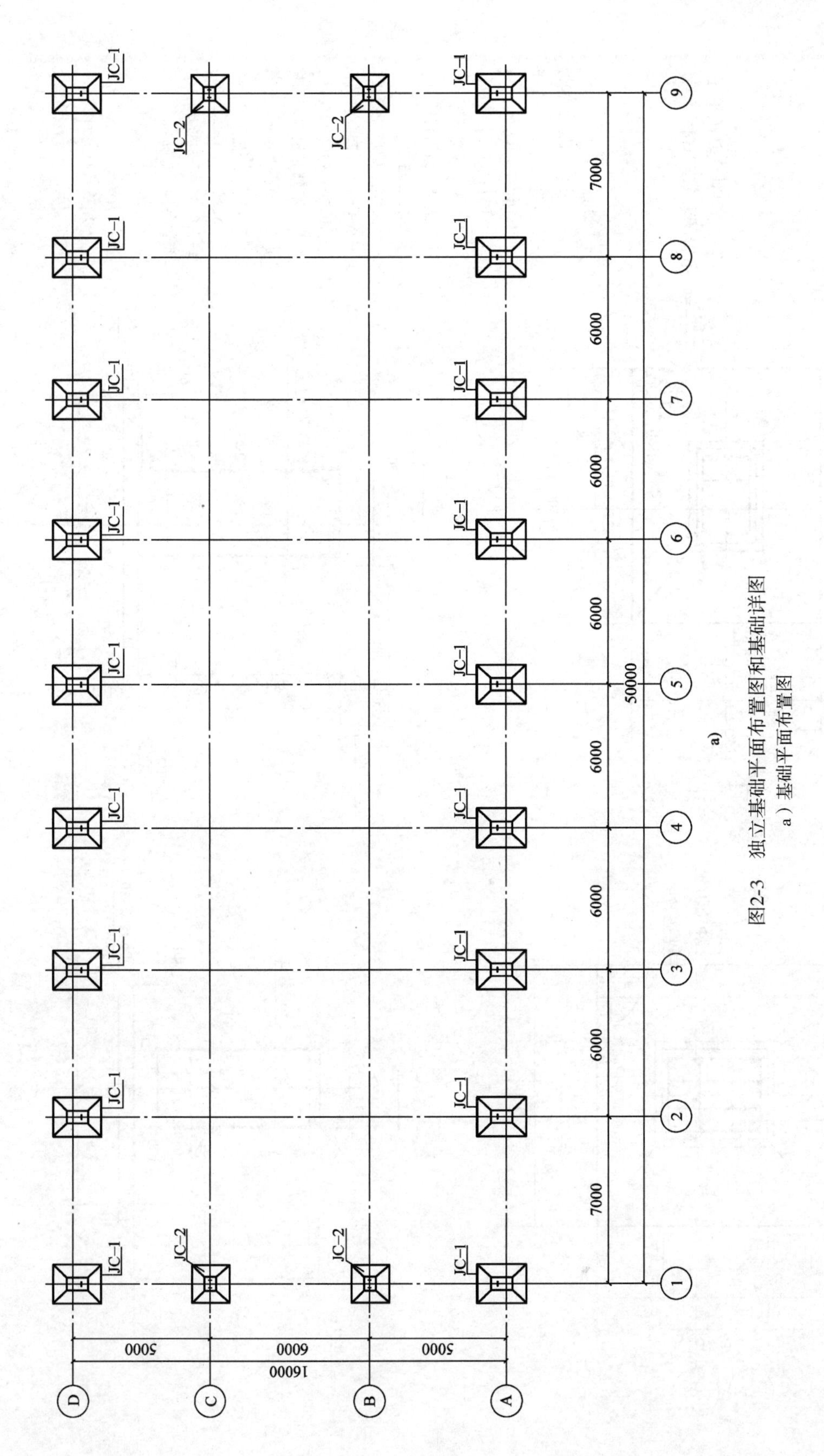

图2-3　独立基础平面布置图和基础详图

a）基础平面布置图

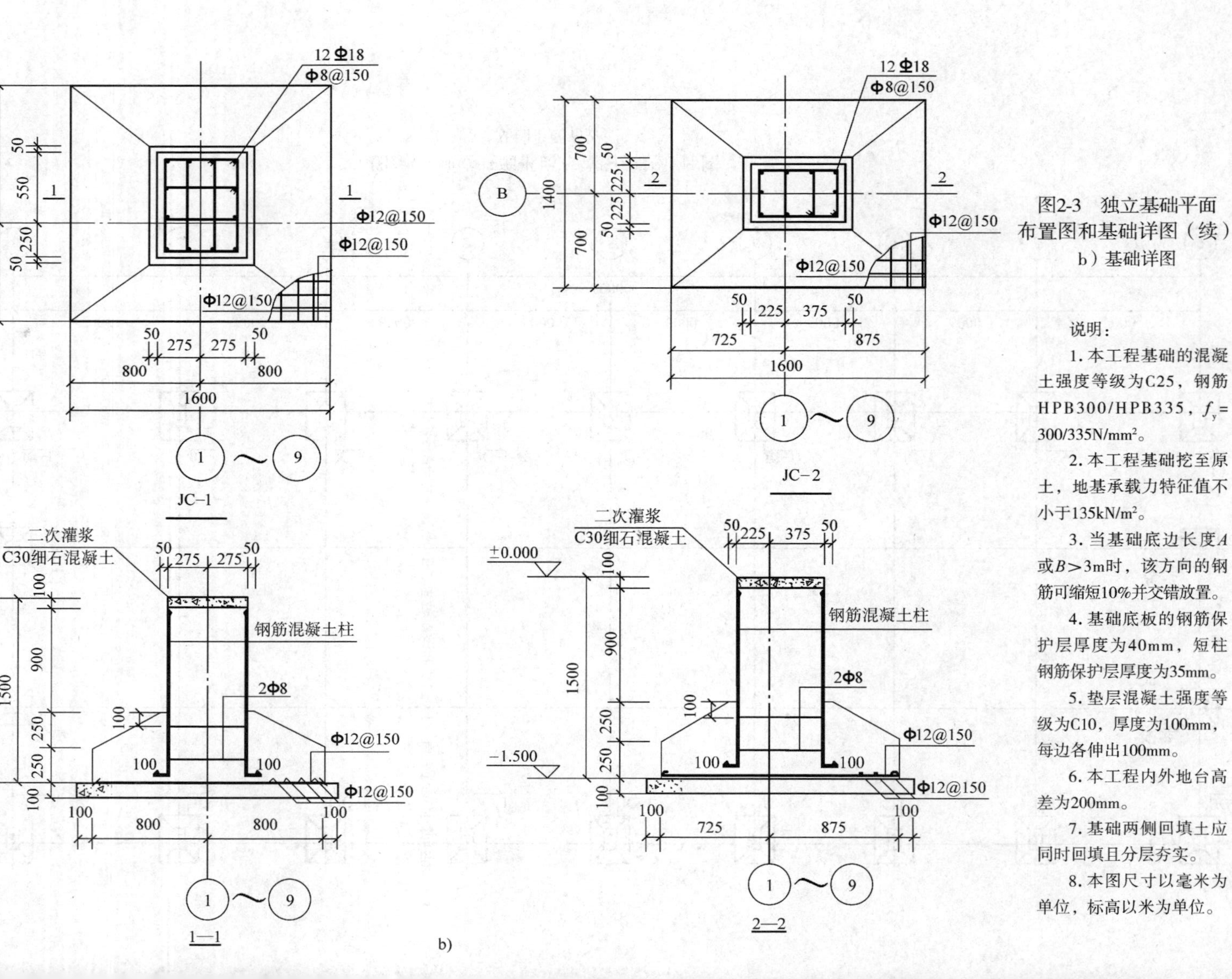

图2-3　独立基础平面布置图和基础详图（续）

b）基础详图

说明：

1. 本工程基础的混凝土强度等级为C25，钢筋HPB300/HPB335，f_y=300/335N/mm²。

2. 本工程基础挖至原土，地基承载力特征值不小于135kN/m²。

3. 当基础底边长度A或B>3m时，该方向的钢筋可缩短10%并交错放置。

4. 基础底板的钢筋保护层厚度为40mm，短柱钢筋保护层厚度为35mm。

5. 垫层混凝土强度等级为C10，厚度为100mm，每边各伸出100mm。

6. 本工程内外地台高差为200mm。

7. 基础两侧回填土应同时回填且分层夯实。

8. 本图尺寸以毫米为单位，标高以米为单位。

1）JC-1 位于纵向轴线中心，横向轴线偏心 150mm 的位置，其基底尺寸为 1600mm × 1800mm，基础底部的配筋双向均为直径 12mm 的一级钢筋，钢筋间距（相邻钢筋中心距，用“@”表示）为 150mm。基础上短柱的平面尺寸为 800mm × 550mm，短柱的纵筋为 12 根直径 18mm 的二级钢筋，箍筋为直径 8mm 的一级钢筋，箍筋间距为 150mm。

2）根据 JC-1 剖面图“1-1”可知该基础为棱锥形，下部设有 100mm 的垫层，基础底部标高为 −1.500m（由此可知基础埋深为 1.5m），基础大放脚在高度方向上设置 2 根箍筋，箍筋为直径 8mm 的一级钢筋。短柱上部设有 100mm 厚的 C30 细石混凝土二次浇筑层。

3）JC-2 位于纵向轴线偏心 75mm，横向轴线中心位置，其基底尺寸为 1600mm × 1400mm，基础底部的配筋双向均为直径 12mm 的一级钢筋，钢筋间距（用“@”表示）为 150mm。基础上短柱的平面尺寸为 600mm × 450mm，短柱的纵筋为 10 根直径 18mm 的二级钢筋，箍筋为直径 8mm 的一级钢筋，箍筋间距为 150mm。

4）JC-2 剖面图“2-2”表达内容与 JC-1 剖面图“1-1”基本相同，不同的是基础的底面宽度和短柱宽度。

从图 2-3 说明里可读出：

该基础所采用的混凝土强度等级为 C25，所采用的钢筋等级为 HPB300（Ⅰ级钢筋，直径符号表示为“Φ”）和 HRB335（Ⅱ级螺纹钢筋，直径符号表示为“Φ”），其屈服强度（f_y）分别为 300N/mm^2 和 335N/mm^2 等一系列内容。在读图时需要与图纸结合起来识读，才能对图纸掌握得更全面、更准确。

（二）条形基础

框架结构的基础有各种各样的类型，下面以地梁连接的柱下条形基础（由基础底板和基础梁组成）为例来讲述一下条形基础。

图 2-4 为柱下条形基础平面布置图和基础详图的图例。

从图 2-4a 基础平面布置图中可以读出：

1）基础中心位置与定位轴线是重合的，基础的轴线距离都是 6m。

2）基础全长 17.6m，地梁长度为 15.6m，基础两端为承托上部墙体（砖墙或轻质砌块墙）而设置有基础梁，编号为 JL-3，每根基础梁上有三根柱子（黑色矩形），柱子的柱距为 6m，跨度为 7.8m。由 JL-3 的设置可知，该方向不必再另行挖土方做砖墙的基础。

3）地梁底部扩大的面为基础底板，基础的宽度为 2m。

4）从图中的编号可以看出①轴线和⑧轴线的基础相同，均为 JL-1，其余各轴线间的基础相同，均为 JL-2。

从图 2-4b 基础 1-1 纵向剖面图中可以读出：

1）基础梁采用 C10 素混凝土做垫层，其长度为 17600mm，高度为 1100mm，两端挑出长度为 1000mm，此设置可以更好地平衡梁在框架柱处的支座弯矩。

2）竖向有三根柱子的插筋，插筋下端水平弯钩长度最大值要求在 150mm 和 6 倍插筋直径范围内。长向有梁的上部主筋和下部的受力主筋，上部梁主筋有两根弯起，弯起的钢筋在柱边支座处斜的方向和上部结构的梁的弯起钢筋斜向相反。

3）上下的受力钢筋用钢箍绑扎成梁，箍筋采用直径 12mm 的二级钢筋，从图中标注可知，箍筋采用的是四肢箍（由两个长方形的钢箍组成的，上下钢筋由四肢钢筋连接在一起的形式）。

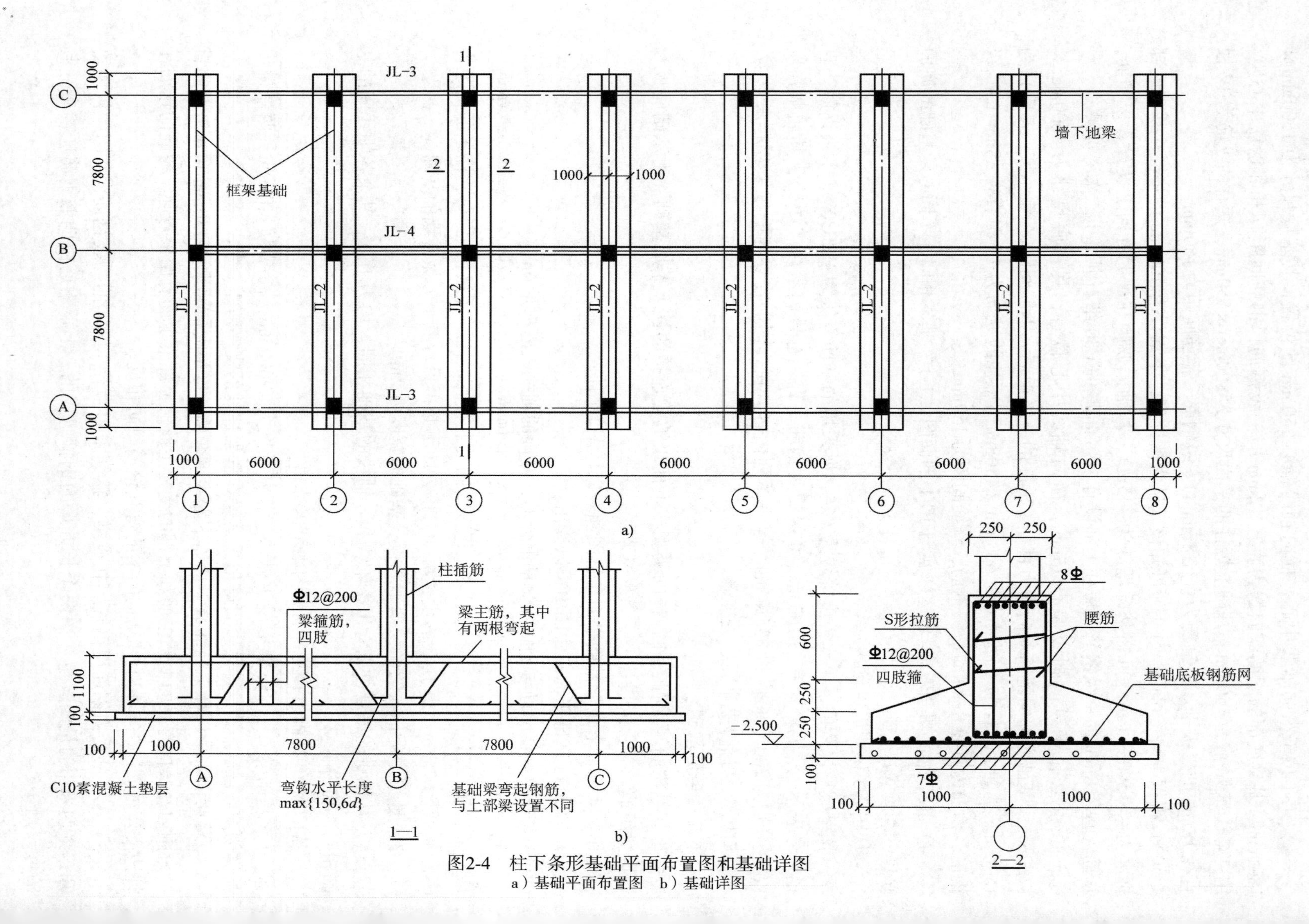

图2-4 柱下条形基础平面布置图和基础详图
a）基础平面布置图 b）基础详图

从图 2-4b 基础 2-2 横向剖面图中可以读出：

1）基础宽度为 2m，地基梁的宽度为 500mm。

2）基础底有 100mm 厚的素混凝土垫层，底板边缘厚和斜坡高均为 250mm，梁高与纵剖一样为 1100mm。

3）底板在宽度方向上的钢筋是主要受力钢筋，摆放在最下面，断面上一个个黑点表示长向钢筋，通常为分布筋。

4）板钢筋上面是梁的配筋，上部主筋有 8 根，下部也有 8 根，钢筋为二级钢筋。

5）箍筋采用四肢箍，箍筋采用直径为 12mm 的二级钢筋，间距 200mm。

6）梁两侧设置有腰筋，并采用 S 形拉结筋钩住形成整体。

第三节　地脚锚栓平面布置图及详图

地脚锚栓布置图是按一定比例绘制柱网的平面布置图，表达每根柱子的地脚螺栓的定位，图上的每个尺寸必须与基础图结合，做到准确无误，以保证钢结构的顺利安装。

地脚锚栓平面布置图比较容易识读，下面简单举例对地脚锚栓平面布置图及详图进行讲解。

图 2-5 为钢结构厂房锚栓平面布置图的图例。

从图 2-5a 锚栓平面布置图中可以读出：

1）该建筑物共有 22 个柱脚，有 DJ-1 和 DJ-2 两种柱脚形式。

2）锚栓纵向间距两端间为 7m，中间为 6m，横向间距两端间为 5m，中间为 8m。

从图 2-5b 锚栓详图中可以读出：

1）该建筑物 A、D 轴线柱脚下有 6 个柱脚锚栓，锚栓横向间距为 120mm，纵向间距为 450mm；B、C 轴线柱脚下有 2 个柱脚锚栓，纵向间距为 150mm。

2）由 DJ-1 详图可知，DJ-1 锚栓群位置在横向轴线上居中，在纵向轴线偏离锚栓群中心 149mm。

3）由 DJ-2 详图可知，DJ-2 锚栓群在横向轴线上偏离锚栓群中心 75mm，在纵向轴线上的位置居中。

4）所采用的锚栓直径 d 均为 24mm，长度均为 690mm，锚栓下部折弯 90°，长度为 100mm，共需此种锚栓 116 根。

5）DJ-1 和 DJ-2 锚栓锚固长度均是从二次浇灌层底面以下 520mm，柱脚底板的标高为 ±0.000。

6）柱与基础的连接采用柱底板下一个螺母，柱底板上两个螺母的固定方式。

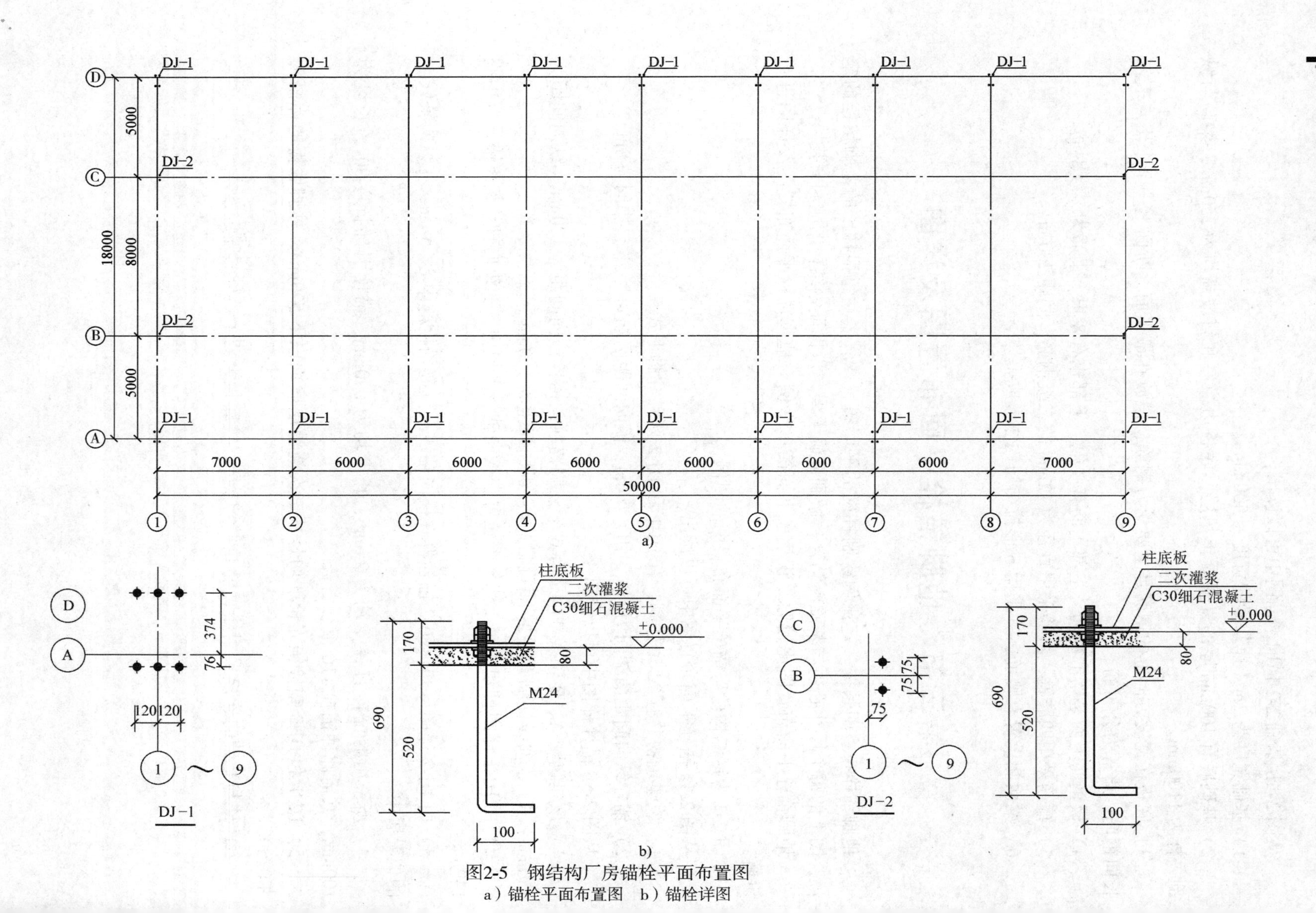

图2-5 钢结构厂房锚栓平面布置图
a）锚栓平面布置图 b）锚栓详图

第四节　钢结构布置图

一、主刚架布置图

钢结构的主刚架布置图是表明钢结构各类刚架的布置情况，它包括主刚架平面布置图和主刚架立面布置图两种类型。如果钢结构形状不规则或类型较多（如框架结构），用刚架布置图不易表达清楚时，还需画出主构件平面布置图，它可以反映出不同规格型号的主构件在平面位置上的布置情况，并用不同的编号来区分这些钢构件。一般门式钢结构主构件平面布置图可分为柱、梁、吊车梁平面布置图，如果建筑物为多层或高层往往还要画出各楼层主构件（柱、主梁、次梁等）的平面布置图。

（一）平面布置图

1. 图例一（图 2-6）

从图 2-6 中可以读出：

1）该建筑物共有 8 榀刚架，编号名称为 GJ-1。

2）①轴和⑧轴上分别有三根抗风柱，抗风柱轴线间距均为 6250mm。

2. 图例二（图 2-7）

从图 2-7 中可以读出：

1）该高层建筑物第 X 层共有两种类型柱（不含核心筒位置的柱），分别为箱形 Z-1 和 H 形柱 Z-2，Z-1 有 8 根，Z-2 有 16 根。

2）该高层建筑物第十九层梁有主梁和次梁两种类型，不含核心筒位置的梁共有 82 支梁，每种的梁的规格型号可对照图右边的表。所谓主梁是指两端支撑在柱、核心筒上的梁，编号以 G 开头，如 G-19X2、G-19Y6 等；次梁是指两端支撑在主梁上的梁，编号以 B 开头，如 B-1914、B-1903 等。梁的编号没有统一的编制方法，此图中主梁的编号，如 G-19X2 的表示含义是：19 表示十九层，X 表示该梁在纵轴放置；次梁编号，如 B-1914 表示的含义是：19 表示十九层，14 表示是第十四种次梁。

3）梁端部有刚接和铰接两种连接形式，符号“——◀”表示梁端与其他构件连接形式为刚接（可以抵抗弯矩的连接，常见于主梁的端部）；符号“——”表示梁端与其他构件的连接方式为铰接（只能承受剪力的连接方式，常见于次梁和部分主梁的端部）。

4）核心筒位置的构件布置参见详图来识读。

（二）立面布置图

钢结构立面布置图是取出结构在横向和纵向轴线上的各榀刚架（框架），用各榀刚架（框架）立面图来表达结构在立面上的布置情况，并在图中标注构件的截面形状、尺寸以及构件之间的连接节点。

1. 图例一（图 2-8）

从图 2-8 中可以读出：

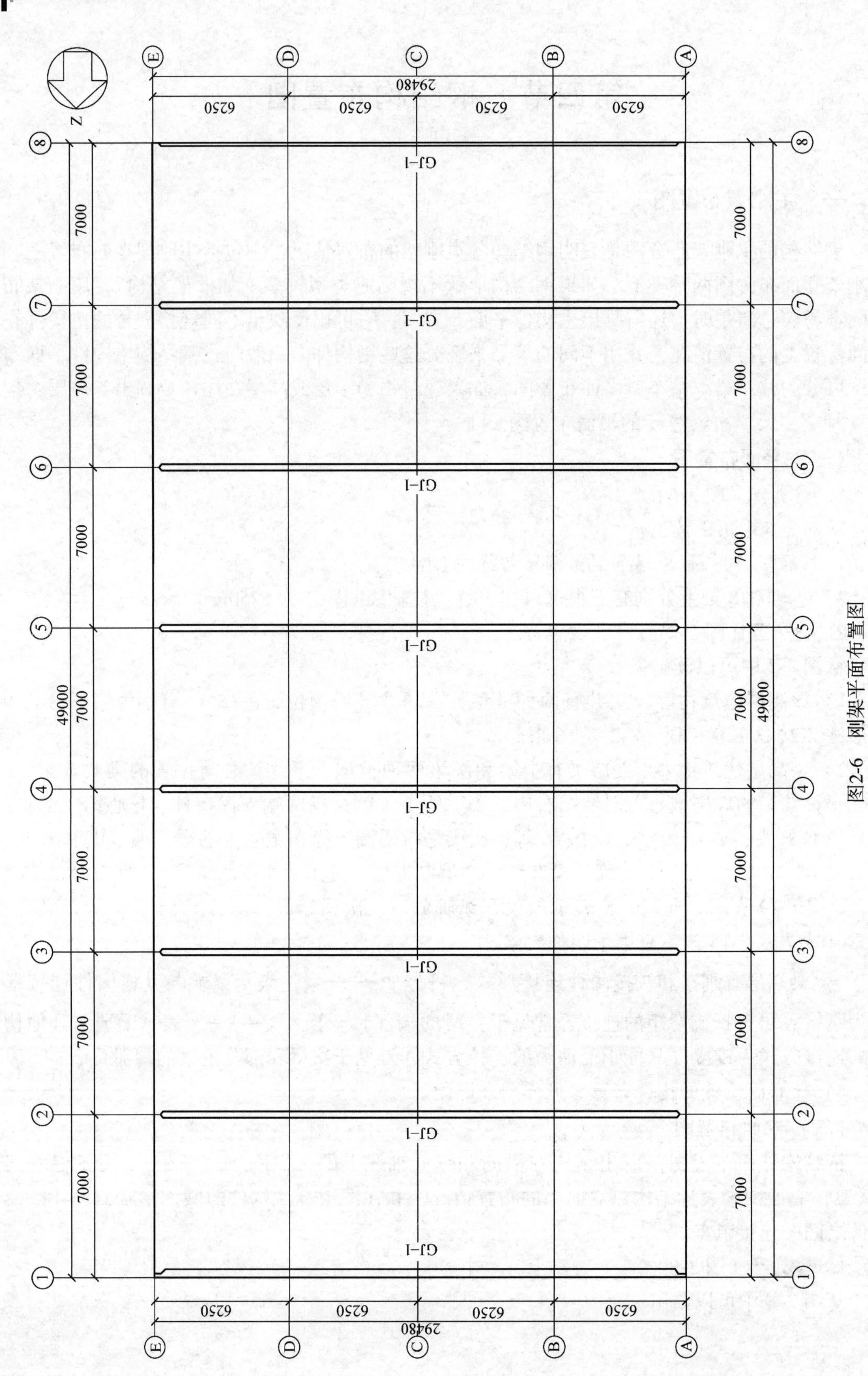

图2-6 刚架平面布置图

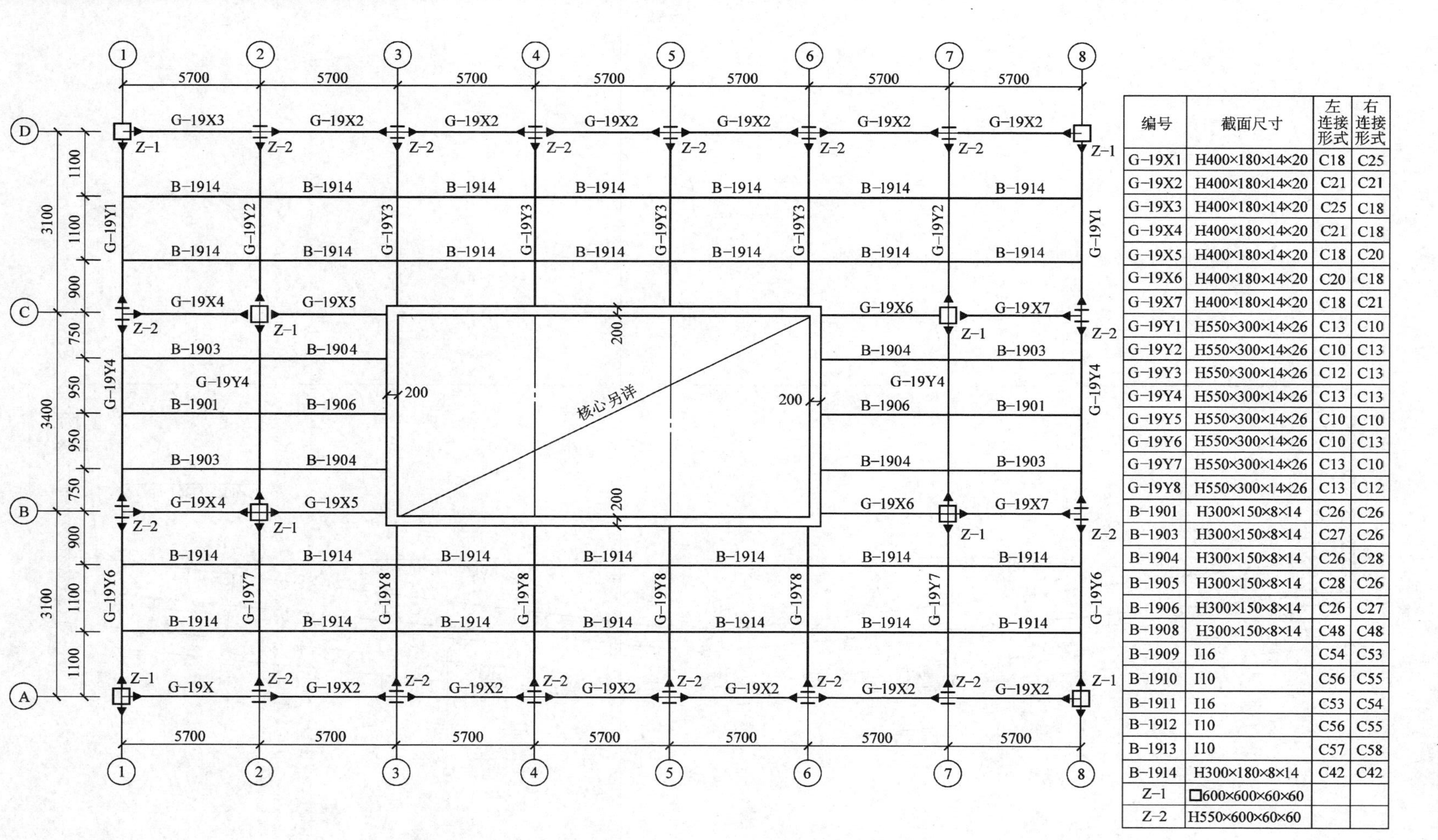

编号	截面尺寸	左连接形式	右连接形式
G-19X1	H400×180×14×20	C18	C25
G-19X2	H400×180×14×20	C21	C21
G-19X3	H400×180×14×20	C25	C18
G-19X4	H400×180×14×20	C21	C18
G-19X5	H400×180×14×20	C18	C20
G-19X6	H400×180×14×20	C20	C18
G-19X7	H400×180×14×20	C18	C21
G-19Y1	H550×300×14×26	C13	C10
G-19Y2	H550×300×14×26	C10	C13
G-19Y3	H550×300×14×26	C12	C13
G-19Y4	H550×300×14×26	C13	C13
G-19Y5	H550×300×14×26	C10	C10
G-19Y6	H550×300×14×26	C10	C13
G-19Y7	H550×300×14×26	C13	C10
G-19Y8	H550×300×14×26	C13	C12
B-1901	H300×150×8×14	C26	C26
B-1903	H300×150×8×14	C27	C26
B-1904	H300×150×8×14	C26	C28
B-1905	H300×150×8×14	C28	C26
B-1906	H300×150×8×14	C26	C27
B-1908	H300×150×8×14	C48	C48
B-1909	I16	C54	C53
B-1910	I10	C56	C55
B-1911	I16	C53	C54
B-1912	I10	C56	C55
B-1913	I10	C57	C58
B-1914	H300×180×8×14	C42	C42
Z-1	□600×600×60×60		
Z-2	H550×600×60×60		

图2-7　19层楼面钢结构平面布置图

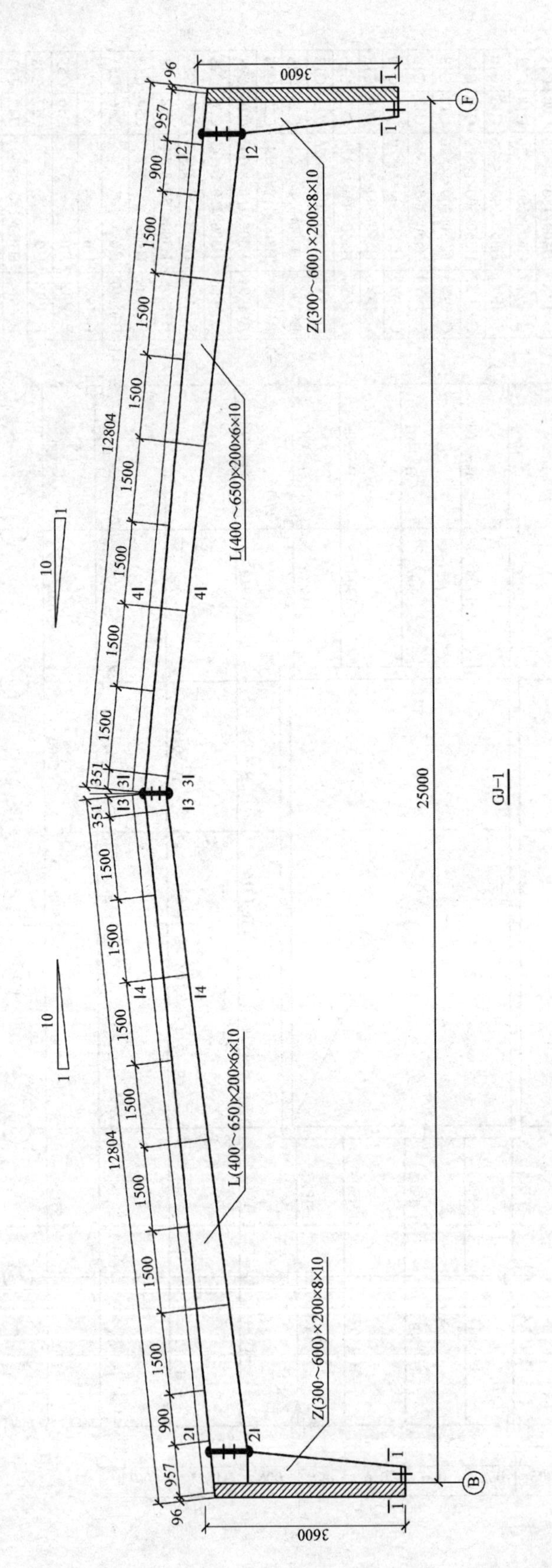

GJ-1
25000
12804
12804
L(400～650)×200×6×10
L(400～650)×200×6×10
Z(300～600)×200×8×10
Z(300～600)×200×8×10
3600
3600
957
900
1500
351
96
10
1
F
B

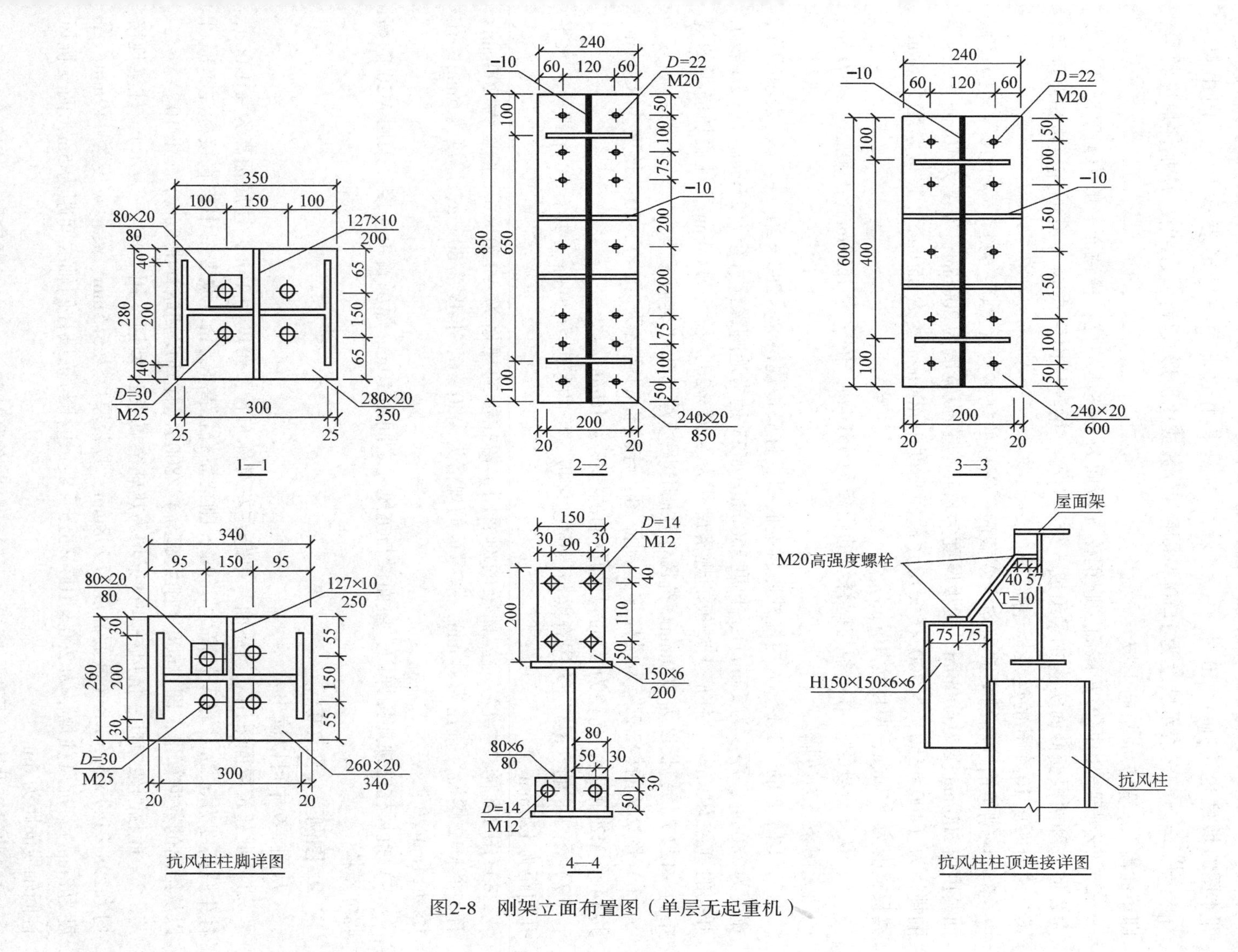

图2-8　刚架立面布置图（单层无起重机）

1）该建筑跨度为25m，檐口高度为3.6m，屋面坡度为1∶10。注：屋面坡度有三种表示形式：一是采用百分数，即本图中的坡度也可用 $i=10\%$ 表示；二是采用比例的形式标注，即本图的坡度也可用1∶10表示；三就是本图采用的直角三角形表示形式，图中符号“1 10”即表示坡度为1∶10。采用百分数或比例形式标注坡度时，应加注坡度符号，即单面箭头，箭头应指向下坡方向。

2）该刚架是由两根变截面实腹钢柱（截面为一整体的柱，横截面一般为工字形，少数为Z形）和两根变截面实腹钢梁组成，结构对称。梁与柱由两块14个孔的连接板相互连接，梁与梁由两块10个孔的连接板连接。

3）该刚架钢柱和钢梁截面均为变截面，钢柱的规格为（300～600）×200×8×10（截面高度由300mm变为600mm，腹板厚度为8mm，翼板宽度为200mm，厚度为10mm），钢梁的规格为（400～650）×200×6×10（截面高度由400mm变为650mm，腹板厚度为6mm，翼板宽度为200mm，厚度为10mm）。

4）从屋脊处第一道檩条与屋脊线的距离为351mm，依次为1500mm，900mm，957mm。墙面无檩条，为砖墙。

5）图2-8的“1-1”为边柱柱底脚剖面图，柱底板规格为－280×20（“－”表示钢板，宽度为280mm，厚度为20mm），长度350mm。M25是指地脚螺栓直径为25mm，$D=30$ 表示开孔的直径为30mm。柱底上垫板的规格尺寸为－80×20，长度为80mm，柱底加筋板的规格为－127×10，长度为200mm。抗风柱柱脚详图读法与边柱类似。

6）图2-8的“2-2”为梁柱连接剖面图，连接板的规格为－240×20，长度为850mm。共14个M20螺栓，孔径为22mm，加筋肋的厚度为10mm。

7）图2-8的“3-3”为屋脊梁与梁的连接板，板的厚度为20mm，共有10个螺栓，水平孔间距为120mm。

8）图2-8的“4-4”为屋面梁的剖面图，檩托板的规格为－150×6，长度为200mm，有4个M12螺栓，直径为14mm，隅撑板的规格为－80×6，长度为80mm，厚度为6mm，孔径为14mm。

9）抗风柱柱顶连接详图，屋面梁与抗风柱之间用10mm厚弹簧板连接，采用M20的高强度螺栓。

2. 图例二（图2-9）

从图2-9中可以读出：

1）此建筑屋面采用双坡屋面，单跨左右对称布置，跨度为16m，柱底标高为±0.000，柱牛腿高度为6.2m，檐口标高为7.9m，刚架屋脊标高8.7m。坡度图中未直接标注，但可以从给出的数据算出，即：800（刚梁起高）/8000（柱外皮到屋脊中心长）＝1/10。

2）此榀刚架边柱、抗风柱和钢梁均为热轧窄翼缘H型钢（用“HN”表示），柱梁规格均为298×149×5.5×8（截面高度为298mm，腹板厚度为5.5mm，翼板宽度为149mm，厚度为8mm），抗风柱规格为200×100×5.5×8；边柱与抗风柱间轴线间距为5m，两支抗风柱间轴线间距为6m。

3）此建筑设置上下两层窗户，下层窗户高度为1800mm，上层窗户高度为1200mm。

4）墙面和屋面均采用C型钢做檩条，墙面檩条放置方向可从图中看出，窗台位置槽口朝下，窗顶槽口朝上与檩托连接；屋面檩条放置方向均为槽口面向屋脊；边柱檩距和梁檩距

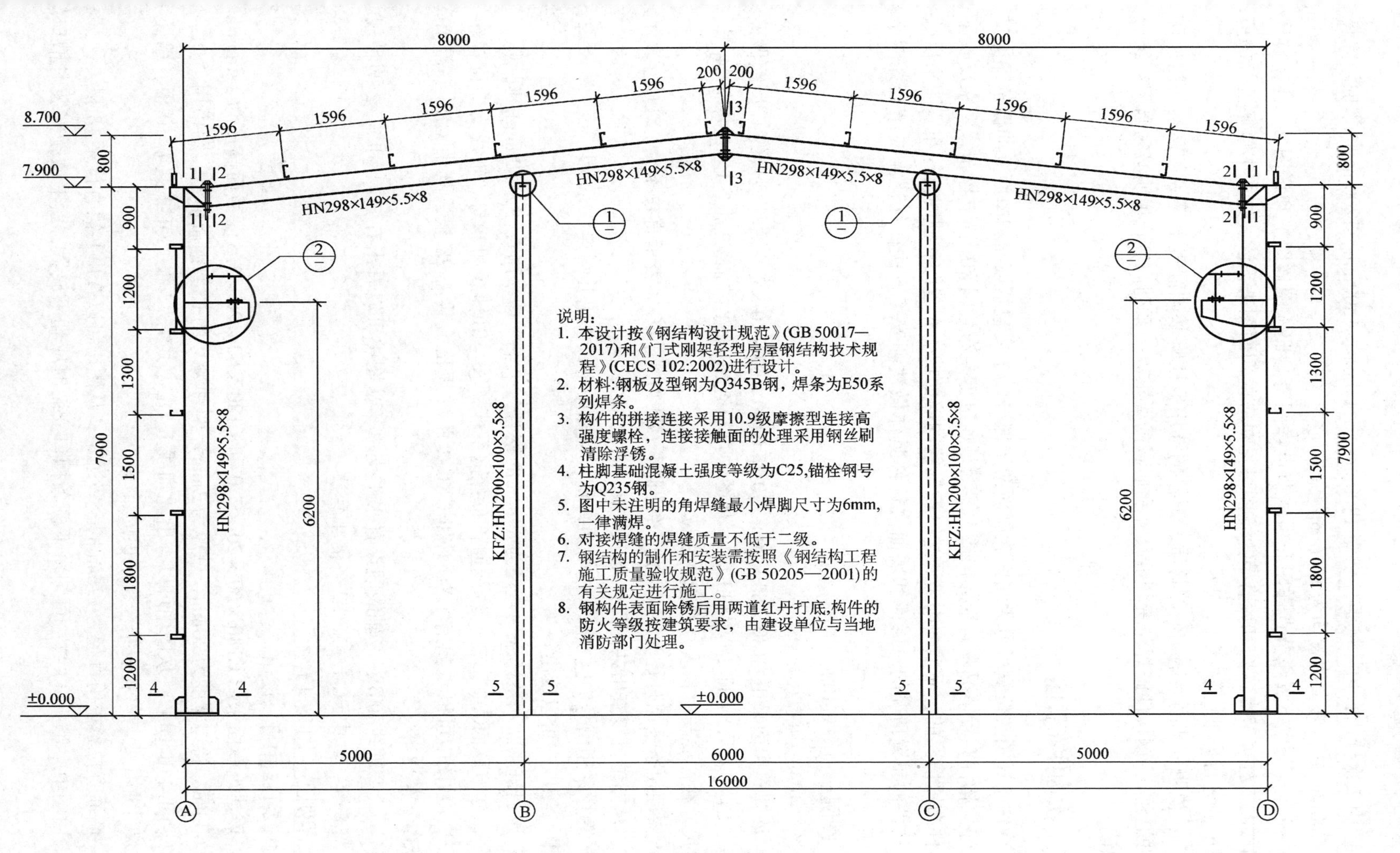

图2-9　刚架立面图（单层带起重机）

均可从图中依次读出，边柱檩距分别为1800mm、1500mm、1300mm、1200mm，梁檩距除屋脊处为200mm外，其余位置均为1596mm。

5）抗风柱与梁下翼缘节点详图和牛腿节点详图可参照本图详图1和详图2。柱、抗风柱柱脚详图、柱梁节点详图和屋脊节点详图可见对应的剖面图来识读，这在本章第五节的节点详图里会进行详细讲解。

6）从说明可知刚架钢构件的材质、螺栓的选用、柱脚基础混凝土等级、钢构件防腐防火涂装的要求、钢构件施焊位置焊缝尺寸和质量的要求等一系列内容，说明必须与图纸结合起来识读。

二、次构件布置图

次构件布置图按位置可分为墙面和屋面两个部分，主要包括墙面和屋面上的檩条、支撑及其他连接构件布置情况及其细部构造。屋面是通过檩条布置图和屋面支撑布置图来反映屋面次构件布置情况的，而墙面则是通过纵横轴线的墙面檩条布置图和柱间支撑布置图来反映墙面次构件的布置情况的。屋面和墙面次构件具体做法和安装方法往往还需要结合详图来识读。

1. 图例一（图2-10）

从图2-10a中可以读出：

1）该建筑屋面采用C180×60×20×2.0和C180×60×20×2.5两种型号的C型钢做檩条（用“LT”表示），即LT-1和LT-2，从图中可以查出LT-1共需72根，LT-2共需24根，檩条的尺寸往往要与材料表结合起来识读。

2）屋面拉条采用直径为12mm的一级圆钢（$\phi12$），“LG”表示直拉条，“XLG”表示斜拉条，从图中可以查出共需直拉条110根，斜拉条32根。

3）隅撑采用型号为∟50×4的等边角钢，从图中可以查出共需隅撑64根。

从图2-10b中可以读出：

1）该建筑屋面钢系杆采用直径为89mm的钢管，水平支撑采用直径为20mm的圆钢。

2）该建筑屋面Ⓐ、Ⓑ、Ⓒ轴线通长布置钢系杆，Ⓐ与Ⓑ轴线和Ⓑ与Ⓒ轴线支撑位置布置钢系杆，从图中可以看出有GXG-1和GXG-2两种规格，共需28根，其中GXG-1需10根，GXG-2需18根。

3）①、②轴线和⑧、⑨轴线间设置水平支撑，从图中可以看出有SC-1和SC-2两种规格，共需8套，其中SC-1和SC-2各需4套。

2. 图例二（图2-11）

从图2-11a中可以读出：

1）该建筑墙面采用C180×60×20×2.0和C180×60×20×2.5（截面高度为180mm，宽度为60mm，卷边宽度为20mm，壁厚为2mm）两种型号的C型钢做檩条，图中用“QL”表示，即QL-1和QL-2，从图中可以查出此轴线上QL-1共需27根，QL-2共需10根，墙面檩条的尺寸往往要与材料表结合起来识读。

2）墙面直拉条采用直径为12mm的一级圆钢，从图中可以查出共需直拉条18根。

3）由图中C型钢“⊓”可知窗下檩条槽口安装时应朝下放置，窗上檩条安装时槽口则朝上放置。

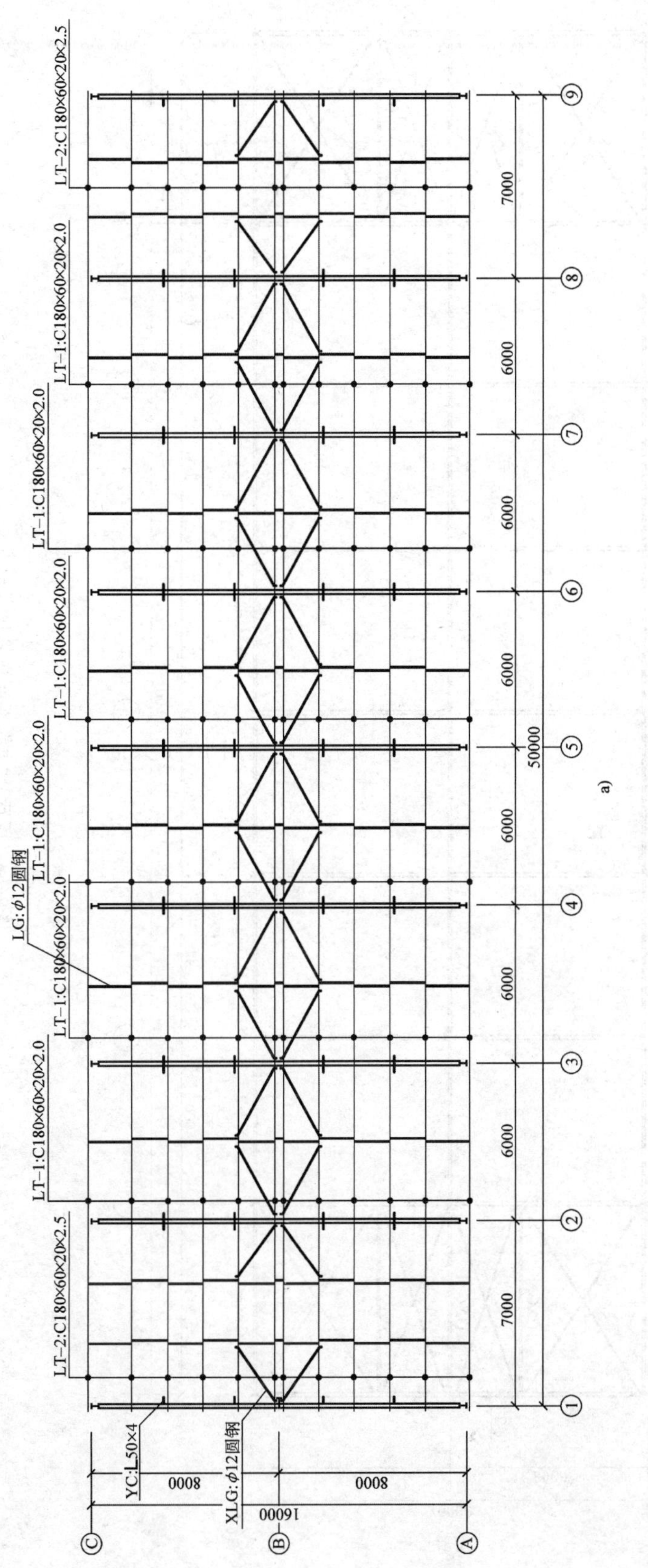

图2-10　屋面次构件平面布置图

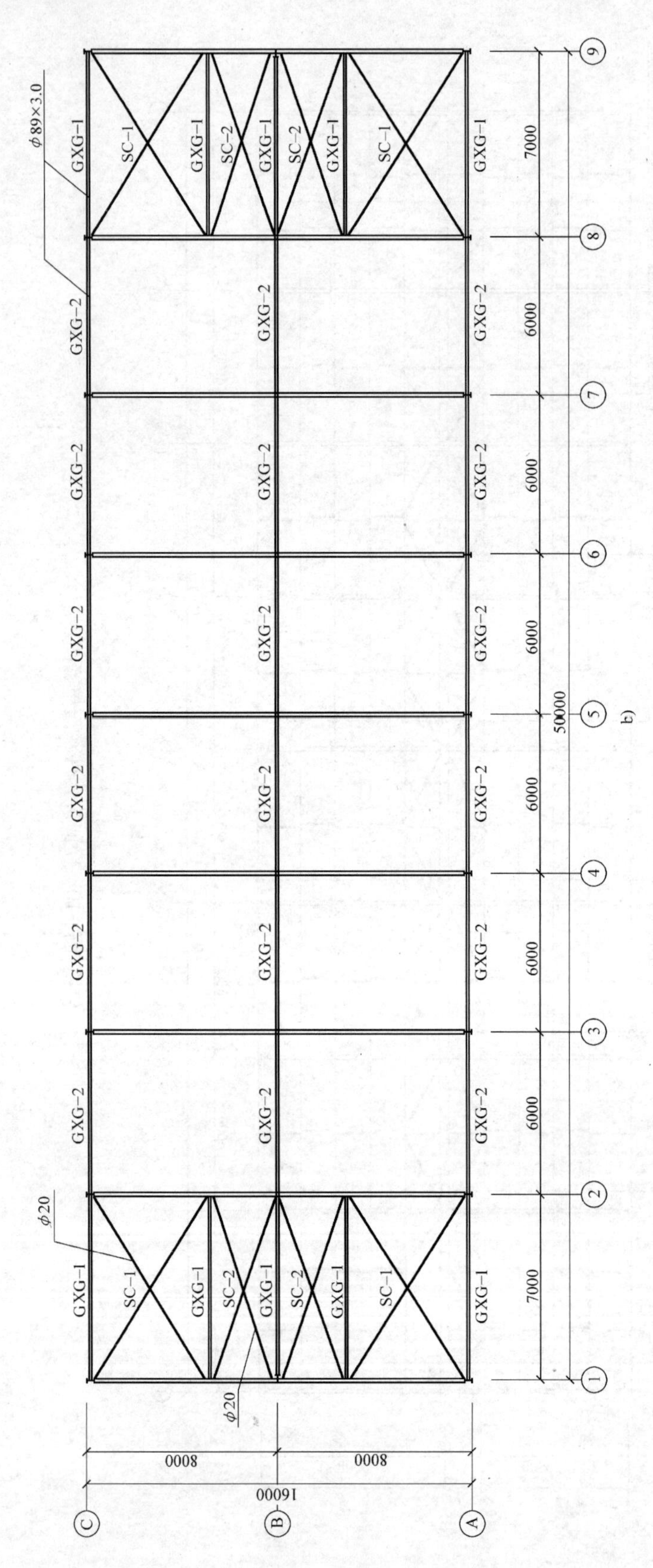

图2-10 屋面次构件平面布置图（续）

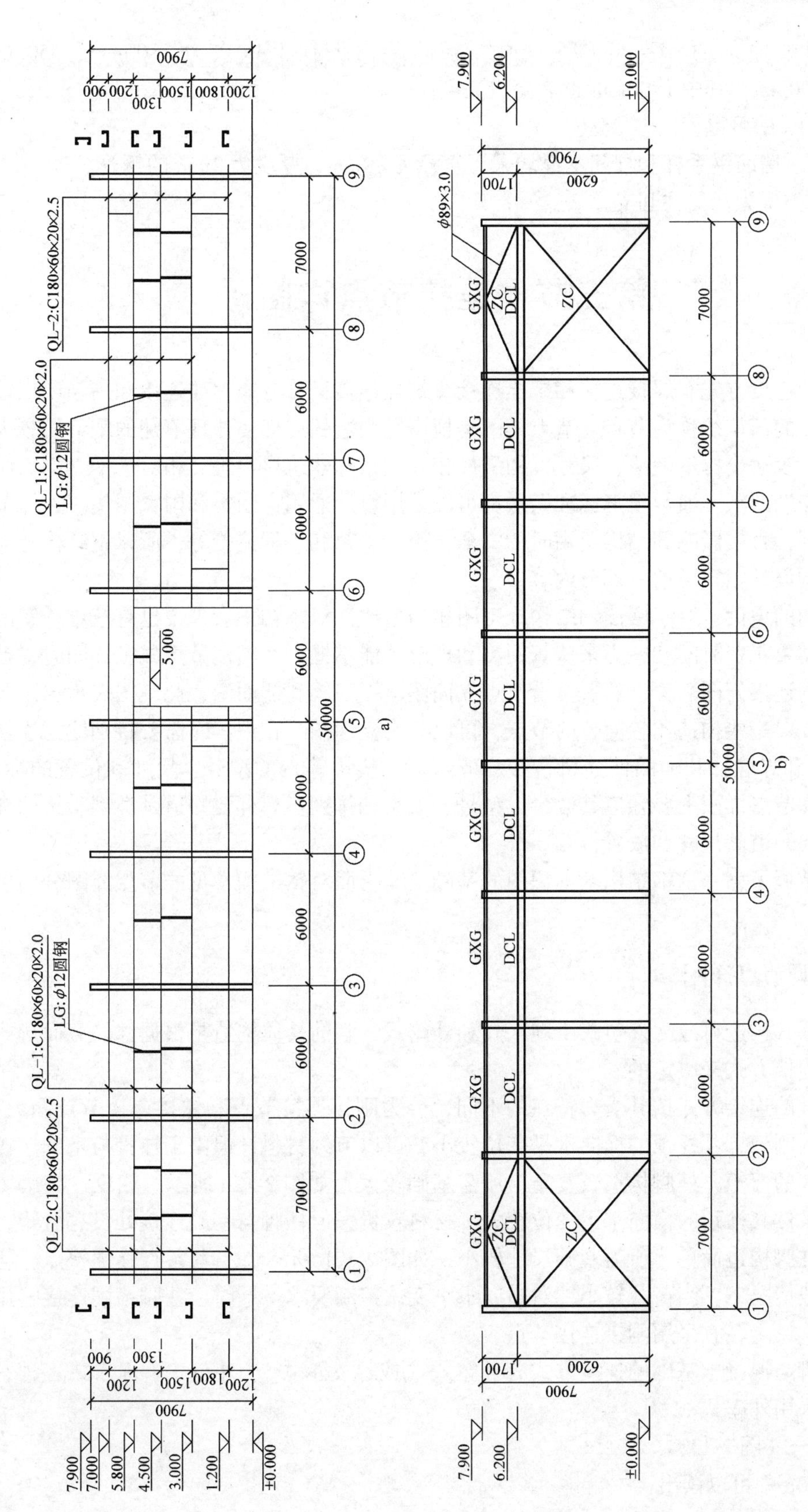

图2-11　墙面次构件立面布置图

4）由图中檩条的标高可知，各道檩条间距由下往上依次为 1800mm、1500mm、1300mm、1200mm，其中 1800mm 也为窗户高度。

从图 2-11b 中可以读出：

1）该建筑墙面钢系杆和柱间支撑均采用直径为 89mm，厚度为 3mm 的钢管。

2）支撑类型为双层柱间支撑。

第五节　连接节点详图

钢结构的连接方式有焊接连接和螺栓连接，螺栓连接又分普通螺栓连接和高强度螺栓连接，这些连接的部位统称为节点。节点详图是把房屋构造的局部要体现清楚的细节用较大比例绘制出来，表达出构造做法、尺寸、构配件相互关系和建筑材料等，相对于平立剖面图而言，是一种辅助图纸，通常很多标准做法都可以采用设计通用详图集和国家图集。连接节点设计是否合理，直接影响到结构使用时的安全、施工工艺和工程造价等，所以钢结构节点设计也是钢结构设计很重要的一部分内容。

节点详图的识读，对于阅读钢结构施工图相当重要，对于初学者来说也是较难理解的一部分内容，需要花费时间和精力来认真阅读和理解才能掌握。在阅读节点施工详图时，首先要看图下方的连接详图名称，然后再看节点立面图、平面图和侧面图，此三图表示出了节点位置的构造，对一些构造比较简单的节点，可以只有立面图。在识读时需要特别注意连接件（螺栓、铆钉和焊缝）和辅助件（拼接板、节点板和垫块等）的型号、尺寸和位置的标注，螺栓或铆钉在节点详图上要知道其数量、型号、大小和排列；焊缝要知道其类型、尺寸和位置；拼接板要知道其尺寸和放置位置。

在读者掌握了第一章钢结构基本识图的基础上，下面对钢结构常见的节点详图分门别类地进行介绍。

一、柱脚节点详图

柱脚根据其构造可分为外包式、埋入式和外露式，它的具体构造是根据柱的截面形式及柱与基础的连接方式来决定的。

柱与基础的连接方式按其受力特点的不同，分为刚接连接节点和铰接连接节点两大类。柱脚为刚接的刚架，其柱顶的横向水平变位较小，可以节约材料；但由于柱脚与基础连接处需要承受较大的弯矩，柱脚构造较复杂，所需基础较大，如图 2-12a 所示。相反，柱脚为铰接的刚架，虽然其柱顶的横向水平变位较大，材料较贵，但柱脚与基础连接处没有弯矩，受力情况好，柱脚构造简单，所需基础尺寸较小，如图 2-12b 所示。二者各有其优缺点，应合理选用。一般情况下，当荷载较小，对横向水平变位控制要求不严时，柱脚锚固连接宜用铰接连接节点，反之，宜采用刚接连接节点。

刚接柱脚与混凝土基础的连接方式有外露式（或称支承式）、外包式、埋入式三种；铰接柱脚一般采用外露式。

1. 图例一（图 2-13）

从图 2-13a 中可以读出：

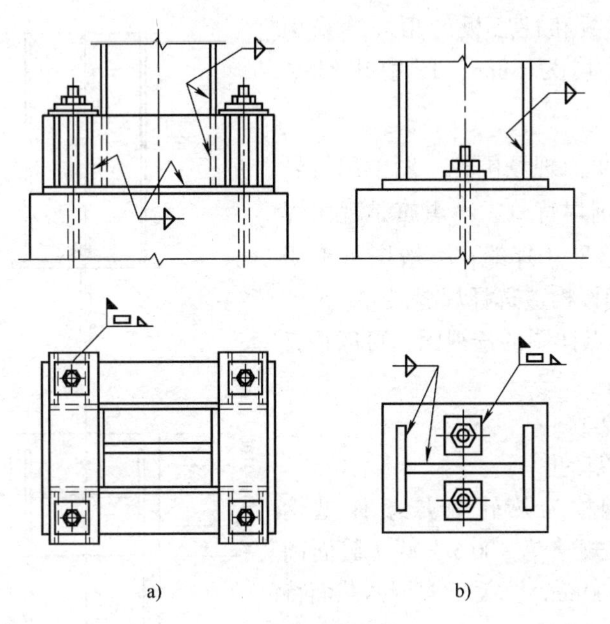

图 2-12 柱脚连接节点

a）刚接 b）铰接

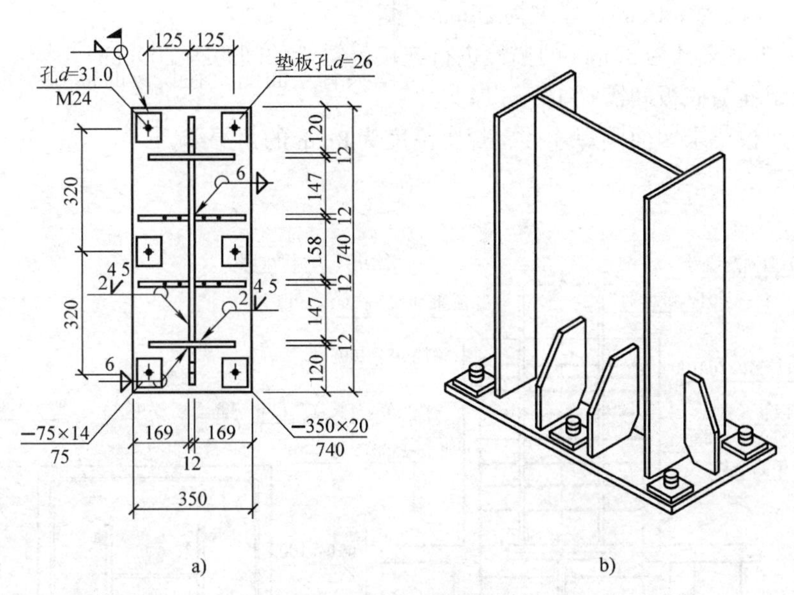

图 2-13 柱脚节点详图

a）节点详图 b）透视图

1）该柱脚节点共需直径为 24mm 的螺栓 6 个，每个螺栓下需 1 块垫板，垫板居中开 1 个孔，孔径为 26mm，可见采用的螺栓公差等级比较大，属 C 级螺栓。

2）柱翼板和腹板需开单边 V 形 45°坡口，与底板间拼焊时留 2mm 拼接缝，图中用符号“$\overset{45^\circ}{2\angle}$”表示，圆弧为相同焊缝符号（表示此图中与所指示位置截面构造相同均采用此种焊缝）。

3）加强筋与翼板和柱底板的角焊缝采用双面焊，焊缝尺寸均为6mm，图中用符号“6▷○”表示。

4）柱垫板采用单面现场围焊，图中用符号“⊿◯”表示，圆是围焊符号，小黑旗是现场焊接符号，未标注焊缝尺寸焊缝，一般图纸说明中会有要求，没有则按构造选择焊缝尺寸。

图2-13b为该节点详图的透视图，可以很直观地看出柱脚的构造。

2. 图例二（图2-14）

从图2-14中可以读出：

1）该图中的钢柱为热轧中翼缘H型钢（用“HM”表示），规格为400×300（截面高为400mm，宽度为300mm），关于型钢的截面特性可查阅型钢标准（GB/T 11263—2017）。

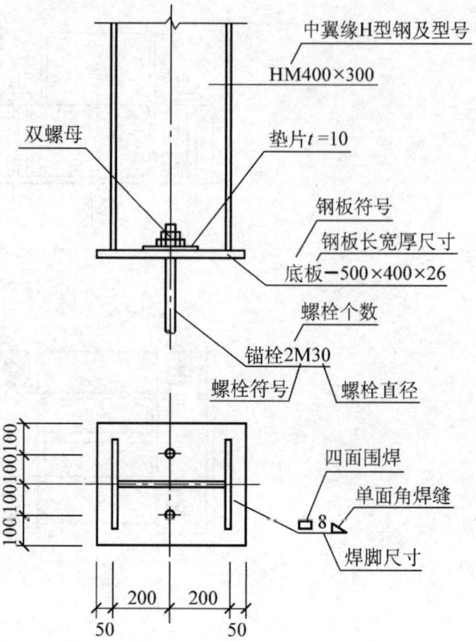

图2-14　铰接柱脚详图

2）钢柱底板规格为－500×400×26，即长度为500mm，宽度为400mm，厚度为26mm。基础与底板采用2根直径为30mm的锚栓进行连接，锚栓的间距为200mm。

3）安装螺栓与底板间需加10mm厚垫片。

4）柱与底板要求四面围焊连接，焊脚高度为8mm的角焊缝。

3. 图例三（图2-15）

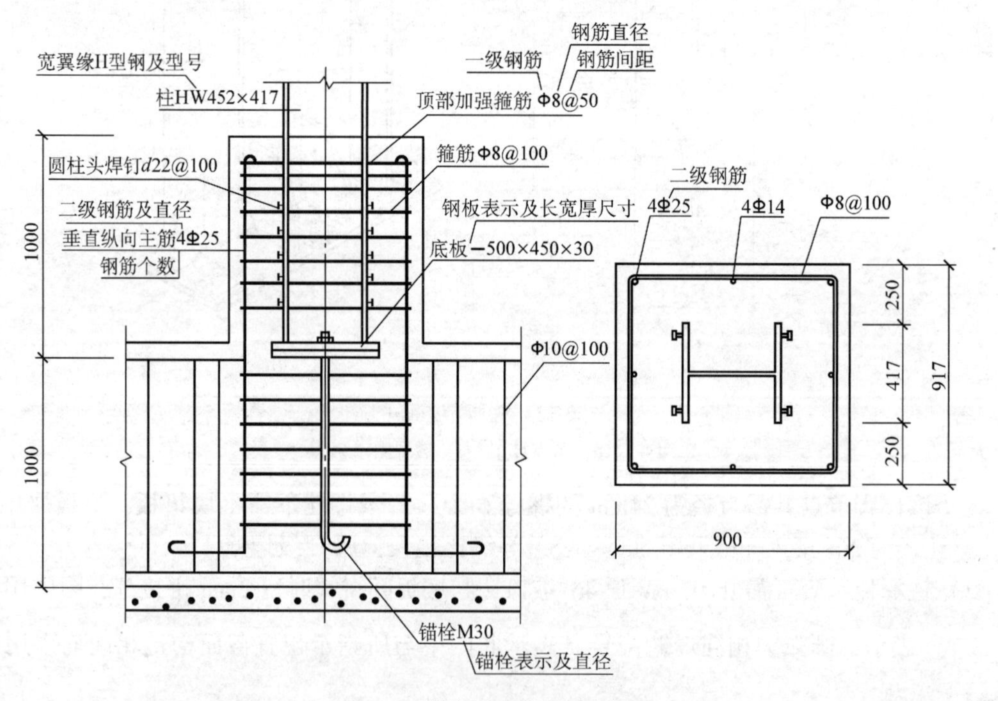

图2-15　外包式刚性柱脚详图

外包式柱脚是将钢柱柱底板搁置在混凝土基础顶面，再由基础伸出钢筋混凝土短柱，将钢柱包住的连接方式。

从图 2-15 中可以读出：

1）该图中的钢柱为热轧宽翼缘 H 型钢（用“HW”表示），规格为 452×417（截面高为 452mm，宽度为 417mm）。

2）柱底埋入深度为 1000mm，柱翼缘上设置直径为 22mm 的圆柱头焊钉，间距为 100mm。

3）柱底板规格为 -500×450×30，即长度为 500mm，宽度为 450mm，厚度为 30mm。与柱底板连接的锚栓直径为 30mm，混凝土柱台截面为 917mm×900mm，纵向四角设置 4 根直径为 25mm 的主筋和纵向四边设置 4 根直径为 14mm 的构造筋，均为二级钢筋，箍筋为一级钢筋，直径为 8mm，间距为 100mm。

4）柱台顶部加密区箍筋间距为 50mm，混凝土箍筋为直径 8mm 的一级钢筋，间距为 100mm。

4. 图例四（图 2-16）

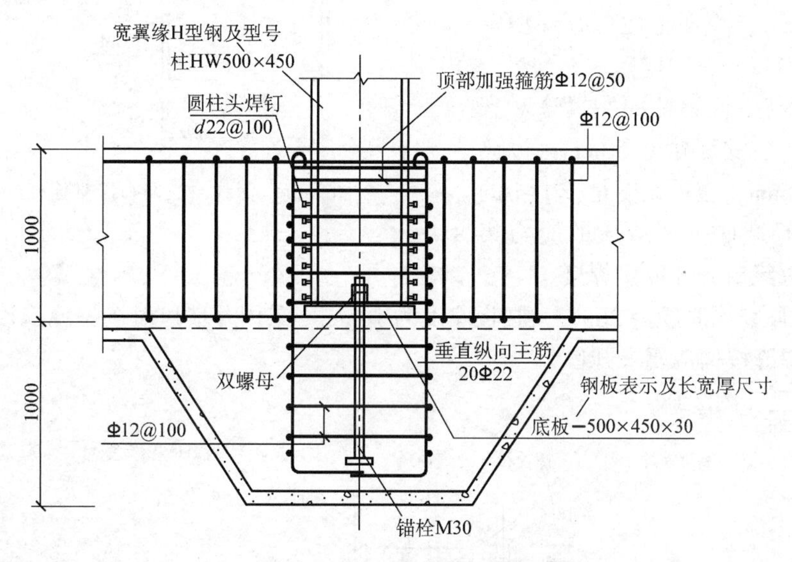

图 2-16 埋入式刚性柱脚详图

埋入式柱脚是将钢柱底端直接埋入混凝土基础（梁）或地下室墙体内的一种柱脚。

从图 2-16 中可以读出：

1）该图中的钢柱为热轧宽翼缘 H 型钢（用“HW”表示），规格为 500×450（截面高为 500mm，宽度为 450mm）。

2）柱底直接埋入基础中，并在埋入部分柱翼缘上设置直径为 22mm 的圆柱头焊钉，间距为 100mm。

3）柱底板规格为 -500×450×30，即长度为 500mm，宽度为 450mm，厚度为 30mm。钢柱柱脚外围埋入部分的外围配置 20 根竖向二级钢筋，直径为 22mm。箍筋也为二级钢筋，直径为 12mm，间距为 100mm。

二、柱拼接详图

柱的拼接按连接方法可以分为全焊接连接、全螺栓连接和栓—焊结合连接三种；按构件截面类型又可分为等截面和变截面两种拼接方式；按位置可分为中心拼接和偏心拼接两种拼接方式。下面针对常见类型举例进行介绍。

1. 图例一（图 2-17）

从图 2-17 中可以读出：

1）此柱采用的是全焊接的变截面拼接连接方式。

2）上段和下段钢柱都为热轧中翼缘 H 型钢（用“HM”表示），上段钢柱规格为 400 × 300（截面高度为 400mm，宽度为 300mm），下段钢柱规格为 450 × 300（截面高度为 450mm，宽度为 300mm），截面特性可查阅型钢标准（GB/T 11263—2017）。

3）上段与下段钢柱的左翼缘对齐开坡口焊接，右翼缘错开 50mm，过渡段长度为 200mm，腹板宽度是按 1∶4 的斜度（可减轻截面突变造成的应力集中）变化，翼缘对齐开坡口焊接。

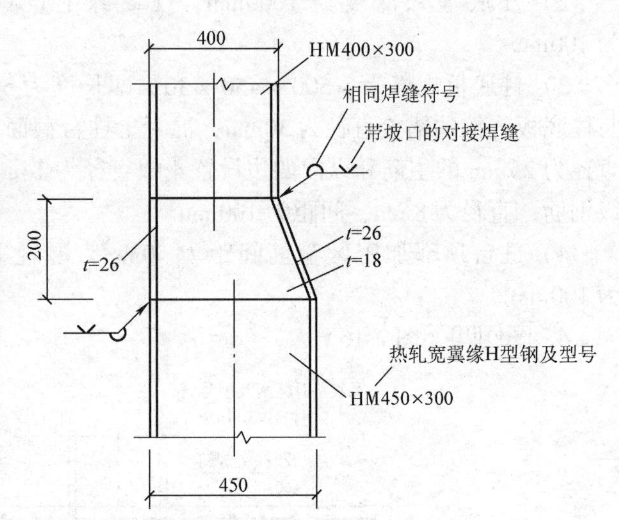

图 2-17　变截面柱偏心拼接连接详图

4）过渡段翼缘厚度为 26mm，腹板厚度为 18mm，采用开坡口对接焊缝连接，焊缝无数字时，表示焊缝按构造要求开口。

2. 图例二（图 2-18）

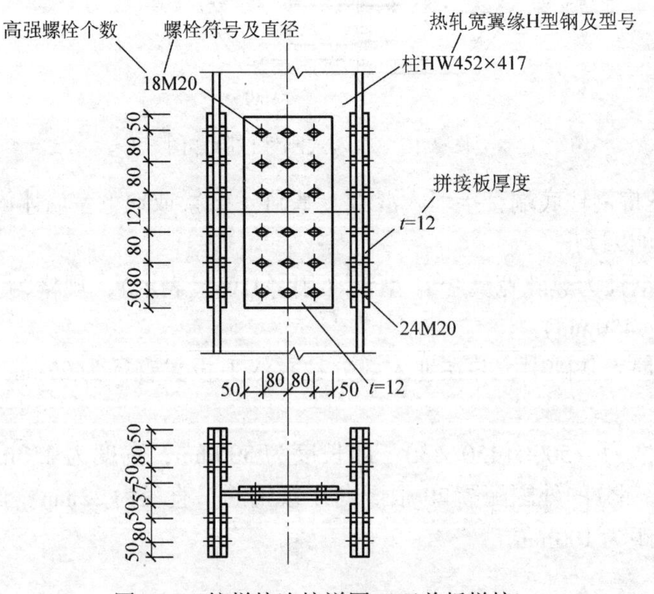

图 2-18　柱拼接连接详图（双盖板拼接）

从图 2-18 中可以读出：

1）此柱采用的是全螺栓等截面连接方式。

2）钢柱为热轧宽翼缘 H 型钢（用“HW”表示），规格为 452 × 417（截面高度为 452mm，宽度为 417mm）。

3）螺栓孔用“◆”表示，说明此连接处采用高强度螺栓摩擦型连接。18M20 表示腹板上排列 18 个直径为 20mm 的螺栓，24M20 表示每块翼板上排列直径为 20mm 的螺栓。

4）从立面图和平面图可以看出，此节点处需用 8 块盖板进行上下柱间的连接。腹板上的 2 块盖板规格为 -260 × 12mm，长度为 540mm；翼缘板外侧的 2 块盖板宽与柱翼板相同，规格为 -417 × 12mm，长度为 540mm；翼缘板内侧的 4 块盖板的规格为 -180 × 12mm，长度为 540mm。

5）腹板和翼板上孔距及盖板上的孔距均可通过平面图和立面图读出。

6）作为钢柱的连接，在节点连接处要能传递弯矩、扭矩、剪力和轴力，故柱的连接必须为刚性连接。

三、牛腿与柱连接详图

一般工业厂房根据功能需要常需设置起重机，这时在图纸中就会出现牛腿与柱、吊车梁与柱连接的节点详图。吊车梁与柱的连接节点在本节第四部分再进行详解。

图 2-19 为牛腿与柱连接详图图例。

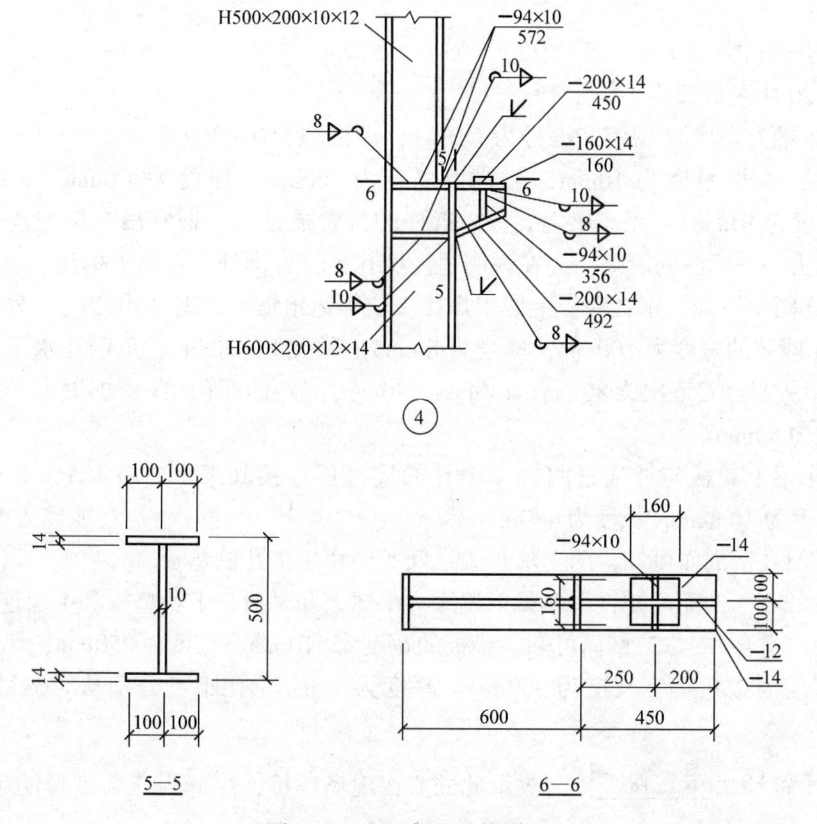

图 2-19　牛腿与柱连接详图

从图 2-19 中可以读出：

1）此详图中柱分上下两截，均为焊接 H 型钢，上柱规格为 500×200×10×12（截面高度为 500mm，宽度为 200mm，腹板厚度为 10mm，翼板厚度为 12mm），下柱规格为 600×200×12×14。

2）从“5-5”剖面图可知，牛腿截面高度为 500mm，牛腿翼板厚度为 14mm，腹板厚度为 10mm。

3）从详图和“6-6”剖面图中可知，牛腿上翼板宽度为 200mm，长度为 450mm，厚度为 14mm。牛腿垫板的长度和宽度均为 160mm，厚度为 14mm。牛腿腹板加筋板的宽度为 94mm，长度为 356mm，厚度为 10mm，共有 2 块。

4）从详图④中可知，牛腿柱上加筋板宽度为 94mm，长度为 572mm，厚度为 10mm，结合“6-6”剖面可知，加筋板共有 4 块。

5）详图④中的焊缝符号“8”和“10”表示指示位置的焊缝为双面角焊缝，焊缝两边尺寸相同。“ ”表示指示位置（牛腿上下翼板与柱连接位置）按构造要求需开单边 V 形坡口。

四、吊车梁连接节点详图

吊车梁与柱的连接节点也是钢结构施工图中很重要的节点之一，节点处理不好将直接影响起重机功能。

1. 图例一（图 2-20）

从图 2-20 中可以读出：

1）吊车梁为焊接 H 型钢，编号为 GDL-1，规格为 550×300/250×10×14/10（截面高度为 550mm，腹板厚度为 10mm，上翼板宽度为 300mm，厚度为 14mm，下翼板宽度为 250mm，厚度为 10mm）。吊车梁上翼板靠近柱的位置需钻孔，通常吊车梁的连接孔比较统一，为了省去一一标注的麻烦，会在说明里注明孔径，有例外会在图上标注。

2）从详图中可知，钢柱翼板上居中焊接一块等边角钢，角钢（用“∟”表示）的规格为 100×8（两肢的宽度为 100mm，厚度为 8mm），长度为 420mm。角钢孔水平方向边距为 40mm，孔距从左至右依次为 80mm、140mm、80mm，竖直方向上的一边边距为 40mm，离角钢肢边边距为 60mm。

3）吊车梁上翼板与柱通过两块 4 个孔的连接板连接起来，规格为 160×10（宽度为 160mm，厚度为 10mm），长度为 480mm。

4）从“1-1”剖面可知，两支吊车梁之间有一块 4 个孔的垫板。

5）从“2-2”剖面可知，吊车梁下翼缘与牛腿之间是通过 1 块垫板和 1 块连接板与牛腿连接起来的。结合“3-3”剖面可知，垫板的宽度为 210mm，长度为 250mm，厚度为 12mm；连接板的宽度为 250mm，长度为 390mm，厚度为 10mm，孔距可分别从“3-3”剖面图中读出。

6）图中符号“ ⊔8 ”表示此处需在现场焊接，焊缝为三面围焊的单面角焊缝，焊缝厚度为 8mm。

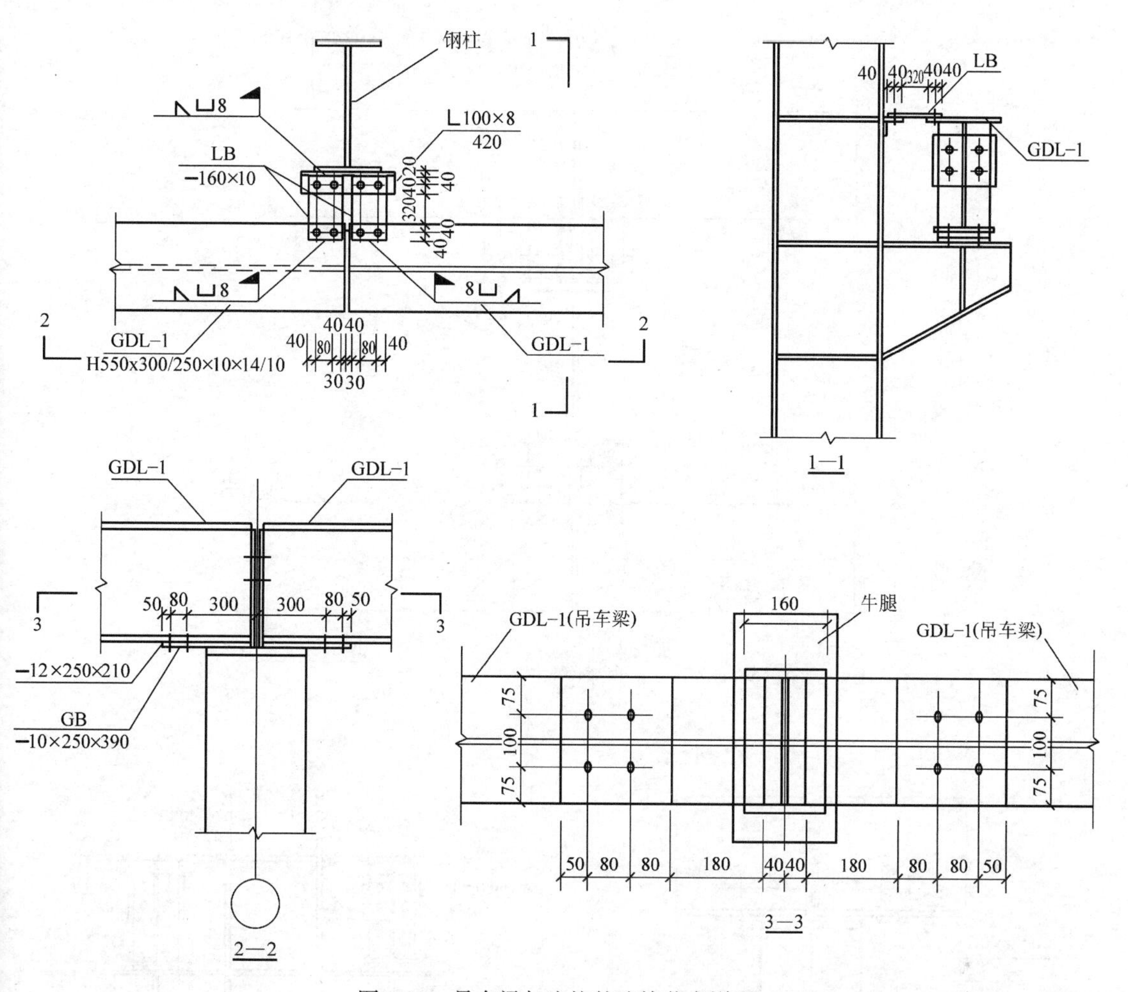

图 2-20　吊车梁与边柱的连接节点详图

7）螺栓孔用“◆”表示，表明吊车梁需连接的位置均采用高强度螺栓进行连接。

2. 图例二（图 2-21）

图 2-21 为吊车梁与中柱的连接节点详图，其识读与吊车梁与边柱的读法类同，在此不再一一讲述。

五、梁拼接节点详图

梁的拼接连接形式与柱类同，下面简单举例讲述。

1. 图例一（图 2-22）

从图 2-22 中可以读出：

1）此钢梁间的连接采用栓—焊结合的连接方式，节点处传递弯矩，为刚性连接。

2）两支钢梁均为热轧窄翼缘 H 型钢（用“HN”表示），规格为 500 × 200（截面高度为 500mm，宽度为 200mm），截面特性可查阅型钢标准（GB/T 11263—2017）。

3）梁翼缘为对接焊缝连接，焊缝为带坡口有垫块的对接焊缝，焊缝标注无数字时，表示焊缝按构造要求开口。符号“▶”表示焊缝为现场施焊。

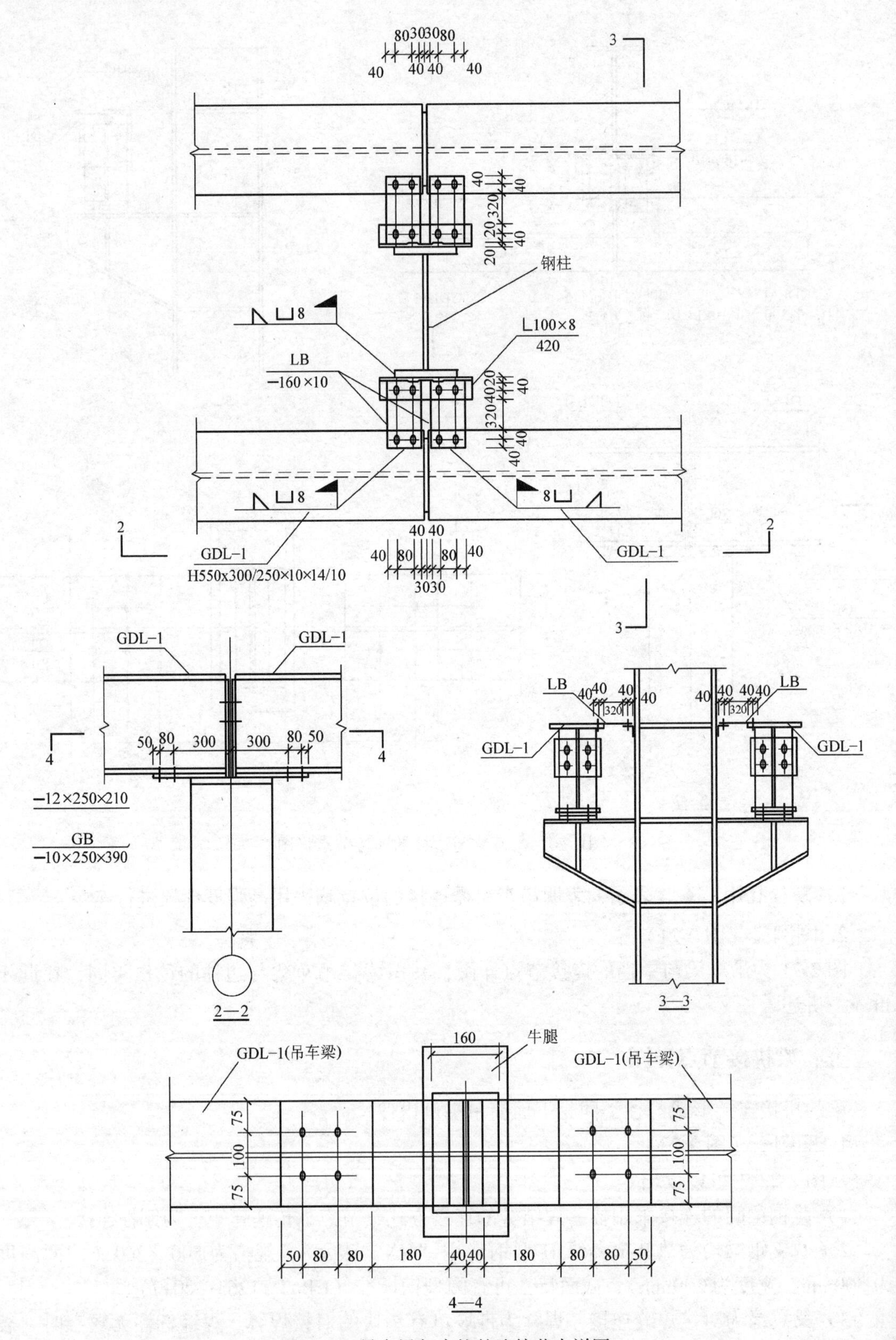

图 2-21　吊车梁与中柱的连接节点详图

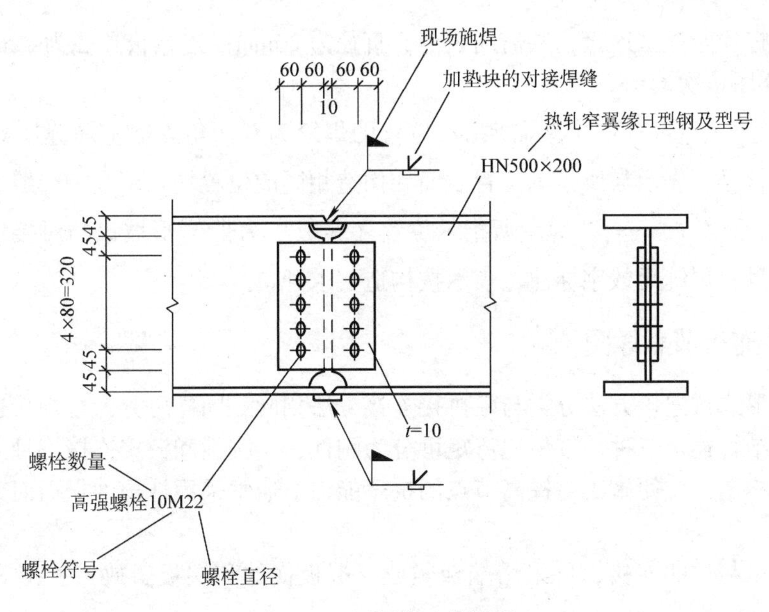

图 2-22 梁拼接连接详图

4）螺栓孔用“◆”表示，说明此连接处采用高强度螺栓摩擦型连接，共需用 10 个，直径为 22mm，栓距为 80mm，边距为 45mm。从右边的剖面图可以看出，腹板上的拼接板采用双盖板连接，从左边的立面图可以看出，盖板长为 410mm，宽为 250mm，厚度为 10mm。

2. 图例二（图 2-23）

从图 2-23 中可以读出：

1）此钢梁间的连接采用螺栓连接方式，节点处传递弯矩，为刚性连接。

2）两支钢梁均为焊接 H 型钢（用“H”表示），左边的钢梁规格为（600 ~ 400）×180 × 6 × 10（截面为变截面，高度由 600mm 变为 400mm，翼板宽度为 180mm，厚度为 10mm，腹板厚度为 6mm）；右边的钢梁规格为 400 × 180 × 6 × 10（截面高度为 400mm，翼板宽度为 180mm，厚度为 10mm，腹板厚度为 6mm）。

3）由 3-3 剖面详图可以看出，两支梁的连接板的长度为 580mm，宽度为 180mm，厚度为 20mm。

4）根据图中的标注可知，梁翼板上加强筋的长度为 110mm，宽度 90mm，厚度为 10mm；梁腹板上加强筋的长度为 90mm，宽度为 85mm，厚度为 10mm。

5）螺栓孔用“◆”表示，说明此连接

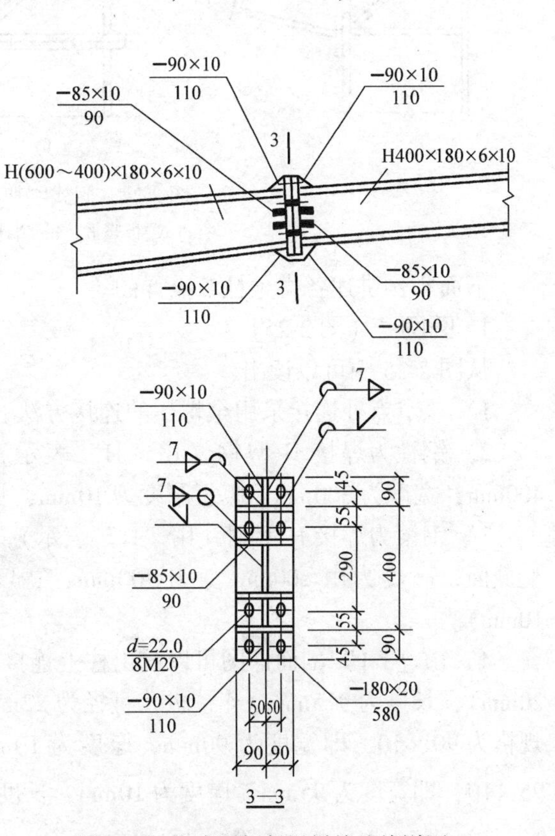

图 2-23 门式刚架斜梁拼接连接详图

处采用高强度螺栓摩擦型连接，共需用8个，直径为20mm（连接板孔径为22mm），栓距可由3－3剖面详图依次读出。

6）焊缝符号“7”表示所指示位置的焊缝为双面角焊缝，焊缝尺寸为7mm，圆弧用相同焊缝符号，表示与所指示位置截面和构造相同的位置均采用此种焊缝。

7）焊缝符号“ ”表示所指示位置（翼板）为带V形坡口的对接焊缝，并加注了相同焊缝符号，焊缝无数字标注，表示按构造要求开口。

六、梁柱连接节点详图

梁柱节点形式按连接方法分类与柱拼接连接方法相同，同样可分为全焊接连接、全螺栓连接和栓—焊结合连接三种。按传递弯矩可分为刚性、半刚性和铰接连接三种。在梁柱节点处，为了简化构造，方便施工，提高节点的抗震能力，通常采用柱构件贯通而梁构件断开的连接形式。

门式钢架梁与柱的连接，可采用端板竖放、端板横放和端板斜放三种形式，如图2-24所示。

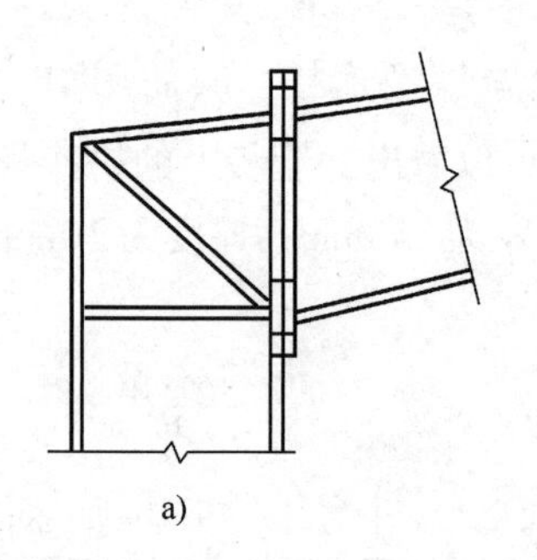

a)

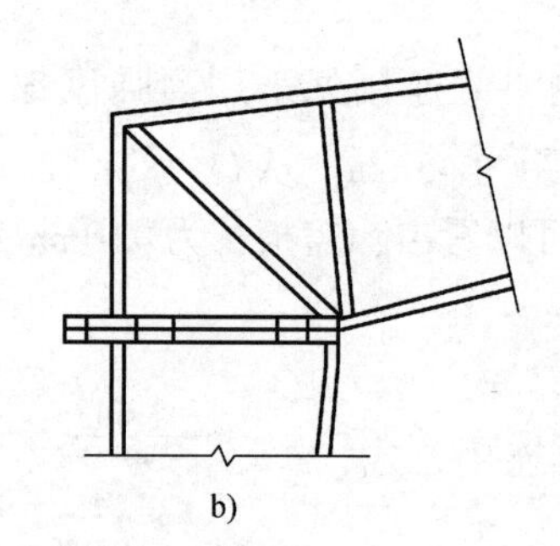

b)

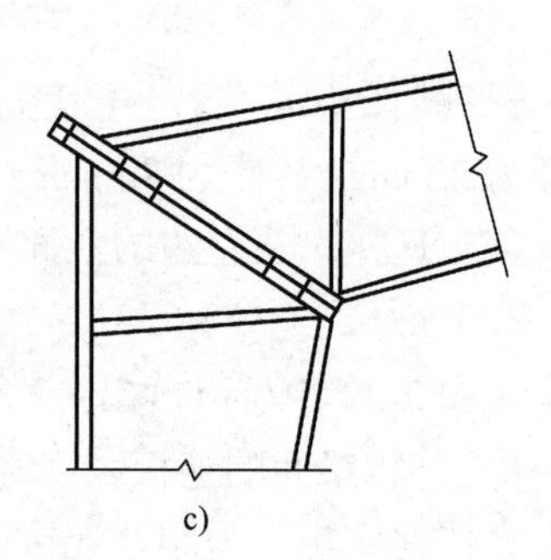

c)

图2-24　门式刚架梁与柱的连接形式

a）端板竖放　b）端板横放　c）端板斜放

下面举例讲述各类梁柱节点详图。

1. 图例一（图2-25）

从图2-25中可以读出：

1）该节点处连接采用全螺栓的连接方法，节点处传递弯矩，为刚性连接。

2）钢柱为焊接H型钢（用“H”表示），规格为500×200×10×12（截面高度为400mm，宽度为300mm，腹板厚度为10mm，翼板厚度为12mm）。

3）钢梁为焊接H型钢（用“H”表示），规格为（600～400）×180×6×10（截面为变截面，高度为由600mm变为400mm，宽度为180mm，腹板厚度为6mm，翼板厚度为10mm）。

4）由“1-1”剖面详图可以看出柱上连接板的规格为200×20（宽度为200mm，厚度为20mm），长度为915mm，连接板孔直径为22mm，孔距可根据标注读出。两端翼板上加筋肋规格为90×10，即宽度为90mm，厚度为10mm，长度为130mm。腹板上的加筋肋规格为95×10，即宽度为95mm，厚度为10mm，长度为100mm。“7”表示焊缝为双面角焊缝，焊件两边焊缝尺寸相同，焊缝厚度为7mm；“ ”表示腹板按构造要求开坡口。

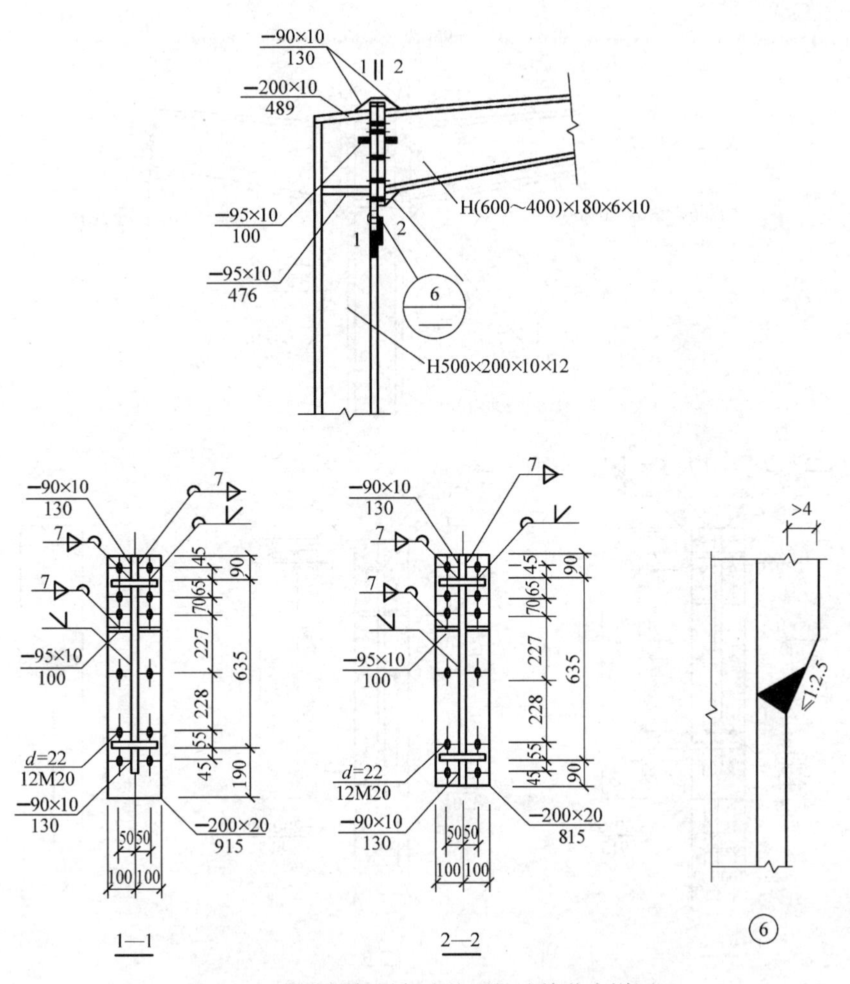

图 2-25 门式刚架梁与边柱刚性连接节点详图

5）由“2-2”剖面详图可以看出梁上连接板的规格为 200 × 20（宽度为 200mm，厚度为 20mm），长度为 815mm，连接板孔直径为 22mm，孔距可根据标注读出。加筋肋规格和焊缝符号表示含义同上。

6）由详图“⑥”可以看出，柱翼缘板与连接板厚度相差大于 4mm 时，根据《钢结构设计标准》（GB 50017—2017），需从一侧做成坡度不大于 1∶2. 5 的斜角。

7）此节点处采用 12 个直径为 20mm 的高强度螺栓连接。

2. 图例二（图 2-26）

图 2-26 是中柱与梁的节点详图，其识读与图 2-25 类同，在这里就不再重复讲述。

无论是柱还是梁，对于拼接焊缝需注意以下两点：

1）在对接焊缝的拼接处，当焊件的宽度不同或厚度在一侧相差 4mm 以上时，根据《钢结构设计标准》（GB 50017—2017），应分别在宽度方向或厚度方向从一侧或两侧做成坡度不大于 1∶2. 5 的斜角，如图 2-27 所示。厚度不同时，焊缝坡口形式应根据较薄板的厚度和施工条件，按国家现行标准《手工电弧焊焊接接头的基本形式与尺寸》的要求取用，焊缝的计算厚度等于较薄板的厚度。

2）根据《钢结构工程施工质量验收规范》（GB 50205—2001）要求：焊接 H 型钢的翼

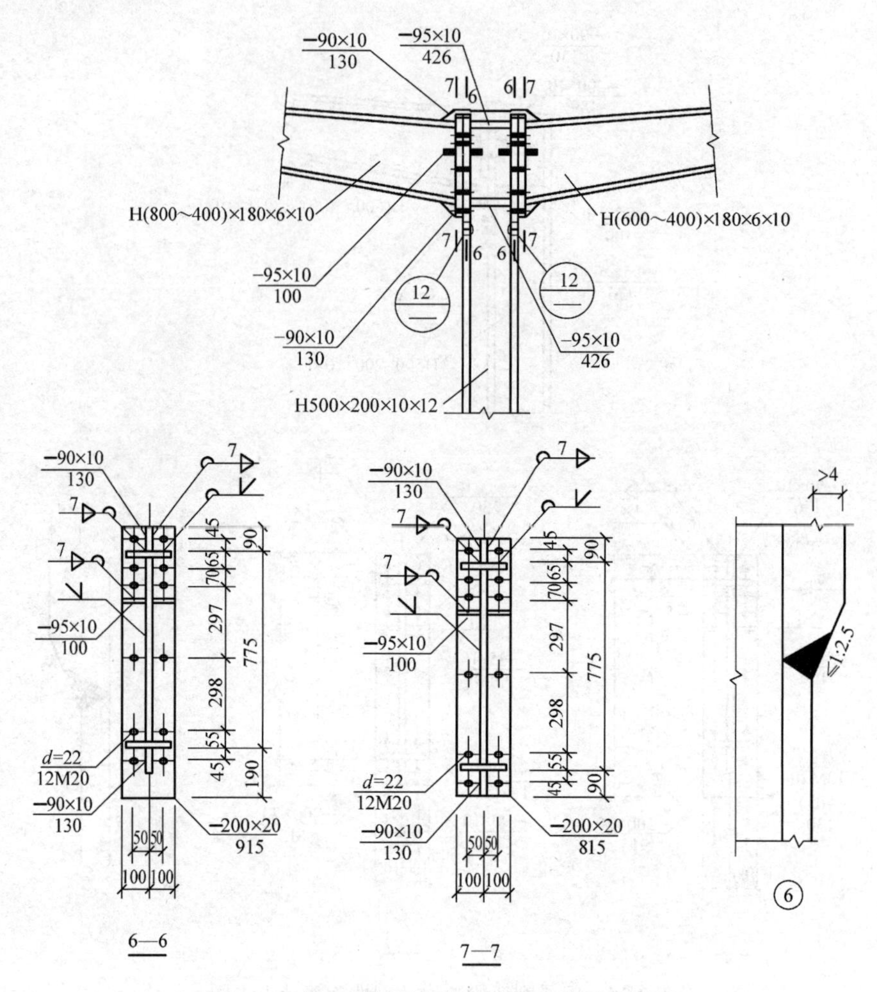

图 2-26　门式刚架梁与中柱刚性连接节点详图

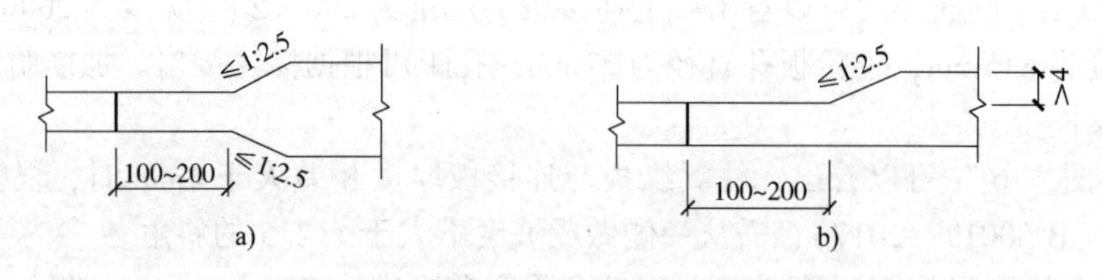

图 2-27　不同宽度或厚度铸钢件的拼接

a）不同宽度对接　b）不同厚度对接

缘板拼接缝和腹板拼接缝的间距不应小于 200mm。

3. 图例三（图 2-28）

从图 2-28 中可以读出：

1）该节点处连接采用栓—焊结合的连接，节点处传递弯矩，为刚性连接。

2）钢柱为热轧中翼缘 H 型钢（用“HM”表示），规格为 400 × 300（截面高度为 400mm，宽度为 300mm），截面特性可查阅型钢表（GB/T 11263—2017）。

3）钢梁为热轧窄翼缘 H 型钢（用“HN”表示），规格为 500 × 200（截面高度为

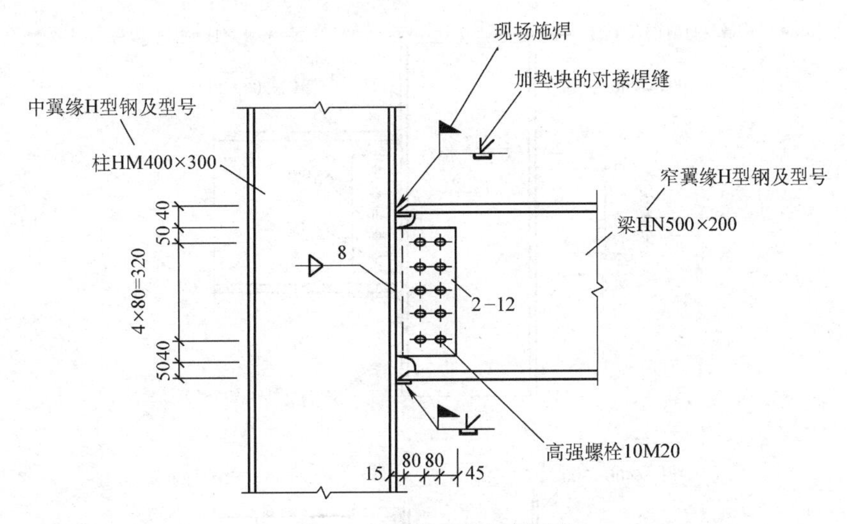

图 2-28　梁柱刚性连接详图

500mm，宽度为 200mm)，截面特性可查阅型钢表（GB/T 11263—2017)。

4）梁翼缘与柱翼缘为对接焊缝连接，焊缝为带坡口有垫块的对接焊缝，焊缝标注无数字时，表示焊缝按构造要求开口，符号“▶”表示焊缝为现场或工地施焊。

5）“2-12”表示梁腹板与柱翼缘板是通过两块 12mm 厚的连接板连接起来的，连接板分别位于梁腹板两侧，连接板与柱翼缘为双面角焊缝连接，焊缝厚度为 8mm，焊缝标注无数字时，表示连接板满焊。

6）节点采用高强度螺栓摩擦型连接，螺栓共 10 个，直径为 20m。

4. 图例四（图 2-29）

从图 2-29 中可以读出：

1）该节点处连接采用全螺栓连接方法，节点处传递部分弯矩，为半刚性连接。

2）钢柱为热轧中翼缘 H 型钢（用“HM”表示)，规格为 400 × 300（截面高度为 400mm，宽度为 300mm)，截面特性可查阅型钢表（GB/T 11263—2017)。

3）钢梁为热轧窄翼缘 H 型钢（用“HN”表示)，规格为 500 × 200（截面高度为 500mm，宽度为 200mm)，截面特性可查阅型钢表（GB/T 11263—2017)。

4）梁腹板与柱翼缘板是通过两块 12mm 厚的连接板连接起来的，连接板分别位于梁腹板两侧，连接板与柱翼缘为双面角焊缝连接，焊缝厚度为 8mm，焊缝标注无数字时，表示连接板满焊。

5）节点采用高强度螺栓摩擦型连接，螺栓共 5 个，直径为 20mm。梁下翼缘采用型号为∟125 × 12 的 1 块大角钢作为梁的支托，两肢分别用 2 个直径为 20mm 的高强度螺栓与梁柱翼缘板连接。

5. 图例五（图 2-30）

从图 2-30 中可以读出：

1）该节点处连接采用全螺栓连接方法，节点处不能传递弯矩，为铰接连接。

2）钢柱为热轧中翼缘 H 型钢（用“HM”表示)，规格为 400 × 300（截面高度为 400mm，宽度为 300mm)，截面特性可查阅型钢表（GB/T 11263—2017)。

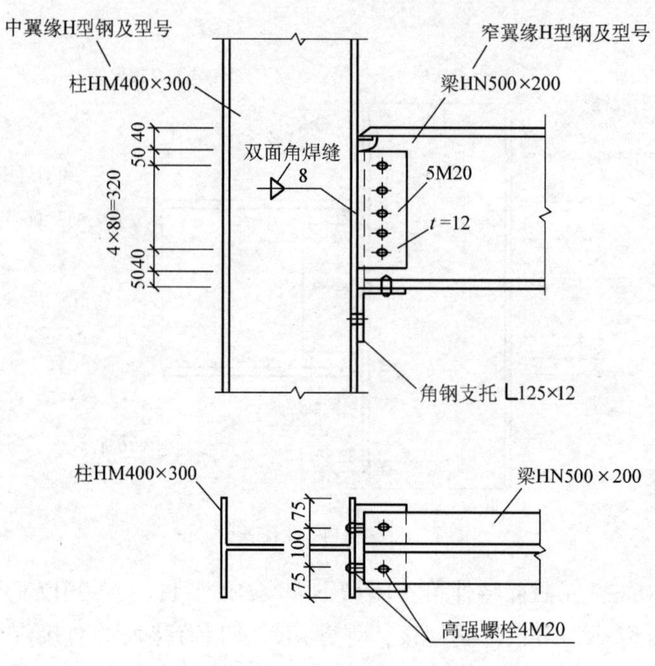

图 2-29　梁柱半刚性连接详图

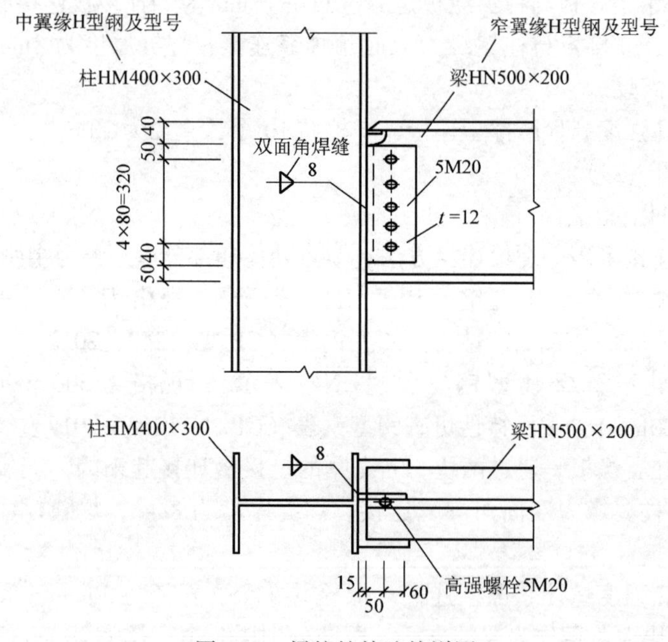

图 2-30　梁柱铰接连接详图

3）钢梁为热轧窄翼缘 H 型钢（用“HN” 表示），规格为 500 × 200（截面高度为 500mm，宽度为 200mm），截面特性可查阅型钢表（GB/T 11263—2017）。

4）梁腹板与柱翼缘板是通过两块 12mm 厚的连接板连接起来的，连接板分别位于梁腹板两侧，连接板与柱翼缘为双面角焊缝连接，焊缝厚度为 8mm，焊缝标注无数字时，表示连接板满焊。

5）节点采用高强度螺栓摩擦型连接，螺栓共5个，直径为20m。

6. 图例六（图2-31）

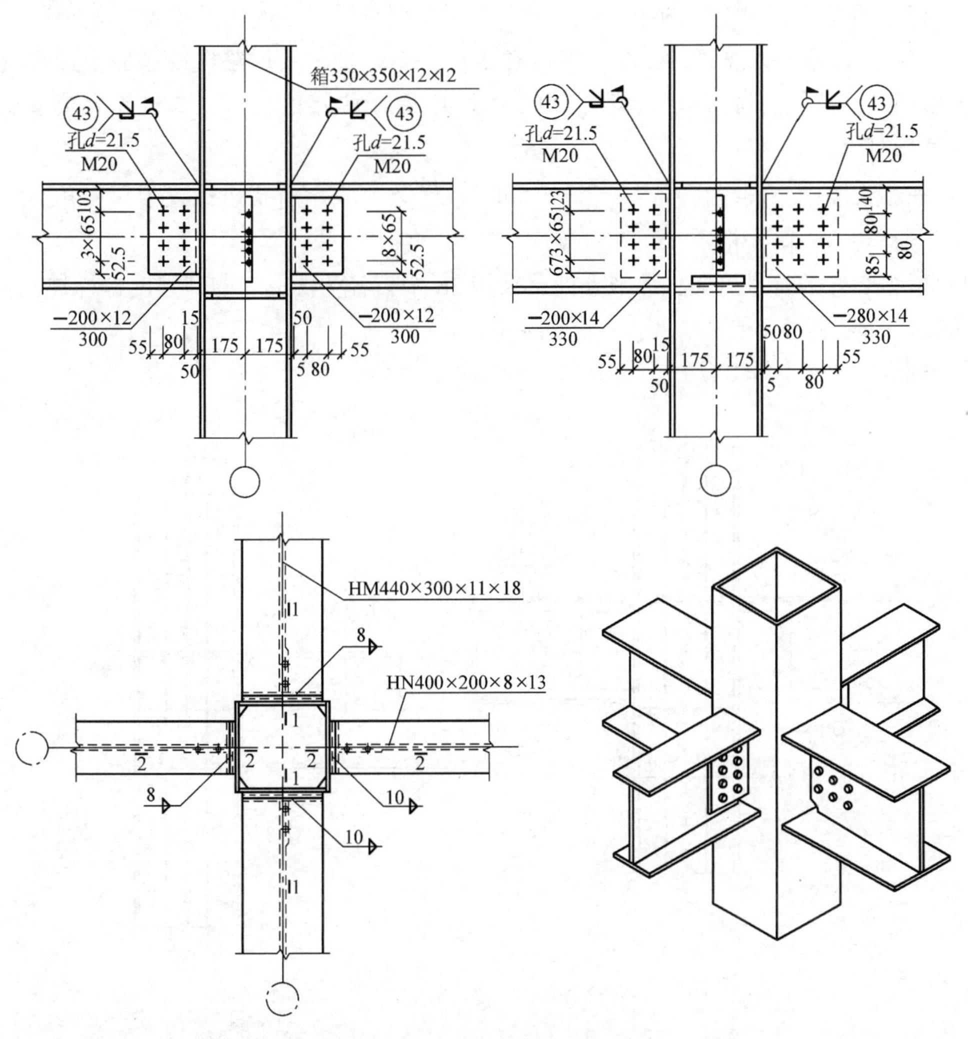

图2-31 梁与箱形柱连接节点详图

从图2-31中可以读出：

1）梁与箱形柱连接为刚性连接。

2）由正立面图可知，箱形柱的规格为350×350×12×12，表示柱截面为350mm，柱翼腹板厚度均为12mm；箱形柱左右两翼板与梁连接的2块节点板相同，长度为300mm，宽度为200mm，厚度为12mm，板的孔距横向为80mm，纵向为65mm；箱形柱与梁连接位置内部需加2块起加强作用的内隔板。

3）从左侧立面图中可知，箱形柱前后两腹板与梁连接的2块节点板，左侧一块节点板的长度为330mm，宽度为200mm，厚度为14mm，孔距横向为80mm，纵向为65mm；右侧一块节点板的长度为330mm，宽度为280mm，厚度为14mm，孔距纵横向均为80mm。

4）从俯视图中可知，正面和背面梁为热轧中翼缘H型钢（用“HM”表示），规格为440×300×11×18（截面高度为440mm，宽度为300mm，腹板厚度为11mm，翼板厚度为

18mm）；左侧和右侧梁为热轧窄翼缘 H 型钢（用“HN”表示），规格为 400×200×8×13（截面高度为400mm，宽度为200mm，腹板厚度为8mm，翼板厚度为13mm）。

5）正立面图和右侧立面图中，焊缝符号“43”表示所指示位置（箱形柱与梁连接位置）采用V形单边带坡口焊缝，下边有垫板，小黑旗表示焊缝在现场或工地焊接，并加注了相同焊缝符号（圆弧），焊缝尾部的数字43表示焊接的代号，与设计焊接节点说明里的编号相对应。

6）在俯视图中，焊缝符号“8”和“10”表示所指示位置为双面角焊缝，焊脚尺寸分别为8mm和10mm。

7）根据螺栓的符号可知，该节点处共采用36个直径为20mm的高强度螺栓连接，4块节点板的孔径均为21.5mm。

7. 图例七（图2-32）

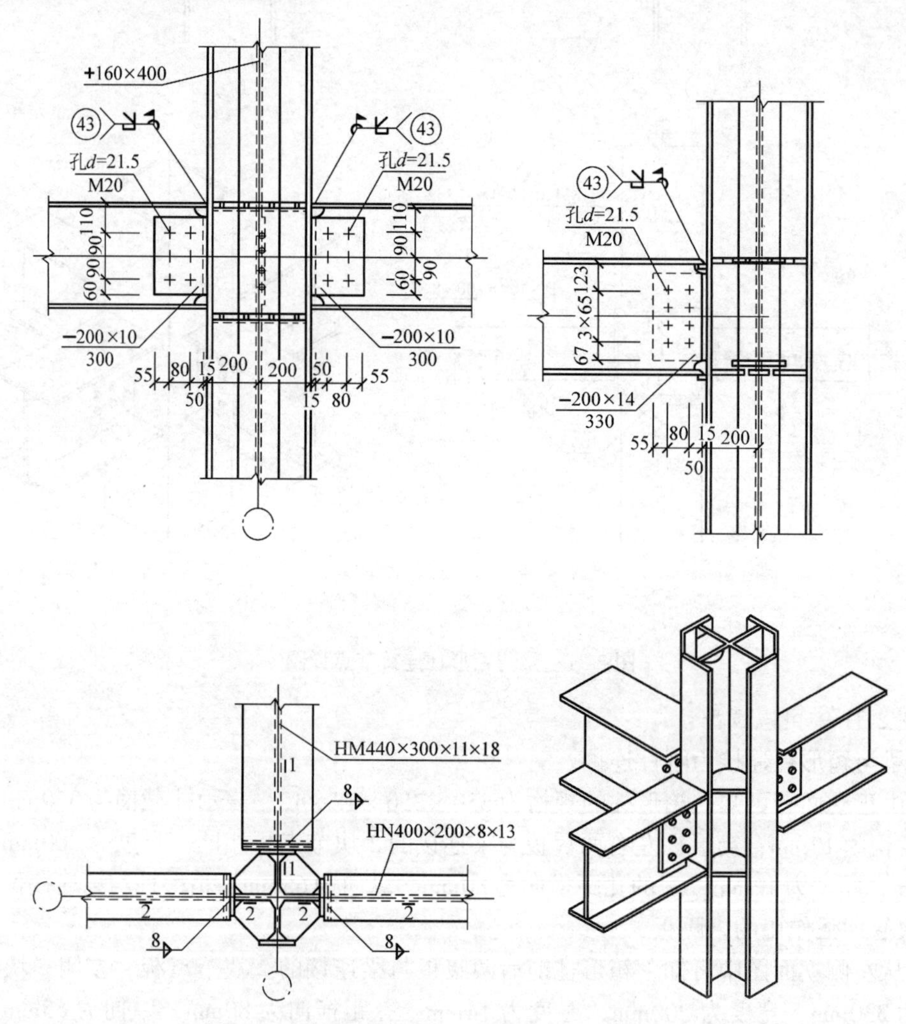

图2-32　梁与十字柱连接节点详图

从图2-32中可以读出：

1）梁与十字柱连接为刚性连接。

2）由正立面图可知，十字柱（用“十”表示）的规格为 160 × 400，表示截面为 400mm，翼板宽度为 160mm；十字柱左右两翼板与梁连接的 2 块节点板相同，长度为 300mm，宽度为 200mm，厚度为 10mm，板的孔距横向为 80mm，纵向为 90mm；十字柱与梁连接位置内部需加 4 块加强劲板。

3）从左侧面立面图中可知，十字柱背面翼板与梁连接的 1 块节点板长度为 330mm，宽度为 200mm，厚度为 14mm，孔距横向为 80mm，纵向为 65mm。

4）从俯视图中可知，背面梁为热轧中翼缘 H 型钢（用“HM”表示），规格为 440 × 300 × 11 × 18（截面高度为 440mm，宽度为 300mm，腹板厚度为 11mm，翼板厚度为 18mm）；左侧和右侧梁为热轧窄翼缘 H 型钢（用“HN”表示），规格为 400 × 200 × 8 × 13（截面高度为 400mm，宽度为 200mm，腹板厚度为 8mm，翼板厚度为 13mm）。

5）正立面图和左侧立面图中，焊缝符号“⊾〈㊸”表示所指示位置（十字柱与梁连接位置）采用 V 形单边带坡口焊缝，下边有垫板，小黑旗表示焊缝在现场或工地焊接，并加注了相同焊缝符号（圆弧），焊缝尾部的数字 43 表示焊接的代号，与设计焊接节点说明里的编号相对应。

6）在俯视图中，焊缝符号“8▷”表示所指示位置为双面角焊缝，焊脚尺寸分别为 8mm。

7）根据螺栓的符号可知，该节点处共采用 20 个直径为 20mm 的高强度螺栓连接，3 块节点板的孔径均为 21.5mm。

8. 图例八（图 2-33）

从图 2-33 中可以读出：

1）梁与圆管柱牛腿连接为刚性连接。

2）由正立面图可知，圆管柱的规格为 400 × 10，表示圆管直径为 400mm，厚度为 10mm；圆管柱左侧牛腿与梁间是通过 2 块夹板连接起来的，中间留 10mm 缝隙，夹板长度为 370mm，宽度为 310mm，厚度为 8mm，板的孔距横向由左至右为 80mm、110mm、80mm，纵向为 95mm。

3）从左侧面立面图中可知，圆管柱背面牛腿与梁连接同样是通过 2 块夹板连接起来的，中间留 10mm 缝隙，夹板长度为 370mm，宽度为 310mm，厚度为 10mm，板的孔距横向由左至右为 80mm、110mm、80mm，纵向为 95mm。

4）从俯视图中可知，背面梁为热轧中翼缘 H 型钢（用“HM”表示），规格为 440mm × 300mm × 11mm × 18mm；左侧梁为热轧窄翼缘 H 型钢（用“HN”表示），规格为 400mm × 200mm × 8mm × 13mm；柱牛腿翼板内圆半径为 200mm，外圆半径为 330mm，转角处以半径为 10mm 的小圆弧由圆弧向直边过渡。

5）正立面图和左侧立面图中，焊缝符号“⊾〈㊹”表示所指示位置（圆管柱牛腿与梁连接位置）采用 V 形单边带坡口焊缝，下边有垫板，小黑旗表示焊缝在现场或工地焊接，并加注了相同焊缝符号（圆弧），焊缝尾部的数字 44 表示焊接的代号，与设计焊接节点说明里的编号相对应。

6）根据螺栓的符号可知，该节点处共采用 28 个直径为 20mm 的高强度螺栓连接，4 块夹板的孔径均为 21.5mm。

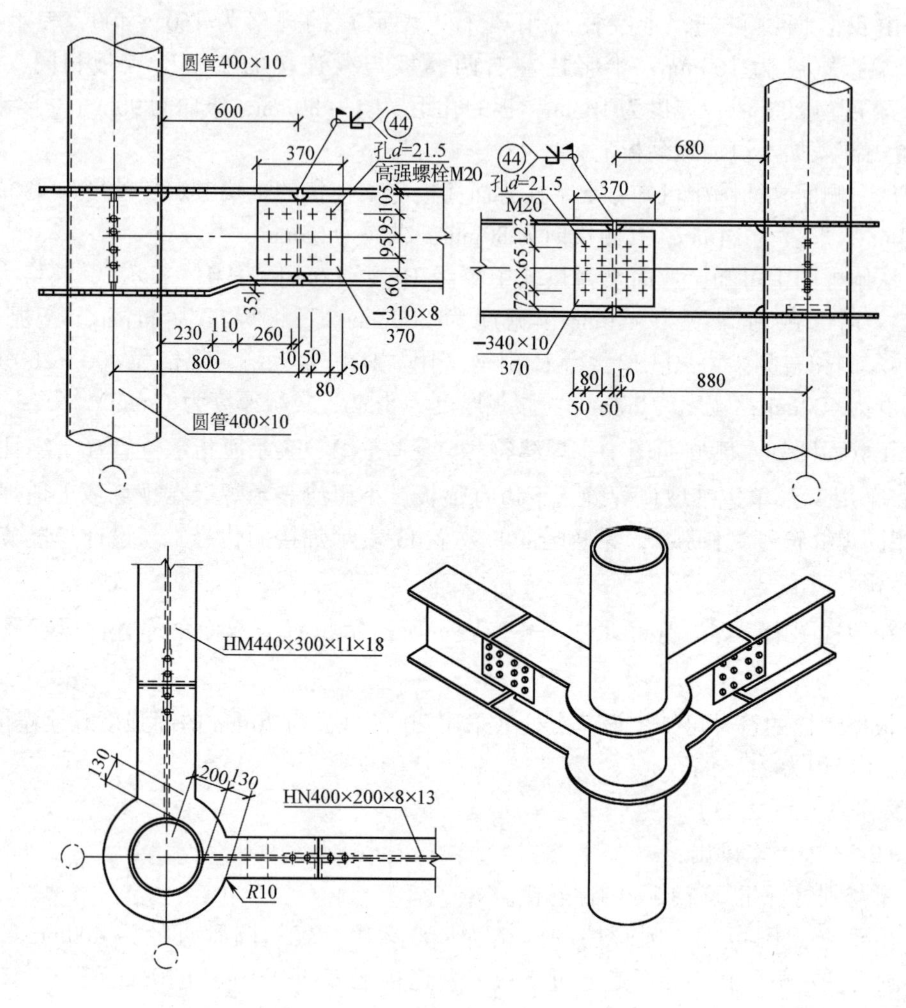

图 2-33　梁与圆管柱连接节点详图

七、主次梁连接详图

一般民用钢结构建筑为了方便楼板的铺设和施工方便快捷，主次梁的连接宜采用平接（主梁与次梁的上翼板平齐或基本平齐）铰接连接。

1. 图例一（图 2-34）

从图 2-34 中可以读出：

1）主次梁采用全螺栓连接方式，侧向连接不能传递弯矩，为铰接连接。

2）主梁为热轧窄翼缘 H 型钢（用“HN”表示），规格为 600 × 200（截面高度为 600mm，宽度为 200mm），截面特性可查阅型钢表（GB/T 11263—2005）。

3）“I40a”表示次梁为热轧普通工字钢，截面类型为 a 类，截面高度 400mm，截面特性可查阅型钢标准（GB/T 11263—2017）。

4）从图标注可知螺栓为高强螺栓连接，每侧有 4 个，直径为 20mm，栓距为 70mm。

5）加劲肋与主梁翼缘和腹板采用焊缝连接，“⊏8▷”表示焊缝为三面围焊的双面角焊

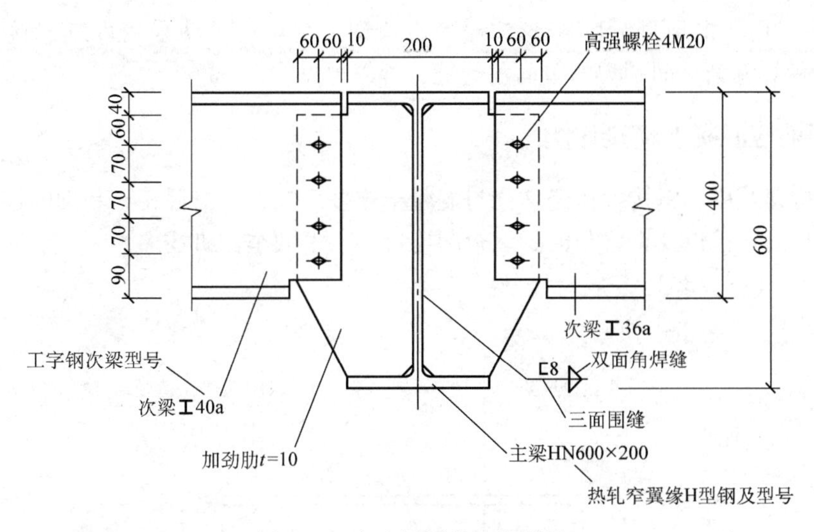

图 2-34 主次梁侧向连接详图

缝，焊缝厚度为 8mm。加劲肋宽于主梁的翼缘，相当于在次梁上设置了隅撑。

2. 图例二（图 2-35）

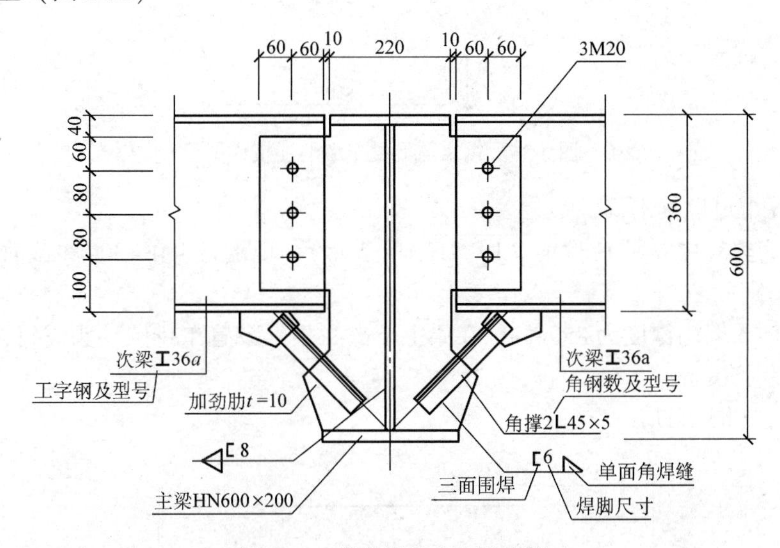

图 2-35 带角撑的主次梁连接

从图 2-35 中可以读出：

1）主次梁采用螺栓焊连接方式，节点处传递部分弯矩，为半刚性连接。

2）主梁为热轧窄翼缘 H 型钢（用“HN”表示），规格为 600×200（截面高度为 600mm，宽度为 200mm），截面特性可查阅型钢表（GB/T 11263—2017）。

3）“I36a”表示次梁为热轧普通工字钢，截面类型为 a 类，截面高度 360mm，截面特性可查阅型钢表（GB/T 11263—2017）。

4）螺栓为普通螺栓连接，每侧有 3 个，直径为 20mm，栓距为 80mm。

5）加劲肋与主梁翼缘和腹板采用焊缝连接，焊缝符号“◁⊏8”表示焊缝为三面围焊的双面角焊缝，焊缝厚度为 8mm。

6）角撑采用2根型号为∟45×5的等边角钢，它与加劲肋采用焊缝连接，焊缝符号“[6◺”表示焊缝为三面围焊的单面角焊缝，焊缝厚度为6mm。

八、钢梁与混凝土连接详图

在钢结构建筑中，钢构件还经常会与混凝土连接。如钢柱与混凝土基础的连接、钢梁与混凝土墙、柱的连接以及钢梁与混凝土板的连接等，下面举例讲述。

1. 图例一（图2-36）

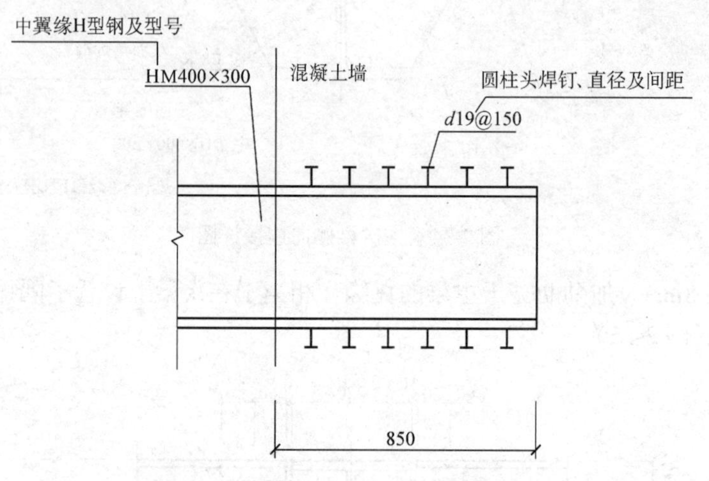

图2-36　钢梁与混凝土墙的连接详图

从图2-36中可以读出：

1）钢梁为热轧中翼缘H型钢（用“HM”表示），规格为400×300（截面高为400mm，宽度为300mm）。

2）钢梁伸入墙内深度为850mm，在梁上下翼缘板上设置单排圆柱头焊钉，焊钉直径为19mm，间距为150mm。

2. 图例二（图2-37）

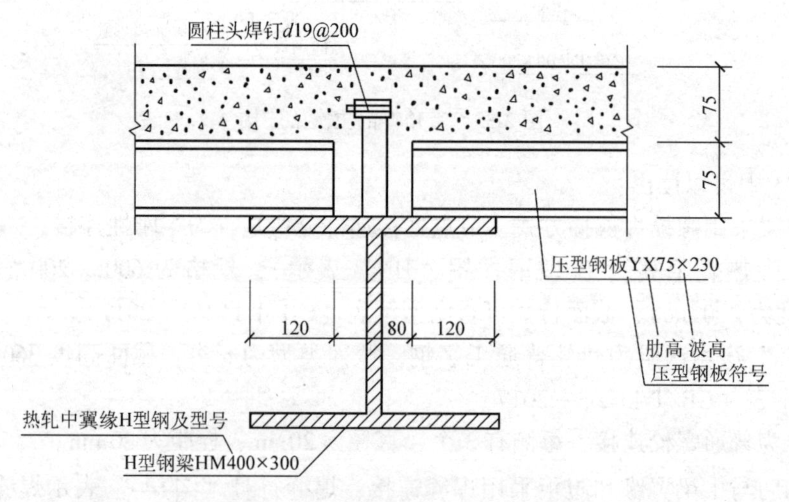

图2-37　钢梁与混凝土板连接详图

从图 2-37 中可以读出：

1）钢梁为热轧中翼缘 H 型钢（用“HM”表示），规格为 400×300（截面高为 400mm，宽度为 300mm）。

2）钢梁上翼缘中心线位置设有圆柱头焊钉，焊钉直径为 19mm，间距为 200mm。

3）钢梁上翼缘两侧放置压型钢板（用“YX”表示）作为现浇混凝土（净高为 75mm）的模板。压型钢板的规格为 75×230（肋高为 75mm，波宽为 230mm），压型板与钢梁上翼缘搭接宽度为 120mm。

九、屋架支座节点详图

屋架根据支座形状的不同可以分为梯形支座和三角形支座。

1. 图例一（图 2-38）

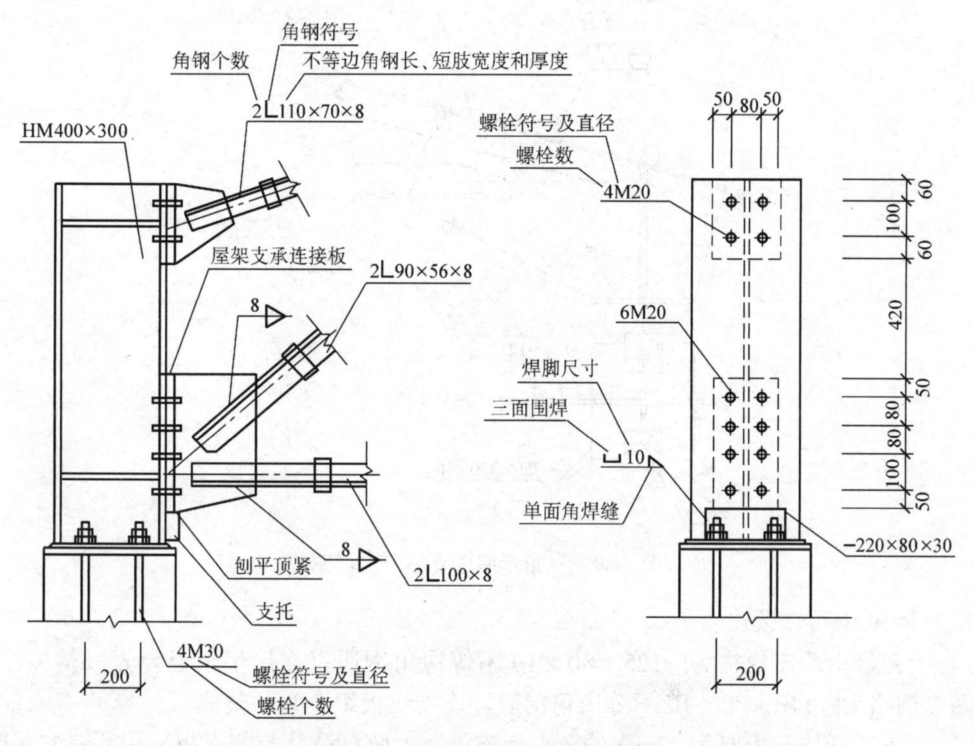

图 2-38　梯形屋架支座节点详图

从图 2-38 中可以读出：

1）此屋架上、下弦杆和斜腹杆与边柱采用螺栓连接方式，边柱为热轧中翼缘 H 型钢（用“HM”表示），规格为 400×300（截面高度为 400mm，翼板宽度为 300mm），截面特性可查型钢表（GB/T 11263—2017）。

2）屋架上下弦与柱翼缘连接处，柱腹板两侧设置 4 块规格相同的加劲肋。

3）上弦杆由两支规格为∟110×70×8 的不等边角钢通过连接垫板组合为一整体，它通过节点板与柱连接起来。

4）下节点腹杆由两支规格为∟90×56×8 的不等角钢通过连接垫板组合为一体与节点板连接，连接方式采用双面角焊缝，焊缝尺寸为 8mm，图中用符号“8▷”表示；下弦杆由两支规格为∟100×8的等边角钢通过垫板组合为一体与节点板连接，连接方式与腹杆相同；支托与下弦连接板接触面要求刨平，安装时要顶紧。

5）从左侧立面图可知，上弦和下弦连接板横向的孔距均为80mm，边距为50mm，纵向上弦连接板孔距为100mm，边距为60mm，下弦连接板孔距由上至下分别为80mm、80mm、100mm，边距为50mm；支托的厚度为30mm，宽度为80mm，长度为220mm，与边柱右侧翼板采取三面围焊连接方式，焊缝为单面角焊缝，焊缝尺寸为10mm，图中用符号“⊔10◺”表示。

6）由正立面图和侧立面图可知，边柱底座横向纵向孔距（栓距）均为200mm。

2. 图例二（图2-39）

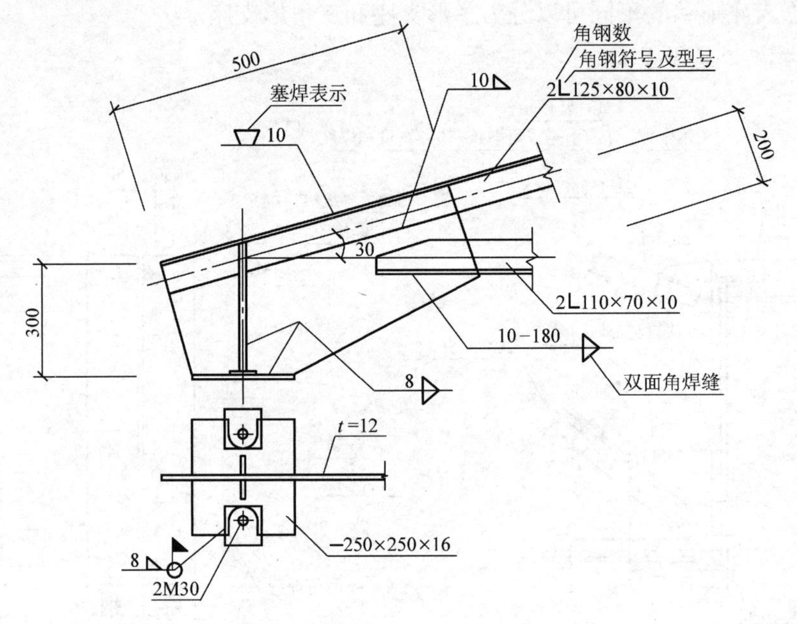

图2-39　三角形屋架支座节点详图

从图2-39中可以读出：

1）上弦杆由两支规格为∟125×80×10不等边角钢通过连接垫板组合为一整体，下弦杆由两支规格为∟110×70×10不等边角钢通过连接垫板组合为一整体。

2）上下弦杆均与板厚为12mm的节点板连接，上弦杆肢背与节点板采用塞焊方式连接，焊缝尺寸为10mm，图中用符号“▽10”表示，肢尖与节点板采用单面角焊缝，焊缝尺寸为10mm，焊缝长度为满焊。下弦杆与节点板采用双面角焊缝连接方式，焊缝尺寸为10mm，焊缝长度为180mm，图中用符号“10−180”表示。

3）节点板与底板采用双面角焊缝连接方式，焊缝尺寸为8mm；节点板两侧需设置2块加劲肋，加劲肋在底板横向居中位置，采用双面角焊缝与节点板连接，焊缝尺寸为8mm，图中用符号“8”表示。

4）从底板平面图中可知，底板长度为250mm，宽度为250mm，厚度为16mm，需割2个半椭圆调节孔，现场安装时加垫片用2个直径为30mm的螺栓连接后，采用单面角焊缝四面围焊，图中用符号“8”表示。

十、支撑节点详图

为了保证钢结构的整体稳定性，应根据各类结构形式、跨度大小、房屋高度、起重机吨位和所在地区的地震设防烈度等分别设置支撑系统。钢结构支撑可分为柱间支撑（ZC）、水平支撑（SC）、系杆（XG）等，大多采用型钢制作。水平支撑多采用圆钢和角钢制作，垂直支撑采用的型钢类型比较多，如圆钢、角钢、钢管、槽钢、工字钢等，构造也较水平支撑复杂，有双片式柱间支撑、双层柱间支撑、门式柱间支撑等。圆钢制作的水平支撑节点较为简单，角钢制作的水平支撑节点与柱间支撑节点基本类同，在此着重举例讲述柱间支撑节点详图。

1. 图例一（图 2-40）

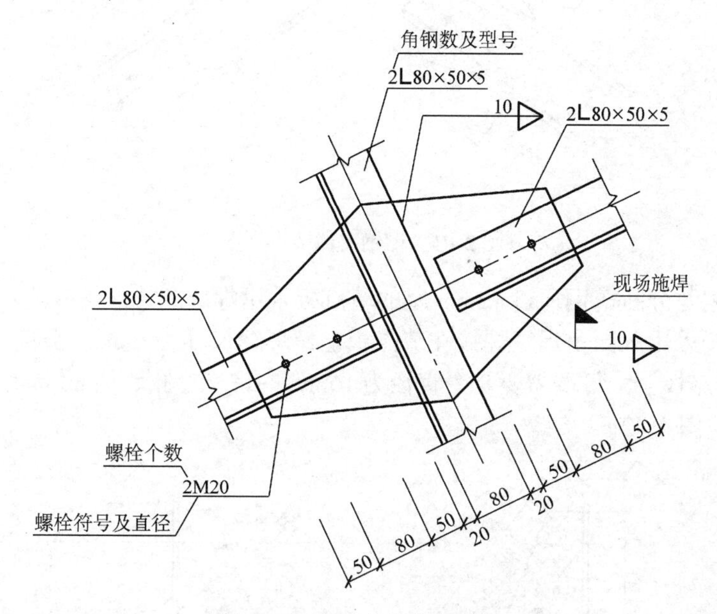

图 2-40　角钢支撑节点详图

从图 2-40 中可以读出：

1）支撑构件采用双角钢（用“2∟”表示），规格为 80×50×5（长肢宽为 80mm，短肢宽为 50mm，肢厚为 5mm），采用角焊缝和普通螺栓相结合的连接方式。

2）通长角钢满焊在连接板上，符号“10”表示指示处为双面角焊缝焊，焊缝尺寸为 10mm。

3）分断角钢与连接板采用螺栓和角焊缝的连接方式，分断角钢与连接板连接的一端采用 2 个直径为 20mm 的普通螺栓连接，栓距为 80mm；符号“10”表示指示处角焊缝为现场施焊，焊缝焊角尺寸为 10mm，焊缝长度为 180mm。

2. 图例二（图 2-41）

从图 2-41 中可以读出：

1）支撑构件用“2［20a”表示，说明采用的是双槽钢，截面类型为 a 类，截面高度为 200mm。

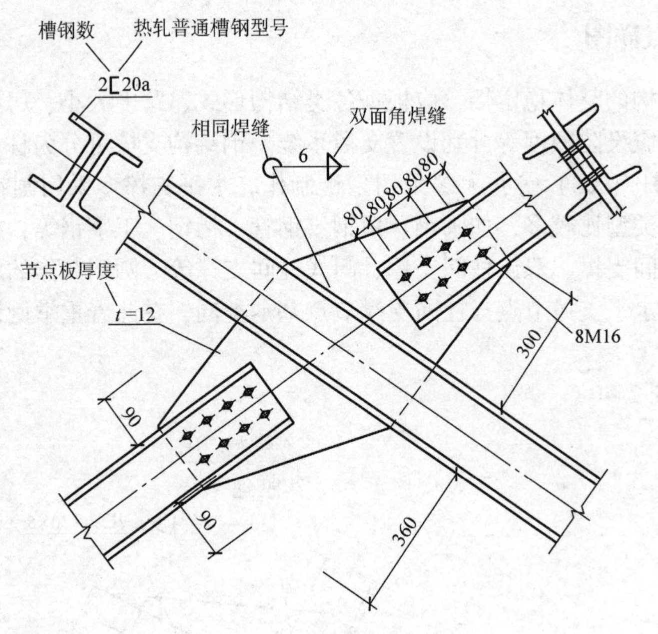

图 2-41　槽钢支撑节点详图

2）通长槽钢与分断槽钢通过 12mm 厚的节点板采用焊缝和普通螺栓连接为一整体的。

3）通长槽钢采用双面角焊缝焊接在节点板上，焊缝尺寸为 6mm。分断角钢一端采用普通螺栓连接在节点板上，每端需要 8 个直径为 16mm 的螺栓，孔距为 80mm。

3. 图例三（图 2-42）

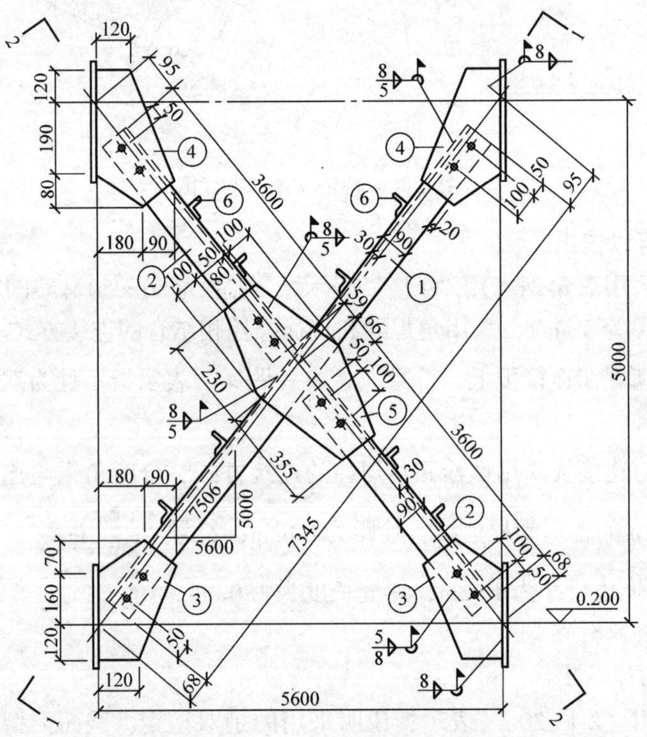

图 2-42　双片式柱间支撑详图

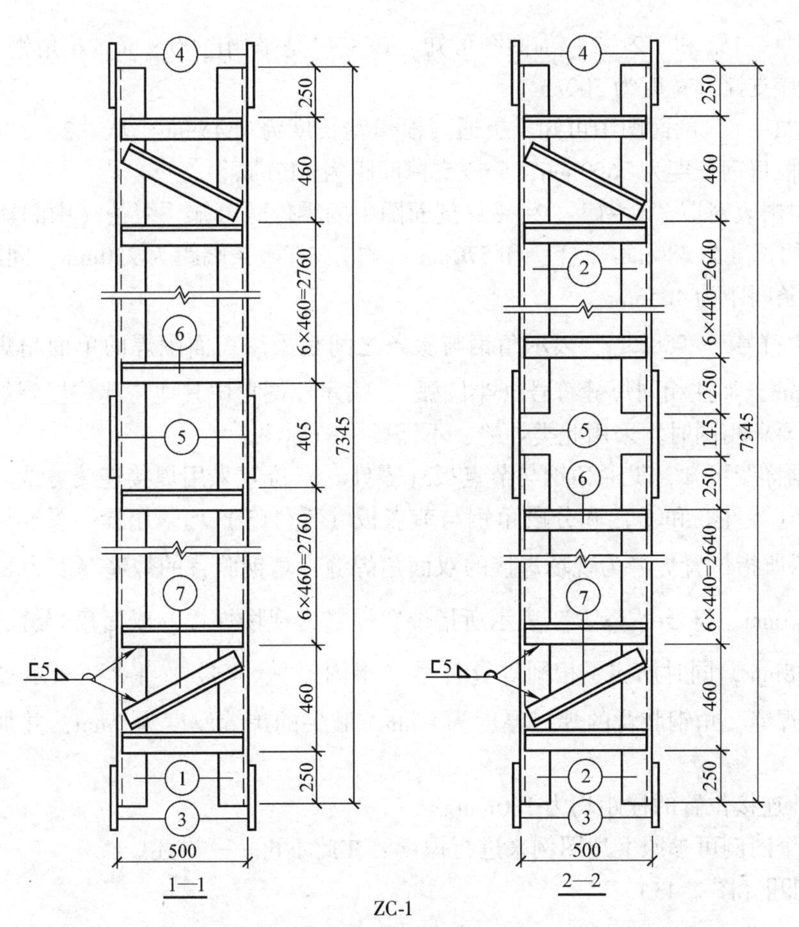

ZC-1

构件材料表

支撑编号	零件号	规格	长度/mm	数量	重量/kg		
					单重	共重	总重
ZC-1	1	∟90×56×6	7345	2	49.3	98.6	354.2
	2	∟90×56×6	3600	4	24.1	96.4	
	3	−270×10	350	4	7.4	29.6	
	4	−270×10	390	4	8.3	33.2	
	5	−330×10	585	2	15.2	30.4	
	6	∟50×5	480	32	1.8	57.6	
	7	∟50×5	570	4	2.1	8.4	

图 2-42 双片式柱间支撑详图（续）

说明：1. 未注明的焊缝厚度为5mm，焊缝的长度为满焊。

2. 角钢螺栓孔为 $d=18$mm，节点板的螺栓孔为 $d=25$mm。

3. 图中⑥号缀条的间距为等分设置（其中仅有一个间距包括两个缀条尺寸）。

从图 2-42 中可以读出：

1）该支撑整体宽度为5.6m，高度为5m，构件采用∟90×56×6 不等边角钢制作，与柱的连接采用栓—焊结合的方式。

2）从“1—1”和“2—2”剖面图可知，该支撑是采用∟90×56×6角钢和∟50×5角钢组成的双片支撑，宽度为500mm。

3）从“1—1”剖面图中可知，贯通两根角钢长度为7345mm。从“2—2”剖面图中可知，分断四根角钢长度为3600mm，分段支撑间距为145mm。

4）从材料表对应“1—1”“2—2”剖面图中的零件号可知，缀条（中间连接的∟50×5短角钢）的长度为480mm（直）和570mm（斜）。直缀条端距为250mm，间距为460mm，中间位置缀条间距为405mm。

5）图中符号“⊏5◣⌒”表示角钢与缀条之间是采用三面围焊的单面角焊缝连接，焊缝厚度为5mm，加注相同焊缝符号（半圆弧），表示此图形中其他与此位置焊缝形式、断面尺寸和辅助要求相同时均采用此类焊缝，不需要一一标注。

6）根据详图可知，贯通角钢与节点板（零件⑤）位置采用焊接连接方式。支撑与钢柱柱撑连接板（零件③和④）和分段角钢与节点板（零件⑤）均采用栓—焊连接方式。符号“$\frac{8}{5}$”表示所指位置焊缝为现场焊接的双面角焊缝，角钢肢背的焊缝厚度为8mm，肢尖的焊缝厚度为5mm。符号“8”表示所指位置焊缝为现场焊接的双面角焊缝，角焊缝两边的厚度均为8mm，同时加注了相同焊缝符号（半圆弧）。符号“$\frac{5}{8}$”表示焊缝为现场焊接的双面角焊缝，角钢肢背的焊缝厚度为8mm，肢尖的焊缝厚度为5mm，并加注了相同焊缝符号。

7）螺栓连接位置的栓距均为100mm。

以下几个图例可参照上述图例来进行识读，在此不再一一讲述。

4. 图例四（图2-43）

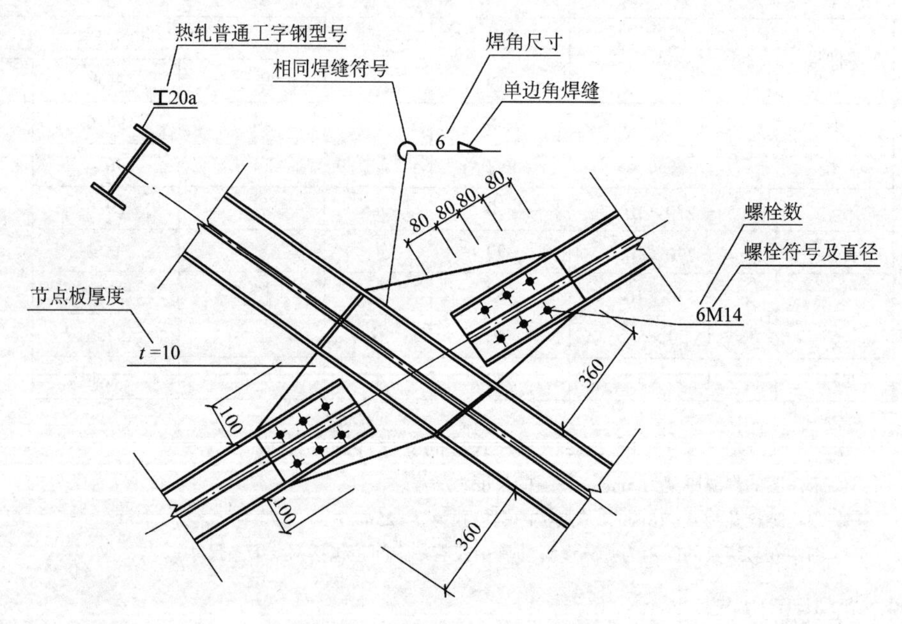

图2-43　工字钢支撑节点详图

5. 图例五（图2-44）

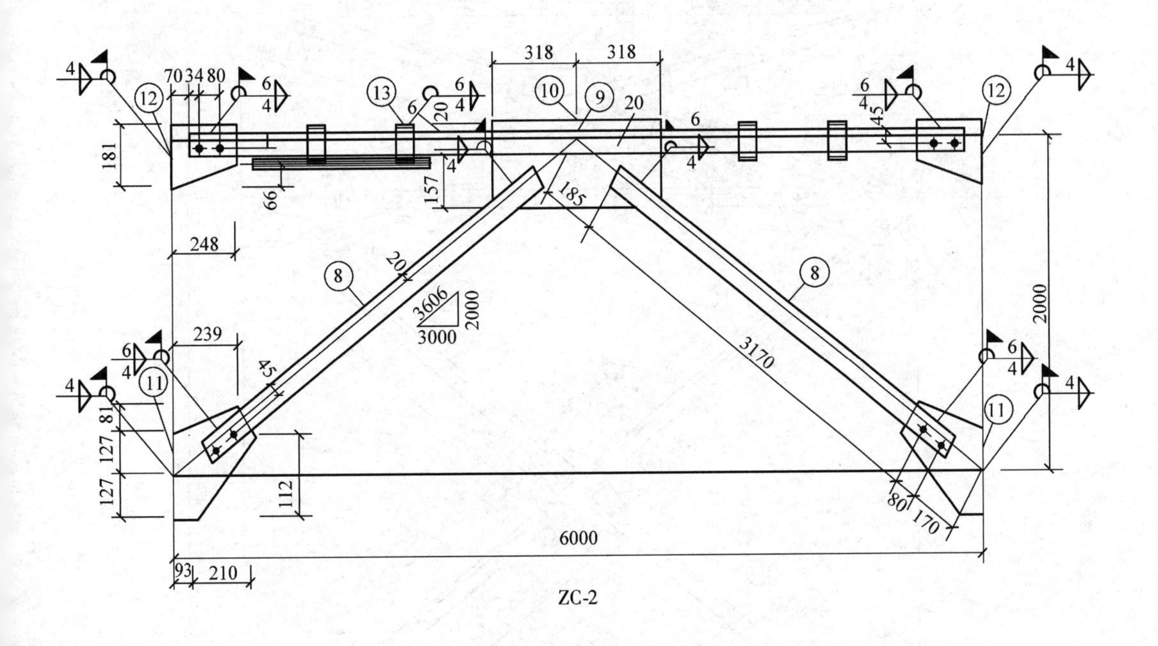

ZC-2

支撑材料表

支撑编号	零件号	规格	长度/mm	数量		重量/kg		
				正	反	单重	共重	总重
ZC-2	8	∟75×5	3284	1	1	19.1	38.2	128.4
	9	∟75×5	5860	1	1	34.1	68.2	
	10	－252×6	635	1		7.5	7.5	
	11	－237×6	409	2		4.6	9.2	
	12	－181×6	248	2		2.1	4.2	
	13	－60×6	105	4		0.3	1.2	

图2-44 上部柱间支撑详图及材料说明

6. 图例六（图 2-45）

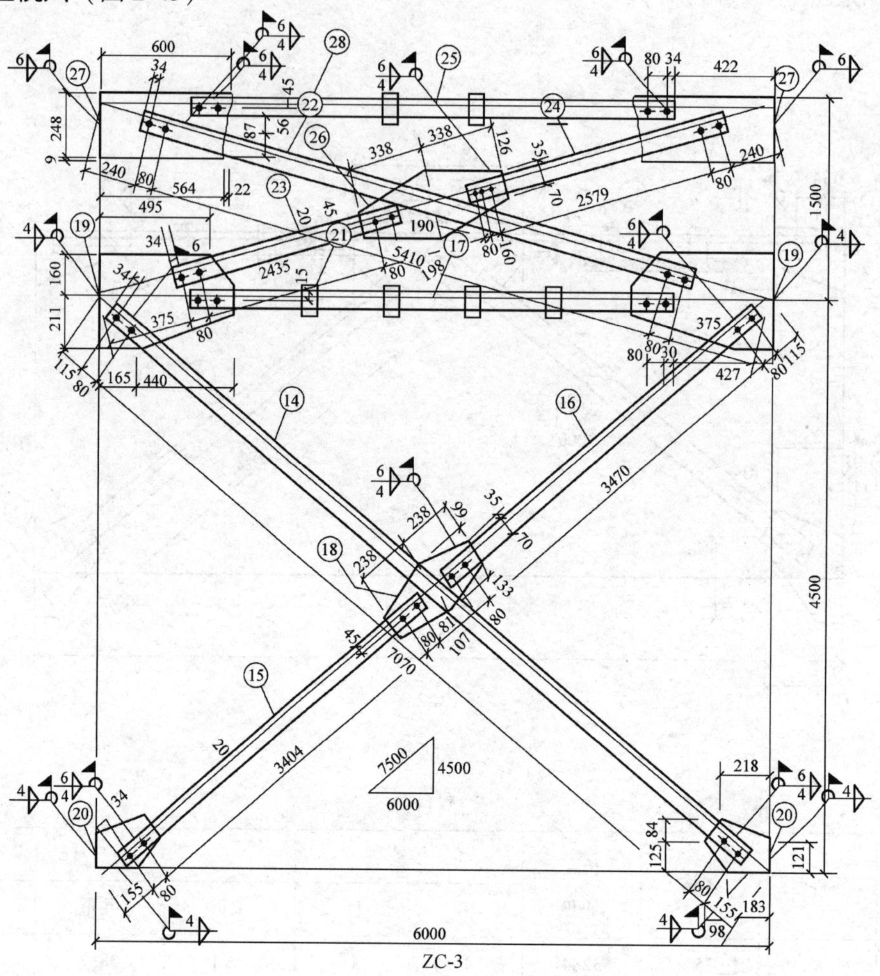

支撑材料表

构件编号	零件号	规格	长度/mm	数量		重量/kg		
				正	反	单重	共重	总重
ZC-3	14	∟75×5	7298	1		42.5	42.5	173.2
	15	∟75×5	3556	1		20.7	20.7	
	16	∟75×5	3622	1		21.1	21.1	
	17	∟75×5	5146	1	1	29.9	59.8	
	18	−232×6	476	1		5.2	5.2	
	19	−371×6	605	2		8.8	17.6	
	20	−181×6	307	2		2.6	5.2	
	21	−60×6	105	4		0.3	1.2	
	22	∟75×5	5638	1		32.8	32.8	
	23	∟75×5	2587	1		15.1	15.1	
	24	∟75×5	2731	1		15.9	15.9	
	25	∟75×5	5156	1	1	30	60	
	26	−286×6	676	1		9.1	9.1	
	27	−161×6	608	2		4.6	9.2	
	28	−60×6	105	4		0.3	1.2	

图 2-45　双层柱间支撑详图及材料说明（一）

7. 图例七（图 2-46）

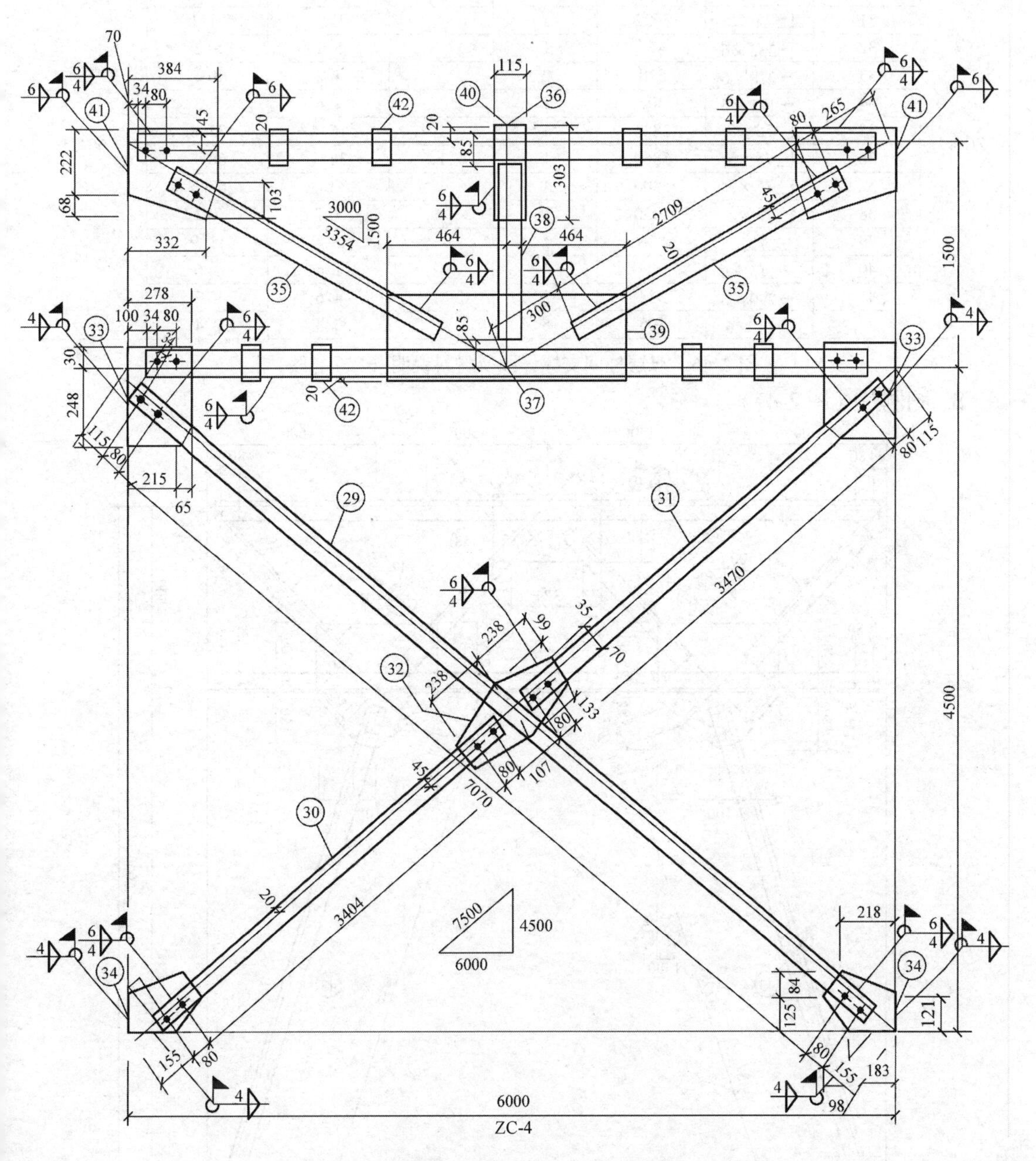

图 2-46　双层柱间支撑详图及材料说明（二）

支撑材料表

支撑编号	零件号	规格	长度/mm	数量		重量/kg		
				正	反	单重	共重	总重
ZC-4	29	∟75×5	7298	1		425	425	304.5
	30	∟75×5	3556	1		20.7	20.7	
	31	∟75×5	3622	1		21.1	21.1	
	32	−232×6	476	1		5.2	5.2	
	33	−278×6	318	2		4.2	8.4	
	34	−181×6	307	2		2.6	5.2	
	35	∟75×5	2823	1	1	16.4	32.8	
	36	∟75×5	5860	1	1	34.1	68.2	
	37	∟75×5	5800	1	1	33.8	67.6	
	38	∟75×5	1330	1		7.7	7.7	
	39	−272×6	928	1		11.9	11.9	
	40	−115×6	303	1		1.6	1.6	
	41	−290×6	384	2		4.6	9.2	
	42	−60×6	105	8		0.3	2.4	

图 2-46　双层柱间支撑详图及材料说明（二）（续）

8. 图例八（图 2-47）

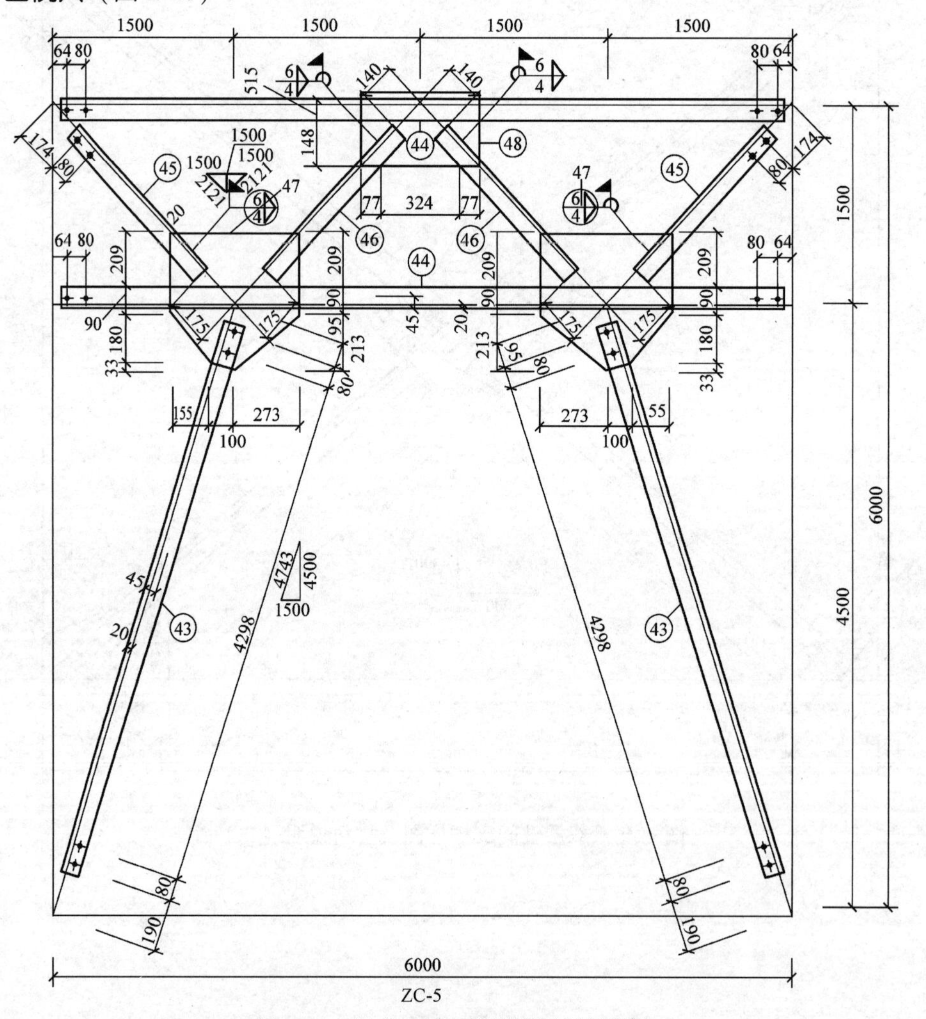

图 2-47　门式柱间支撑详图及材料说明

支撑材料表

支撑编号	零件号	规格	长度/mm	数量		重量/kg		
				正	反	单重	共重	总重
ZC-5	43	∟75×5	4526	1	1	26.3	52.6	19.9
	44	∟75×5	5940	1	1	34.6	69.2	
	45	∟75×5	1806	1	1	10.5	21	
	46	∟75×5	1806	2		10.5	21	
	47	−513×6	528	2		10.4	20.8	
	48	−274×6	478	1		6.2	6.2	

图 2-47　门式柱间支撑详图及材料说明（续）

十一、墙梁与柱节点详图

图 2-48 所示为墙梁与柱节点详图。

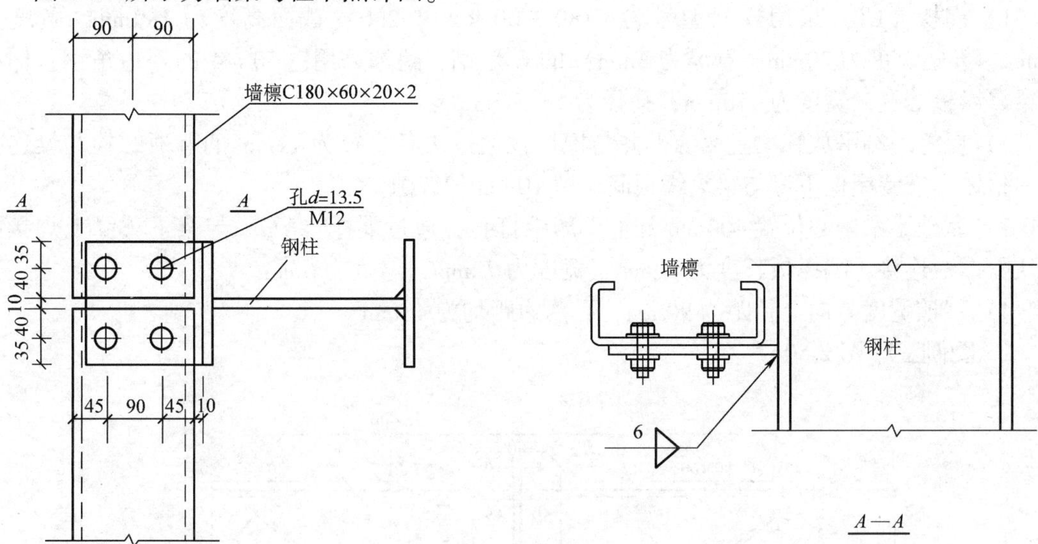

图 2-48　墙梁与柱节点详图

从图 2-48 可以读出：

1）墙梁（QL）规格型号为 C180×60×20×2.0（截面高度为 180mm，宽度为 60mm，卷边宽度为 20mm，壁厚为 2mm），墙托与柱翼缘板等宽，宽度为 150mm。

2）两支墙梁端头平放在墙托上，通过 4 条直径为 12mm 的普通螺栓与柱连接为一整体，安装后端头间及墙梁与柱翼缘板间均留 10mm 的缝隙。

3）墙梁宽度方向上孔距为 90mm，孔两边距均为 45mm。

4）从“*A—A*”剖面可看出，墙托与柱采用双面角焊缝连接方式，焊缝尺寸为 6mm。

十二、屋檩、隅撑与梁节点详图

1. 图例一（图 2-49）

从图 2-49 中可以读出：

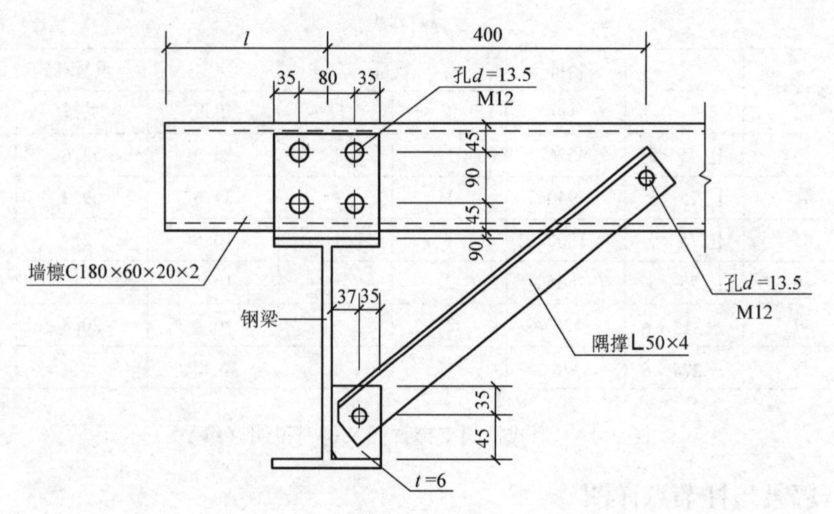

图 2-49　中间跨屋檩、隅撑与梁节点详图

1）屋檩（LT）采用规格型号为 C180 × 60 × 20 × 2.0（截面高度为 180mm，宽度为 60mm，卷边宽度为 20mm，壁厚为 2mm）的 C 型钢，隅撑采用∟50 ×4 的等边角钢；檩托与梁翼缘板等宽，宽度为 150mm，孔径为 13.5mm。

2）屋檩一端平放在梁上翼缘上并与檩托板通过 4 条直径为 12mm 的普通螺栓与梁连接为一整体，安装屋檩下缘与梁翼缘板间均留 10mm 的缝隙。

3）屋檩距梁中心位置 400mm 处上下居中打孔，通过隅撑（YC）与梁下翼缘上焊接的两块隅撑板连接，隅撑板长度为 80mm，宽度为 72mm，厚度为 6mm。

4）屋檩宽度方向上孔距为 90mm，孔两边距均为 45mm。

2. 图例二（图 2-50）

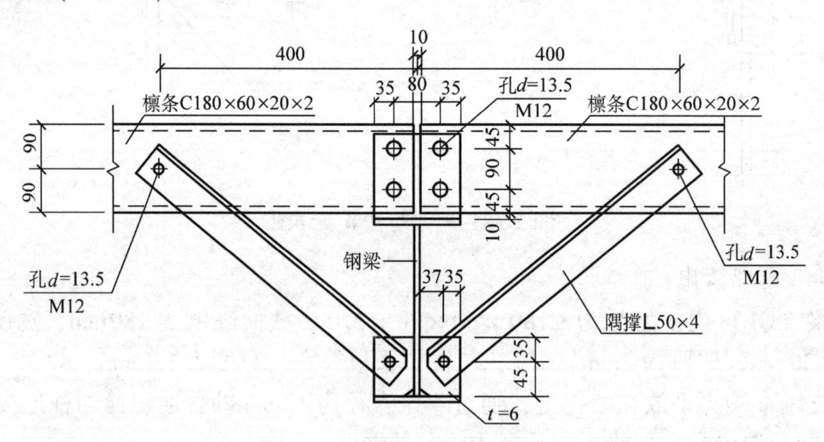

图 2-50　端跨屋檩、隅撑与梁节点详图

图 2-50 为端跨屋檩、隅撑与梁节点详图，其识读与图例一类同，在此不再重复讲述。

十三、拉条与檩条节点详图

对于侧向刚度较差的实腹式和平面桁架式檩条，为保证其整体稳定性，减小檩条在安装和使用阶段的侧向变形和扭转，一般需要在檩条间设置拉条，作为其侧向支撑点。

当檩条跨度≤4m 时，可按计算要求确定是否需要设置拉条；当屋面坡度 $i>1/10$ 或檩条跨度 >4m 时，应在檩条跨中受压翼缘设置一道拉条；当跨度 >6m 时，宜在檩条跨度三分点处设一道拉条。在檐口和屋脊两侧位置通常还应设置斜拉条和撑杆。圆钢拉条的直径不宜小于 10mm，可根据荷载和檩距大小取 10mm 或 12mm。

图 2-51 所示为拉条与檩条节点详图。

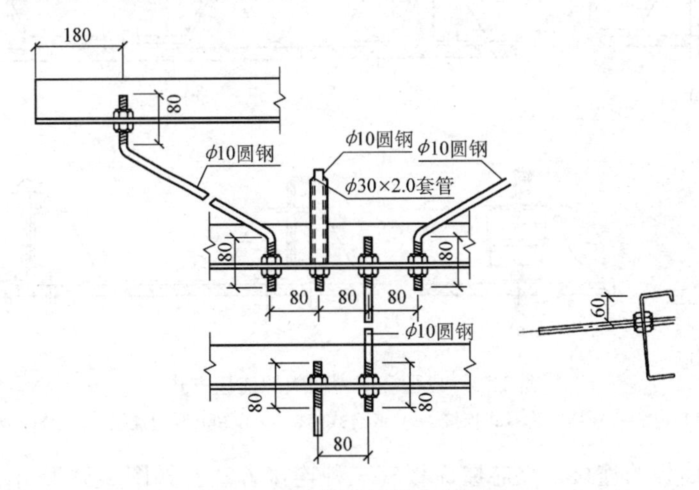

图 2-51　拉条与檩条节点详图

从图 2-51 中可以读出：

1）直拉条（可用“LT”表示）和斜拉条（可用“XLT”表示）均采用直径为 10mm 的圆钢，相邻两根拉条的间距为 80mm。

2）由右侧图可知，檩条与拉条的连接孔在距檩条上翼缘 60mm 处。

3）在靠近檐口处的两道相邻檩条之间设置了斜拉条和刚性撑杆（可用“GLT”表示，在有斜拉条的位置布置），斜拉条按要求端部需折弯，折弯长度为 80mm，刚性撑杆采用直径为 10mm 的圆钢，外套直径为 30mm 厚为 2mm 的钢管。

十四、外围护详图

外围护构造也是钢结构相当重要的一部分，如果拼接缝和节点处理不当会引起房屋漏雨，影响建筑的正常使用，刚架遇水生锈后会降低建筑的使用年限，所以必须引起重视。

钢结构工业厂房与民用建筑的屋面和墙面常用的外围护材料主要是压型金属板和保温夹芯板，它具有施工方便、周期短、经济实用等特点，因此在钢结构工程中被广泛应用。

压型金属板主要是采用薄钢板中的镀锌板和彩色涂层钢板（优先采用卷板），由辊压成型机加工而成的，也可采用一定牌号的铝合金板加工成压型铝板，使用时需根据荷载来选用定型产品。

保温夹芯板是一种保温隔热材料（聚氨酯、聚苯或岩棉等）与金属面板间加胶后，经成型机辊压粘结成整体的复合板材。夹芯板板厚范围为 30～250mm，建筑围护常用的夹芯板厚度范围为 50～100mm。

另外，还有在两层压型钢板间加玻璃棉保温和隔热的做法。

钢结构外围护的墙面与屋面的承重结构是轻钢龙骨组成的檩条体系，下面对墙面板连接、屋面板连接以及它们与刚架之间的连接节点及拐角处的处理等内容通过图例进行讲述。

（一）屋面板的连接

（1）压型金属屋面板的连接　压型金属屋面板有五种典型的连接方法，如图 2-52 所示。

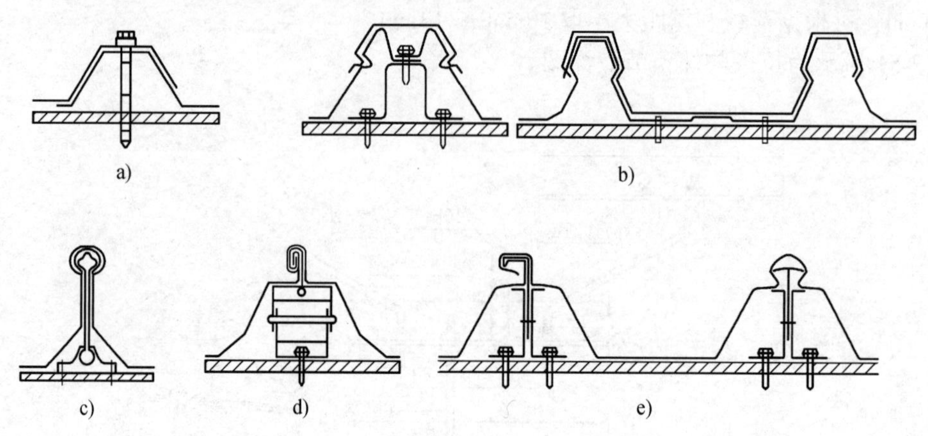

图 2-52　压型金属屋面板的连接方式

a）自攻钉连接　b）压板隐藏式连接　c）咬合式连接　d）360°咬边连接　e）180°咬边连接

（2）夹芯屋面板的连接　夹芯屋面板有三种连接方法，如图 2-53 所示。我国早期出现的聚苯乙烯泡沫夹芯平板用作屋面板时，当使用在夹芯板材组合房工程中，其连接是靠铝型材和合金铝拉铆钉或自攻螺钉连接，这种连接方法经过多年的实践证明是可靠的。当用于大跨度屋面的时候，则用螺钉连接（图 2-53a）。螺栓是通过 U 形件将板材压住，这是一种早期隐蔽的连接形式。这种连接方便，施工简单易行。在有些情况下也采用平板表面穿透连接，但是由于芯材有一定的可压缩性，往往在连接点形成凹下现象，易积雨水，而造成对螺钉的不利影响。

波形屋面夹芯板为外露连接，如图 2-53b 所示。这种连接的连接点多，可每波连接也可间隔连接，用自攻螺钉穿透连接，自攻螺钉六角头下设有带防水垫的倒槽形盖片，加强了连接点的抗风能力。

图 2-53c 是在平板夹芯板屋面的基础上改造成的另一种隐蔽连接形式，它避免了平板夹芯板作屋面时现场人工翻边不易控制，造成漏雨等现象的发生，改善了屋面的防水效果，并使连接更可靠、更方便。

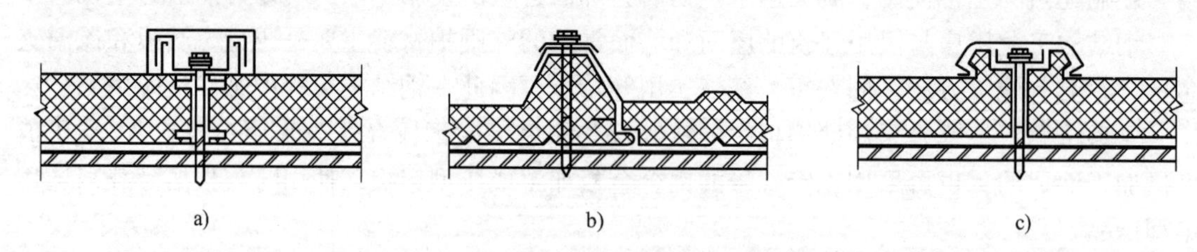

图 2-53　夹芯屋面板连接方式

a）螺钉连接　b）外露连接　c）隐蔽连接

（3）双层压型钢板保温屋面板的连接　双层压型钢板保温屋面板的连接有两种方式，一种是下层压型板在屋檩条以上，一种是下层压型板在屋檩条以下，如图 2-54 所示。

底层板放在檩条上的做法，其优点是可以单面施工，施工时不要脚手架，底板可以上人

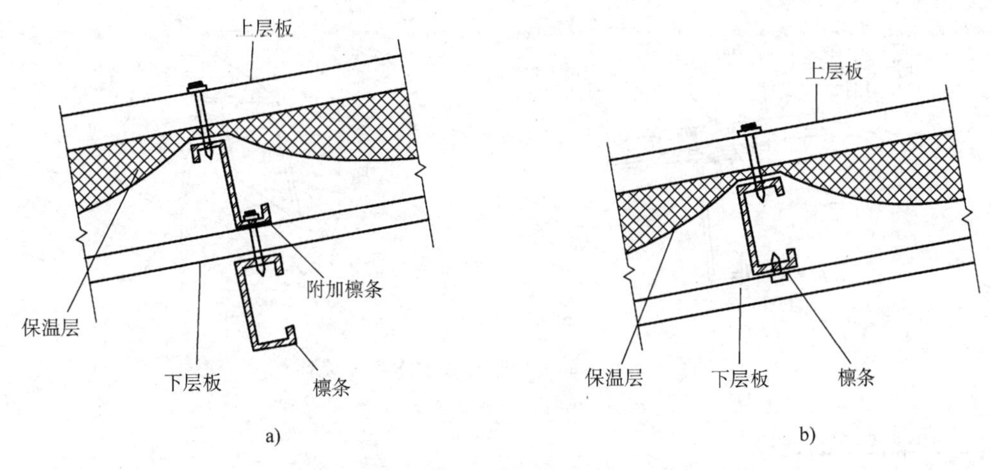

图 2-54　双层压型钢板保温屋面板的连接方式

a）下层压型板在屋檩条以上　b）下层压型板在屋檩条以下

操作，但是需要增加附加檩条或附加支承上层板的支承连接件，材料费相应增加，内表面可以看见檩条，不如后一种整齐美观。

底层板放在檩条下的做法，其优点是省材料，内表面不露钢檩条，美观整齐，但构造较麻烦，需在刚架和檩条间留出底层板厚尺寸以上的空隙，施工时需对底层板切口，且需在底板面以下操作，需设置必要的操作措施，因而施工费用相应提高。这是目前较常用的构造方法。

（4）屋面波形采光板的连接　波形采光板板型宜与配合使用的压型钢板板型相同，可采用聚碳酸酯板或合成树脂板（玻璃钢采光板）。波形采光板与屋面板的连接如图 2-55 所示，屋面波形采光板间的连接如图 2-56 所示。

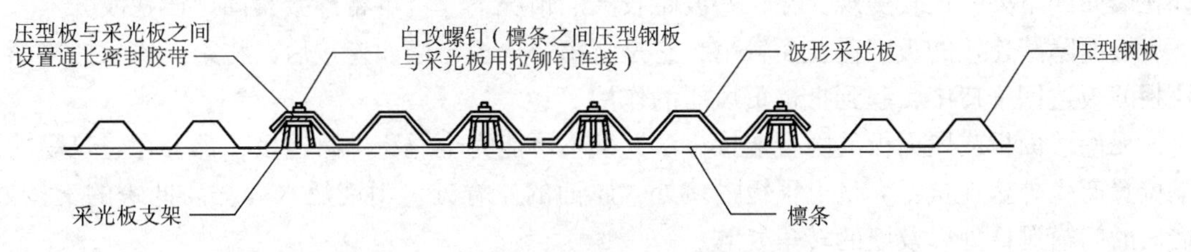

图 2-55　波形采光板与屋面板的连接

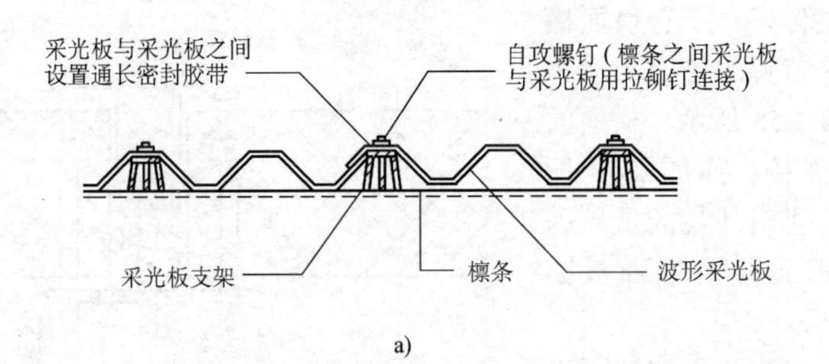

a)

图 2-56　屋面波形采光板的连接

a）横向

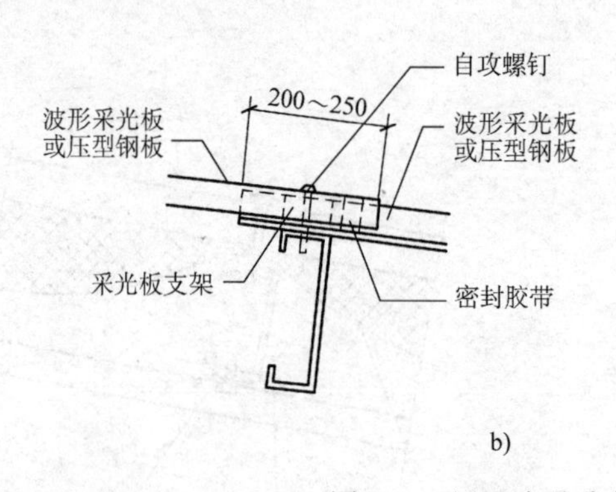

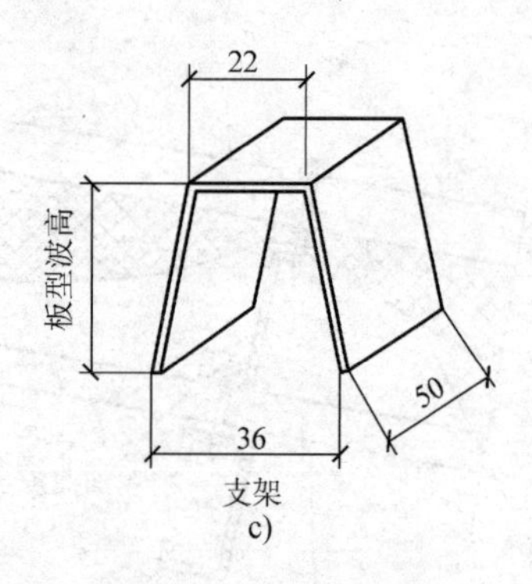

图 2-56　屋面波形采光板的连接（续）

b）纵向　c）采光板支架

(二) 墙面板的连接

(1) 压型金属墙面板的连接　压型金属墙面板有两种连接方法，如图 2-57 所示。

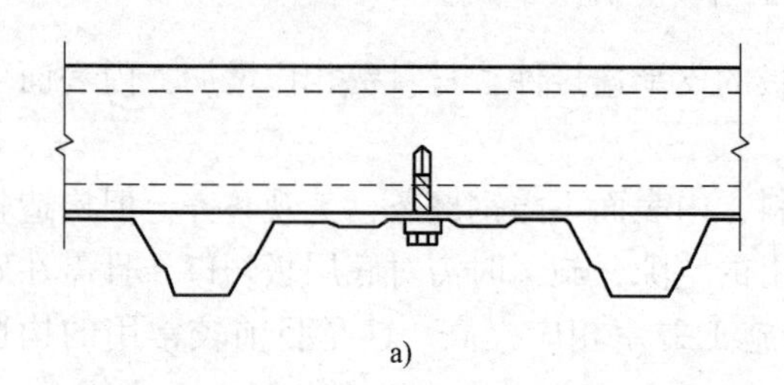

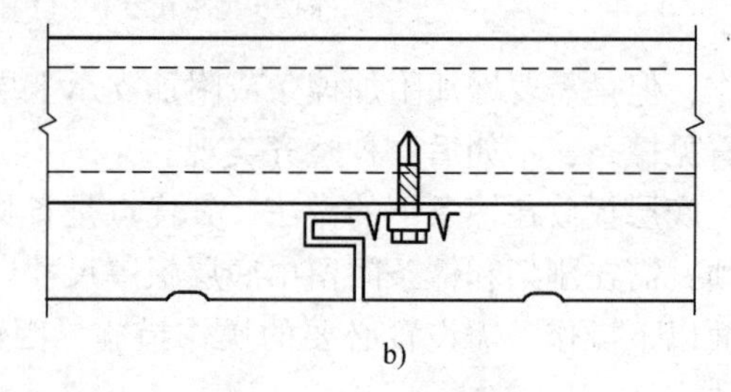

图 2-57　非保温墙面板的连接方法

a）墙面外露连接　　b）墙面隐蔽连接

外露连接是用连接紧固件在波谷上将板与墙梁连接在一起，这样的连接使紧固件的接头处在墙面凹下处，比较美观；在一些波距较大的情况下，也可将连接紧固件设在波峰上。

墙面隐蔽连接的板型覆盖面较窄，它是将第一块板与墙面连接后，将第二块板插入第一块板的板边凹槽口中，起到抵抗负风压的作用。

无论墙面板或屋面板的隐蔽连接方法，都不可能完全避免外露连接，都会在建筑物的如下位置产生外露连接：大量上下板搭接处，屋面的屋脊处、山墙泛水处，高低跨的交接处，墙面的门窗洞口处以及墙的转角处等。

(2) 夹芯墙面板的连接　夹芯墙面板多为平板，用于组合房屋时主要靠合金铝型材与拉铆钉连接成整体。对于有墙面檩条的建筑，竖向布置的墙面板多为穿透连接，如图 2-58 所示，横向的墙板多为隐蔽连接，如图 2-59 所示。鉴于墙面是建筑外观的重要因素，常选用隐蔽连接的墙面板型为好。

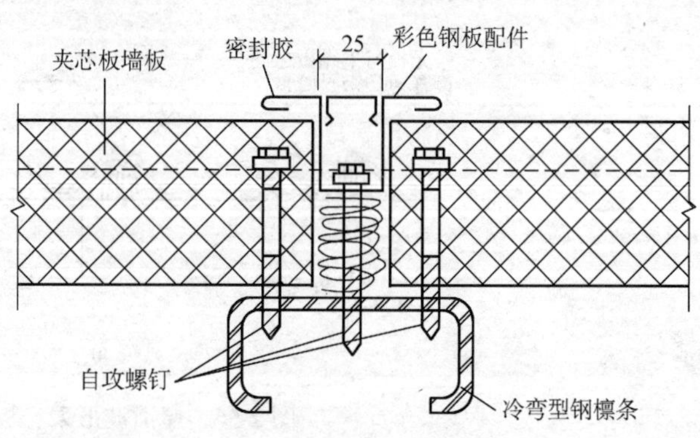

图 2-58　横向布置墙板竖缝连接节点

(3) 双层压型钢板保温墙面板的连接　双层压型钢板保温墙面板的连接方式是双层压型板分别在墙

面檩条的两侧，如图 2-60 所示。

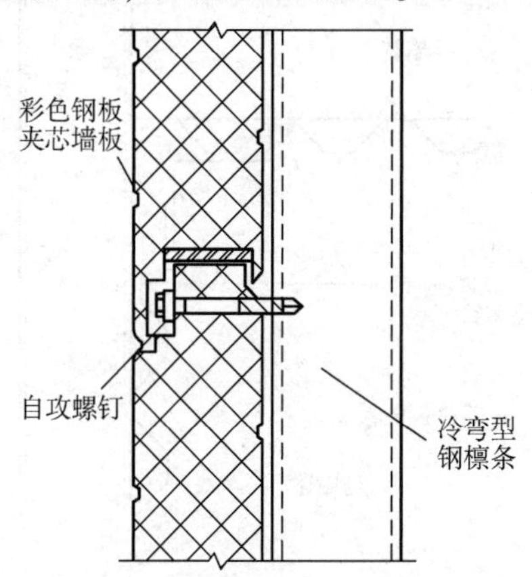

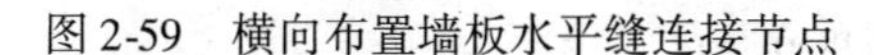
图 2-59　横向布置墙板水平缝连接节点

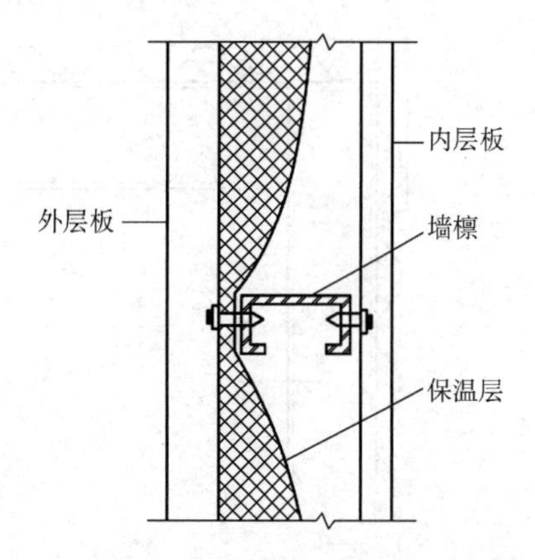

图 2-60　双层压型钢板保温墙面板的连接方式

（4）墙面波形采光板连接　墙面波形采光板接口处采用拉铆钉固定，接口两侧波谷处采用自攻螺钉紧固，如图 2-61 所示。

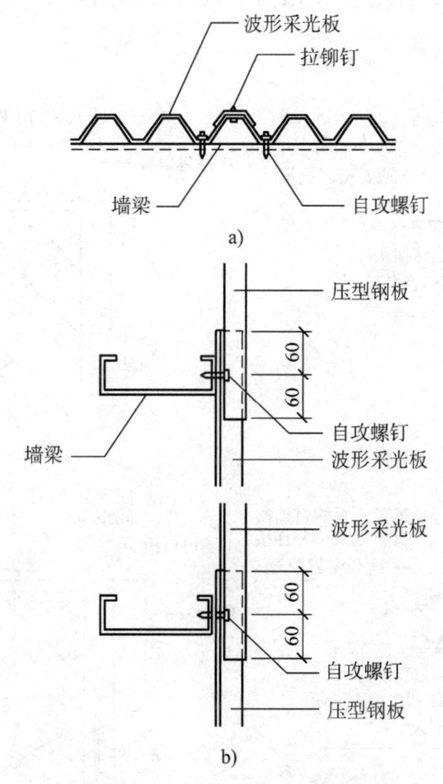

图 2-61　墙面波形采光板连接
a）横向　b）纵向

（三）各类节点详图

1. 压型金属板节点

（1）图例一（图 2-62）

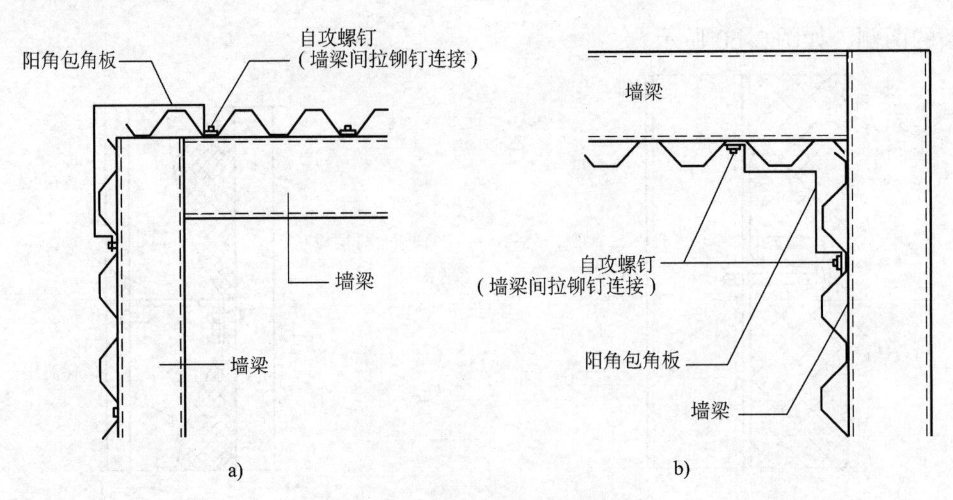

图 2-62　墙面板转角节点

a）阳角　b）阴角

从图 2-62 中可读出：此图为墙面板节点处阳角和阴角的平剖图。墙板通过自攻钉固定在墙梁上，墙梁间通过拉铆钉固定。转角节点处设置阳角和阴角包角板，以保证转角处的外观质量和预防雨水渗漏。

（2）图例二（图 2-63）

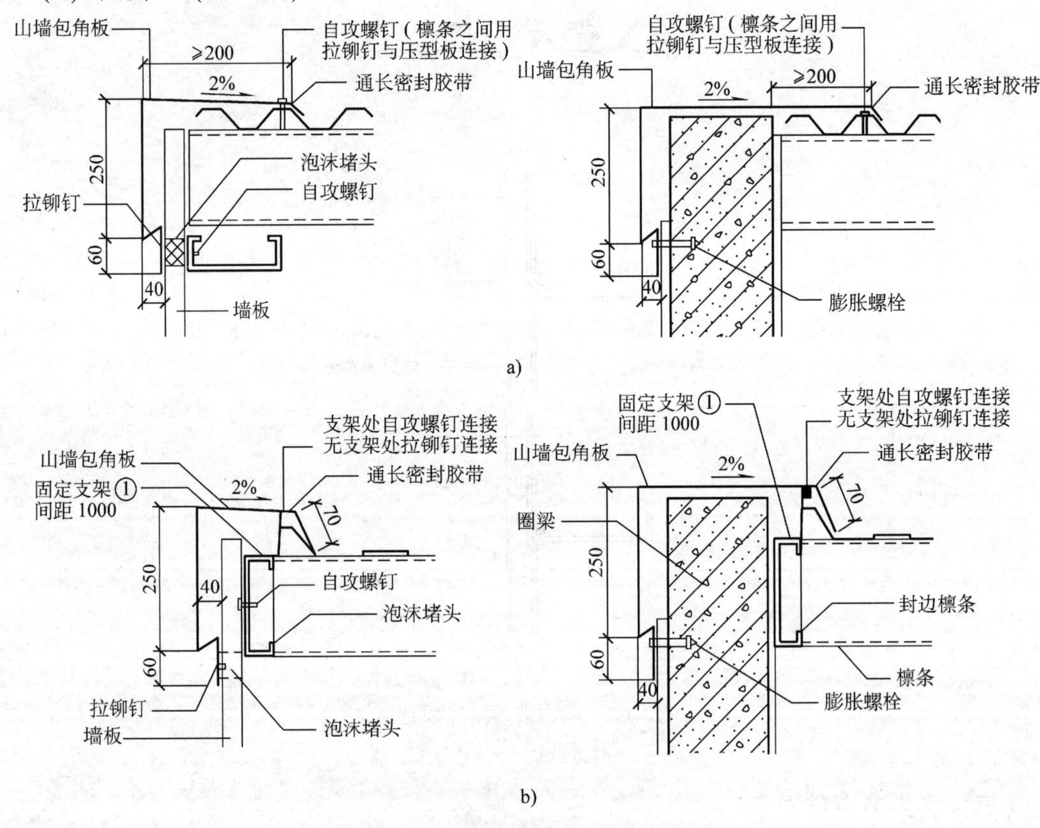

图 2-63　屋面与山墙转角节点

a）紧固件连接　b）咬边连接

从图 2-63 中可读出：此图为屋面与山墙转角节点处的垂直剖面图，分为紧固件连接和咬边连接两种节点形式。其节点处的构造从图中标注很容易读出。

（3）图例三（图 2-64）

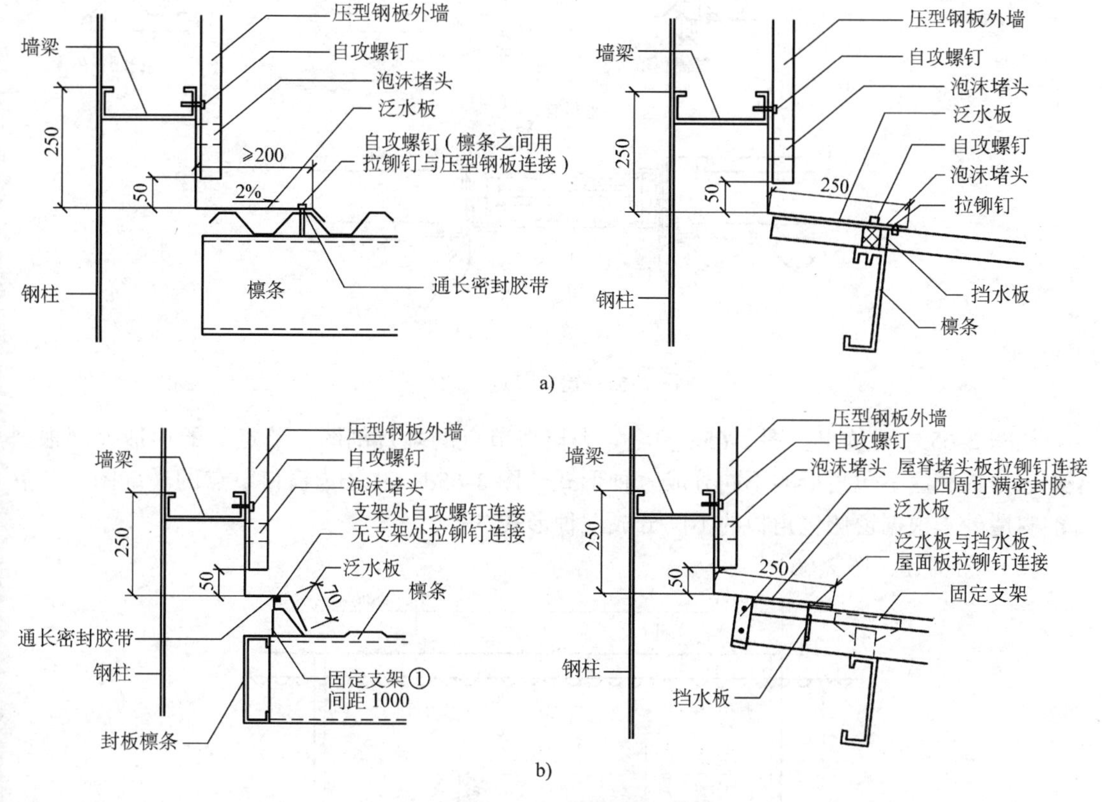

图 2-64　屋面高低跨转角节点

a）紧固件连接　b）咬边连接

从图 2-64 中可读出：此图为屋面高低跨转角节点处的垂直剖面图，分为紧固件连接和咬边连接两种节点形式。其节点处的构造从图中标注很容易读出。

（4）图例四（图 2-65）

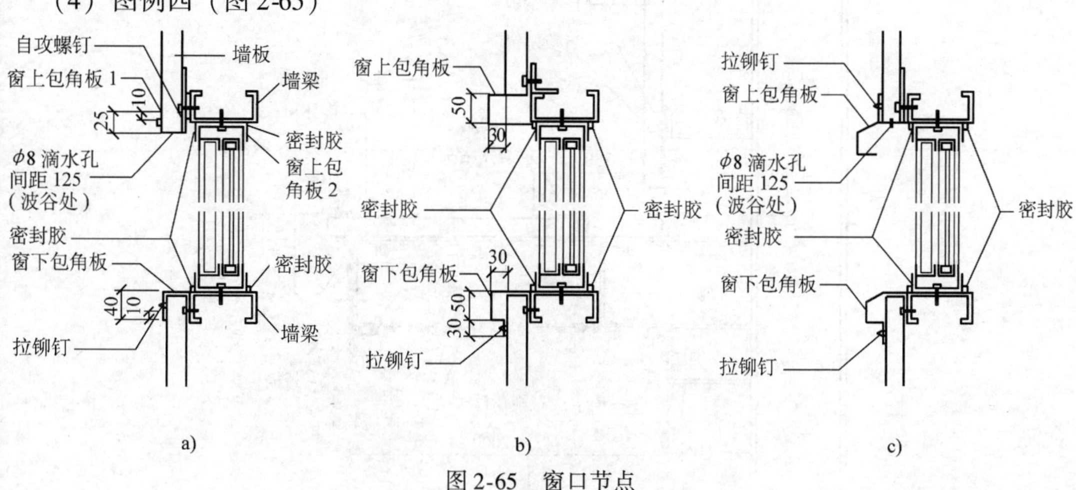

图 2-65　窗口节点

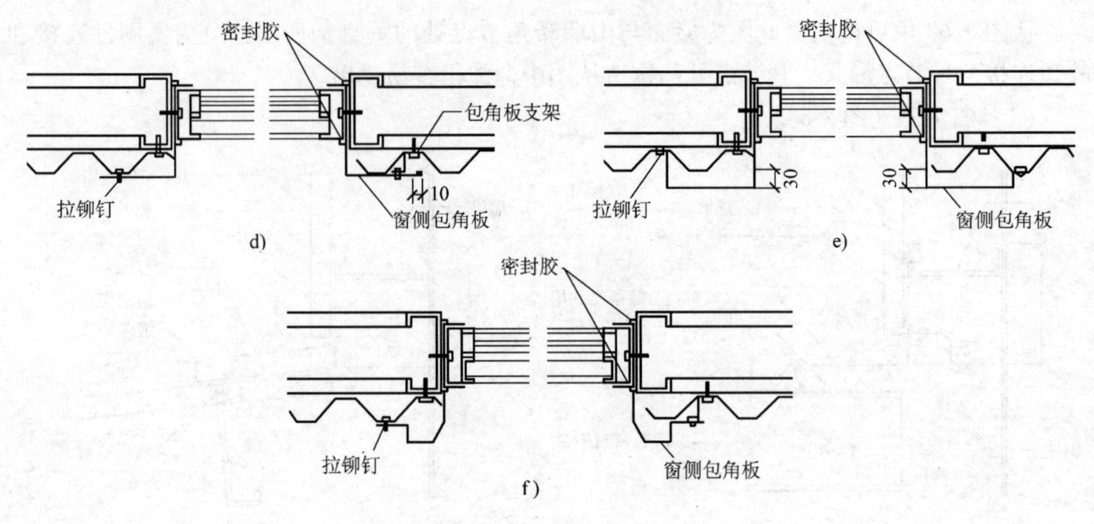

图 2-65　窗口节点（续）

从图 2-65 中可读出：图 2-65a、b、c 为窗口节点的垂直剖图，节点处的构造处理根据窗上包角板和窗下包角板的不同分成三种形式。图 2-65d、e、f 为窗口节点的平剖图，节点处的构造处理根据窗侧包角板的不同分成三种形式。

（5）图例五（图 2-66）

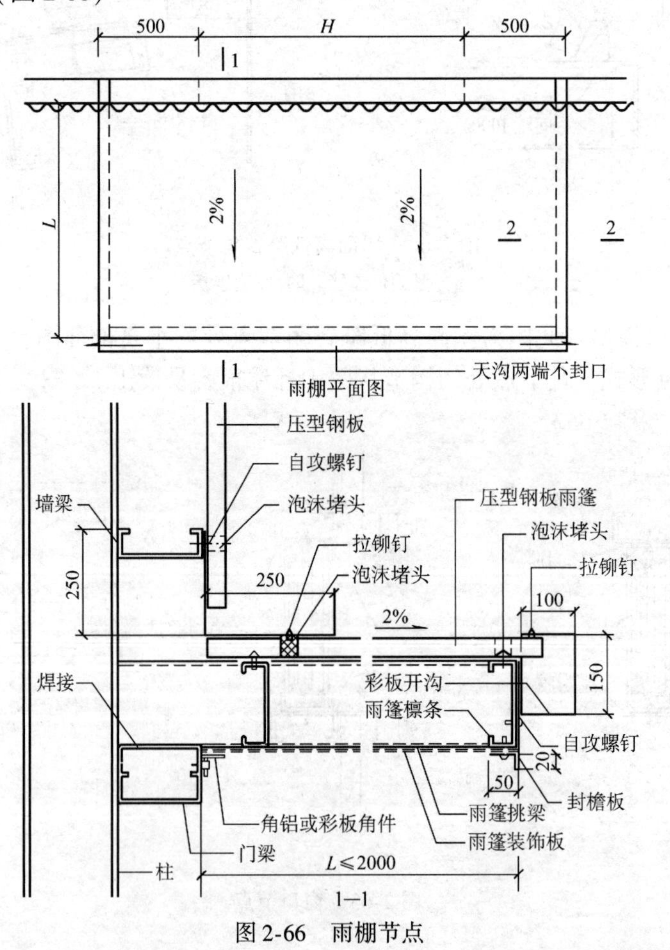

图 2-66　雨棚节点

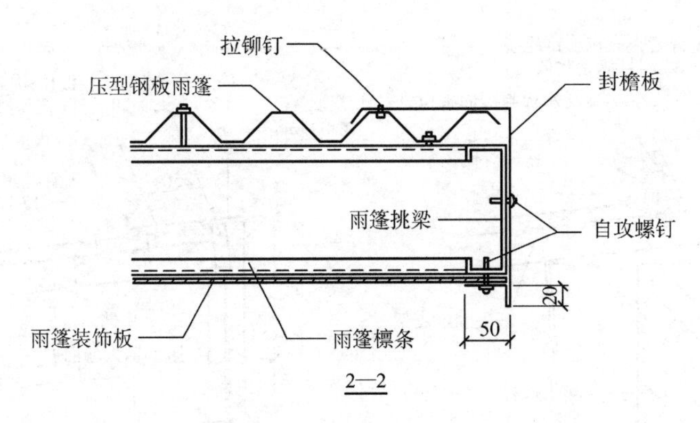

图 2-66　雨棚节点（续）

从图 2-66 中可读出：

1）雨棚的坡度为 2%，端部设有天沟，雨水可顺坡流向天沟进行排水。

2）从“1—1”剖面图中可知，雨棚挑梁与柱翼板通过焊接连为一体，雨棚挑出墙身不超过 2m，雨棚梁间加设雨棚檩条，檩条上部采用压型钢板封顶，雨棚端部下方设有封檐板，将雨水引至雨棚装饰板下方，避免污染雨棚装饰板。其他细部构造从图中标注很容易读出。

3）从“2—2”剖面图中可知，雨棚端部上方也设有封檐板，与雨棚顶面压型板通过拉铆钉固定，与端部檩条通过自攻螺钉固定，封檐板的作用主要是保证外观质量和避免雨水渗漏。

以下图例可参照上述识读方法和图中的详细标注来进行理解识读，在此不再一一讲述。

（6）图例六（图 2-67）

（7）图例七（图 2-68）

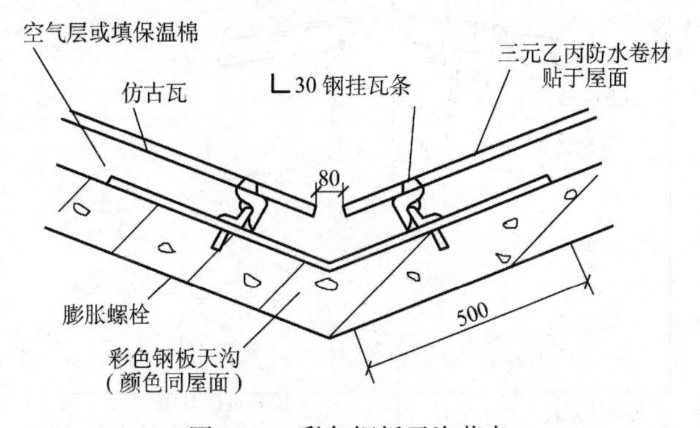

图 2-67　彩色钢板天沟节点

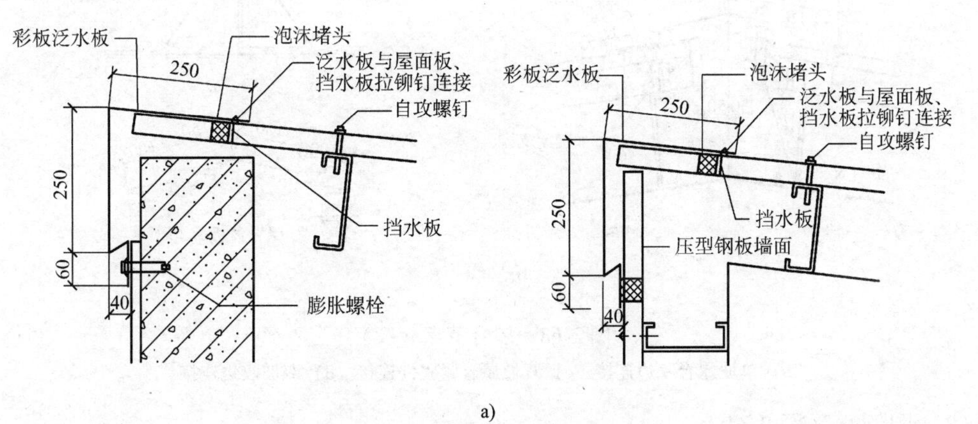

a)

图 2-68　屋脊节点

a）单坡屋脊紧固件连接

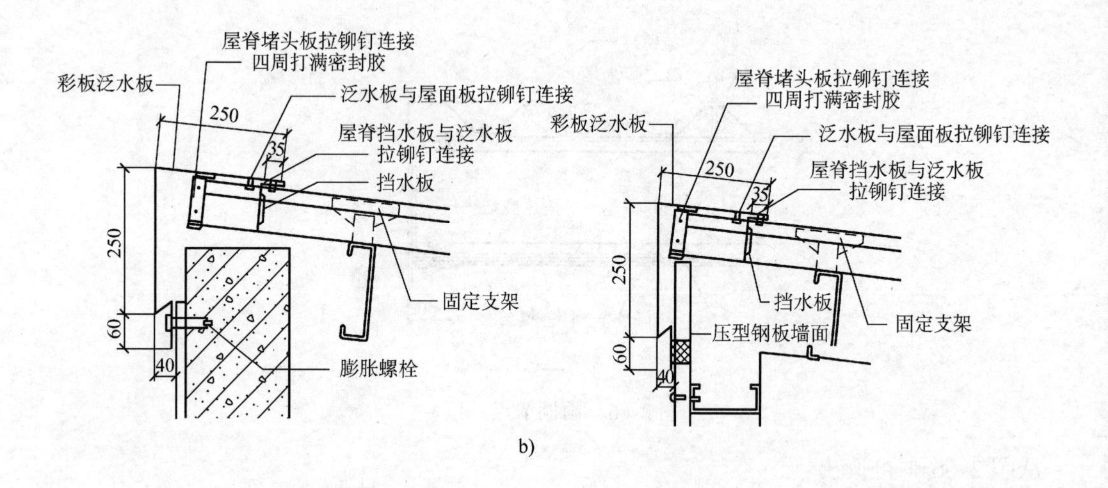

b)

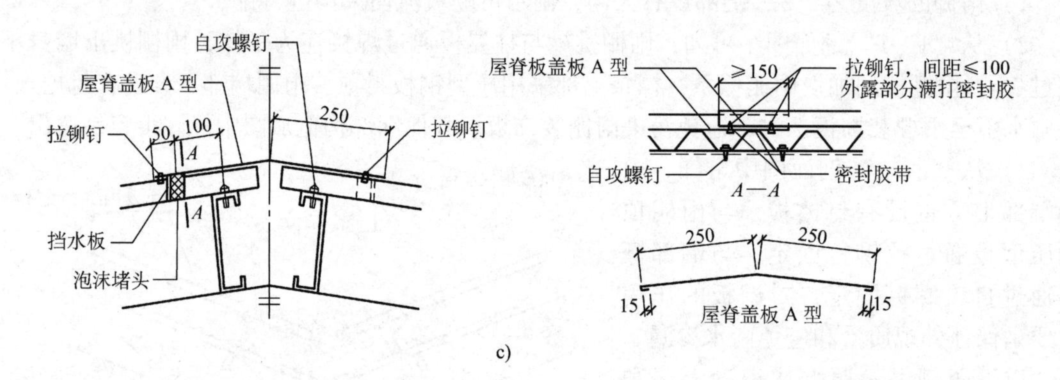

c)

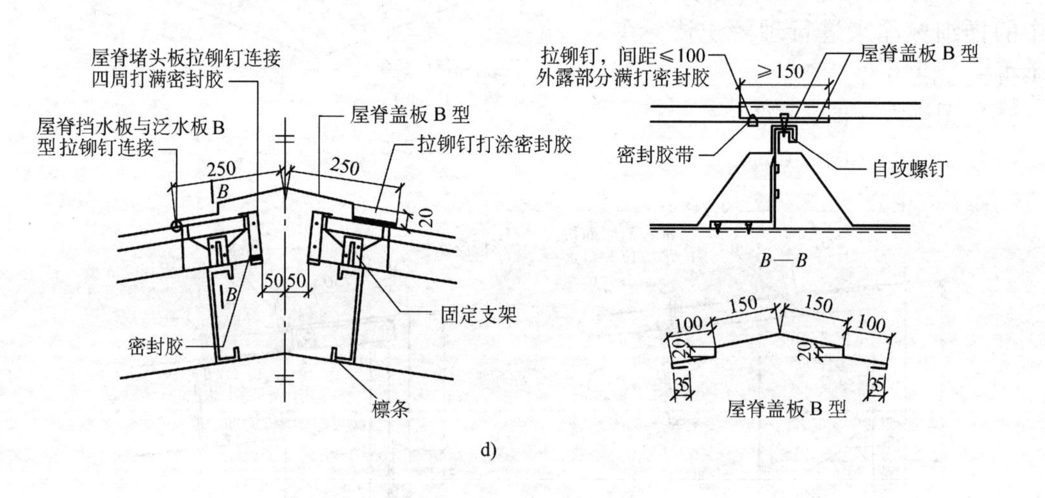

d)

图 2-68　屋脊节点（续）

b）单坡屋脊咬边连接　c）双坡屋脊紧固件连接　d）双坡咬边连接

（8）图例八（图 2-69）

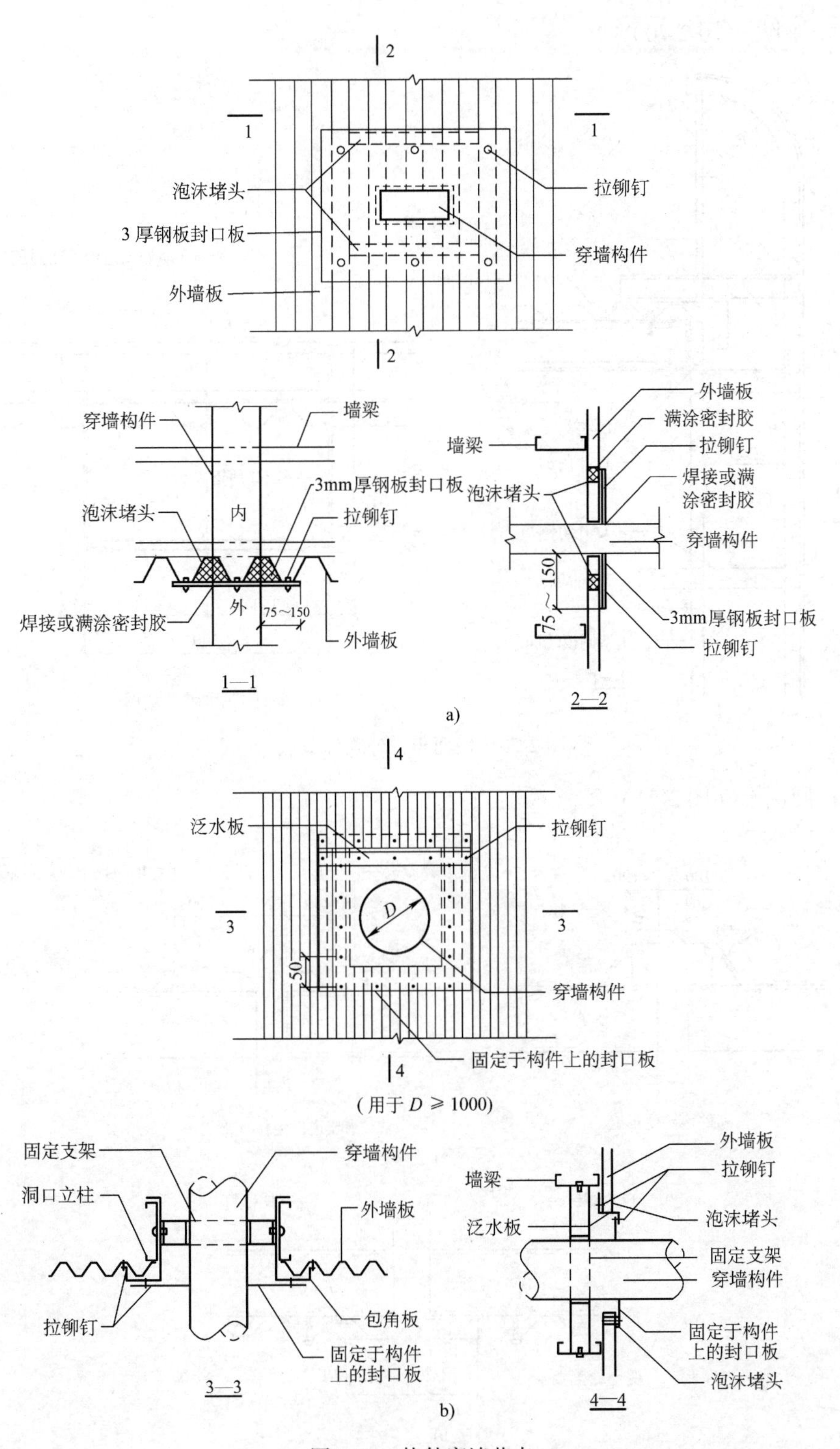

图 2-69 构件穿墙节点

a）构件穿墙做法一 b）构件穿墙做法二

(9) 图例九(图2-70)

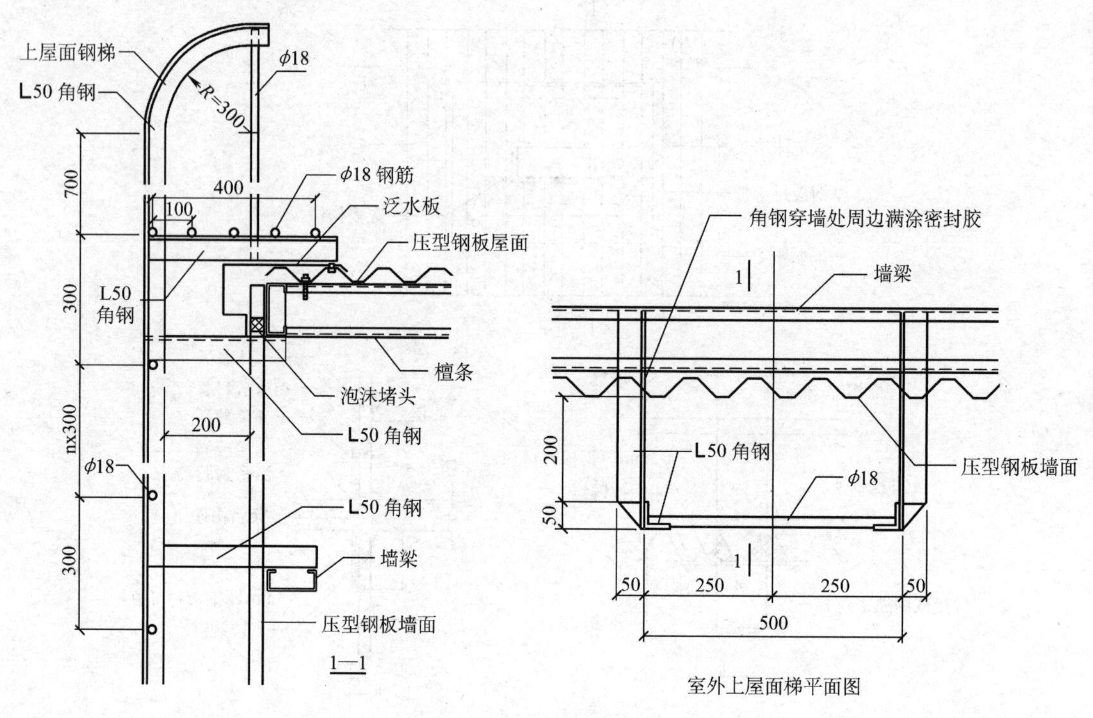

图2-70 墙面与室外爬梯节点

(10) 图例十(图2-71)

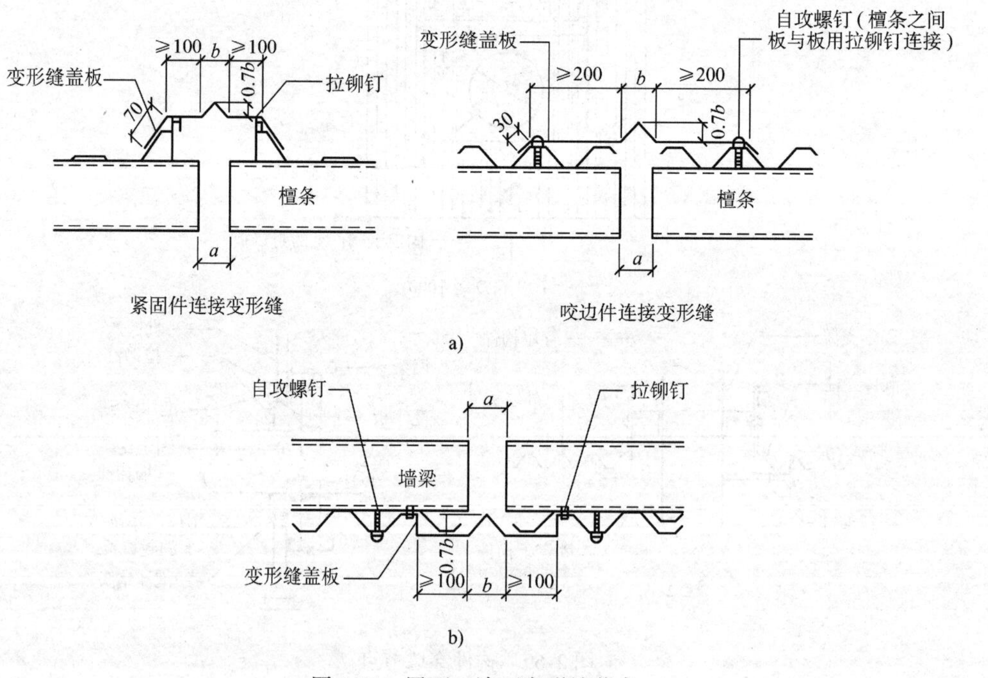

图2-71 屋面、墙面变形缝节点

a) 屋面 b) 墙面

（11）图例十一（图 2-72）

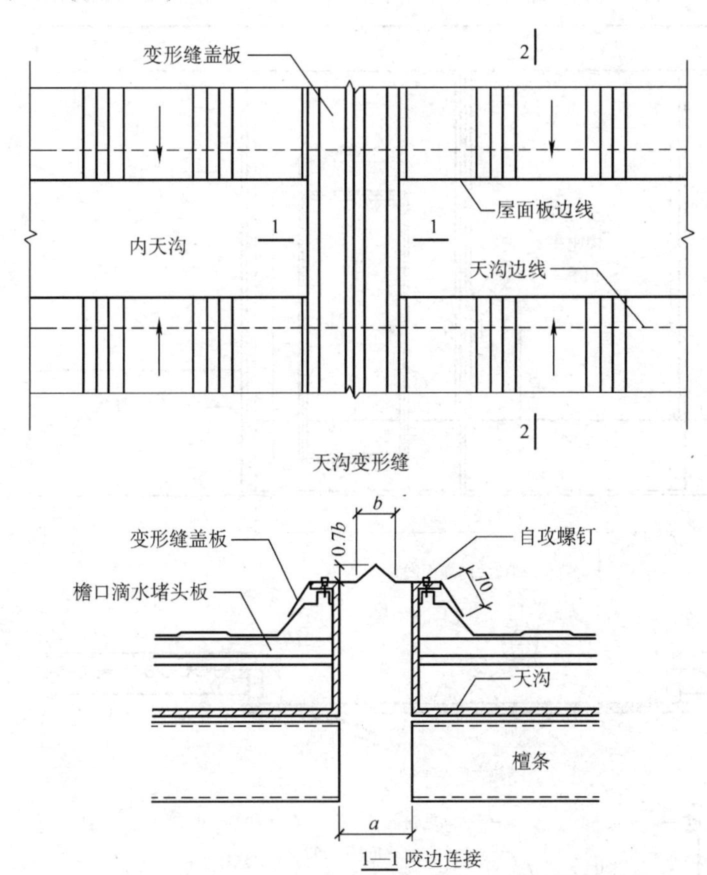

天沟变形缝

1—1 咬边连接

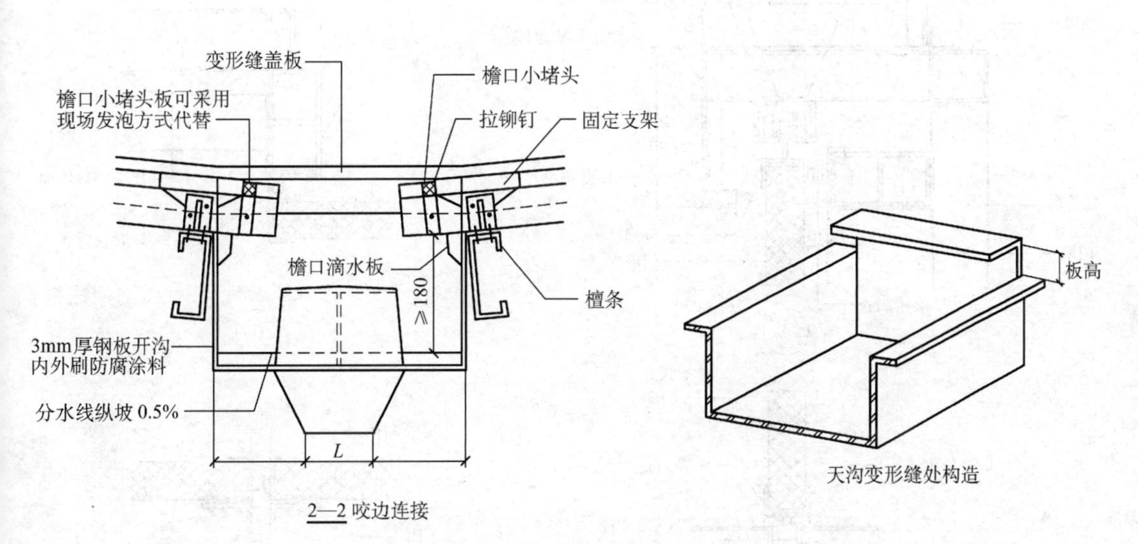

2—2 咬边连接

天沟变形缝处构造

图 2-72　天沟变形缝节点

注：1. a 为变形缝宽度，a、b 尺寸按工程设计。

2. 天沟宽度 L 按工程设计。

（12）图例十二（图 2-73）

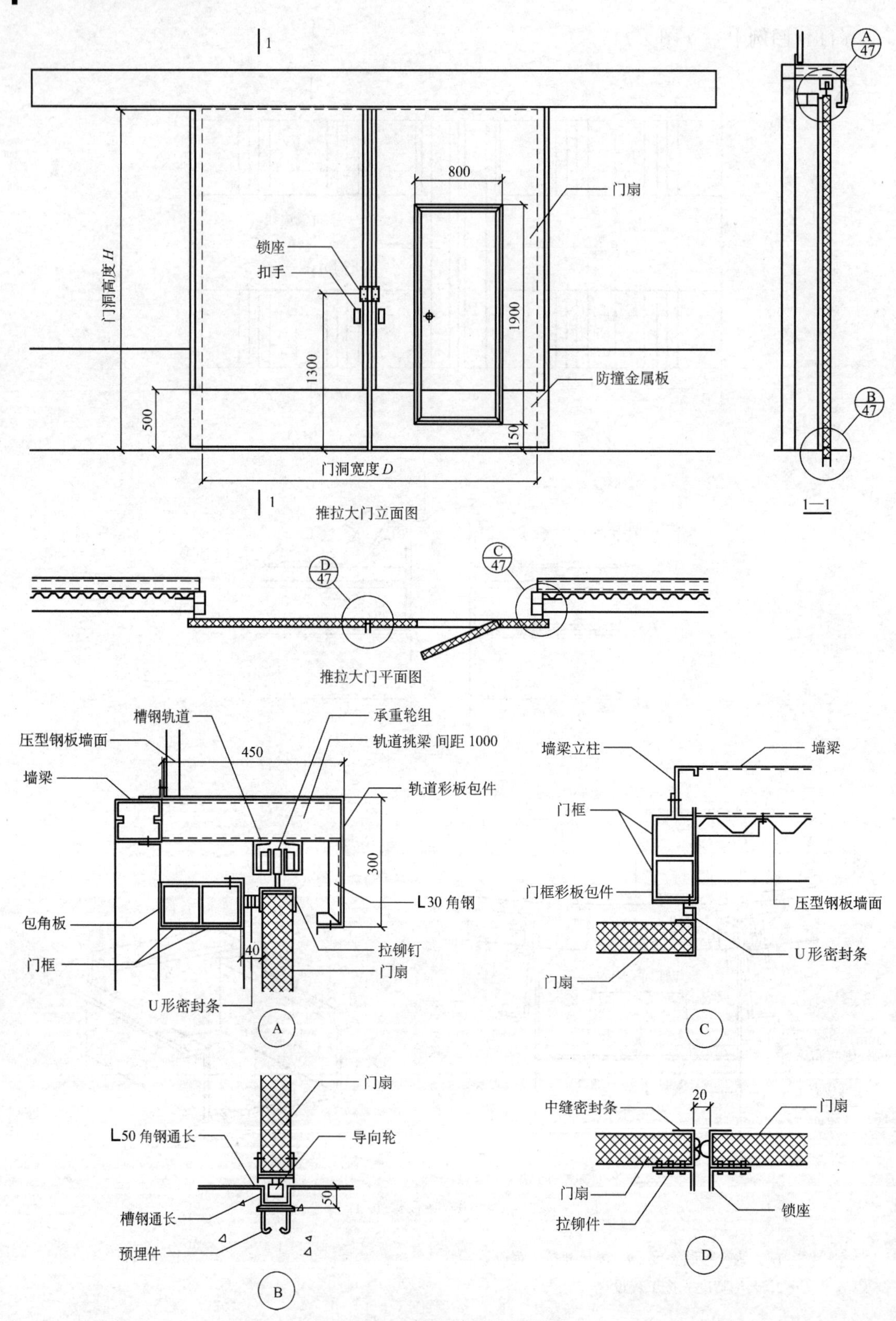

图 2-73　墙体外推拉门详图

(13) 图例十三（图 2-74）

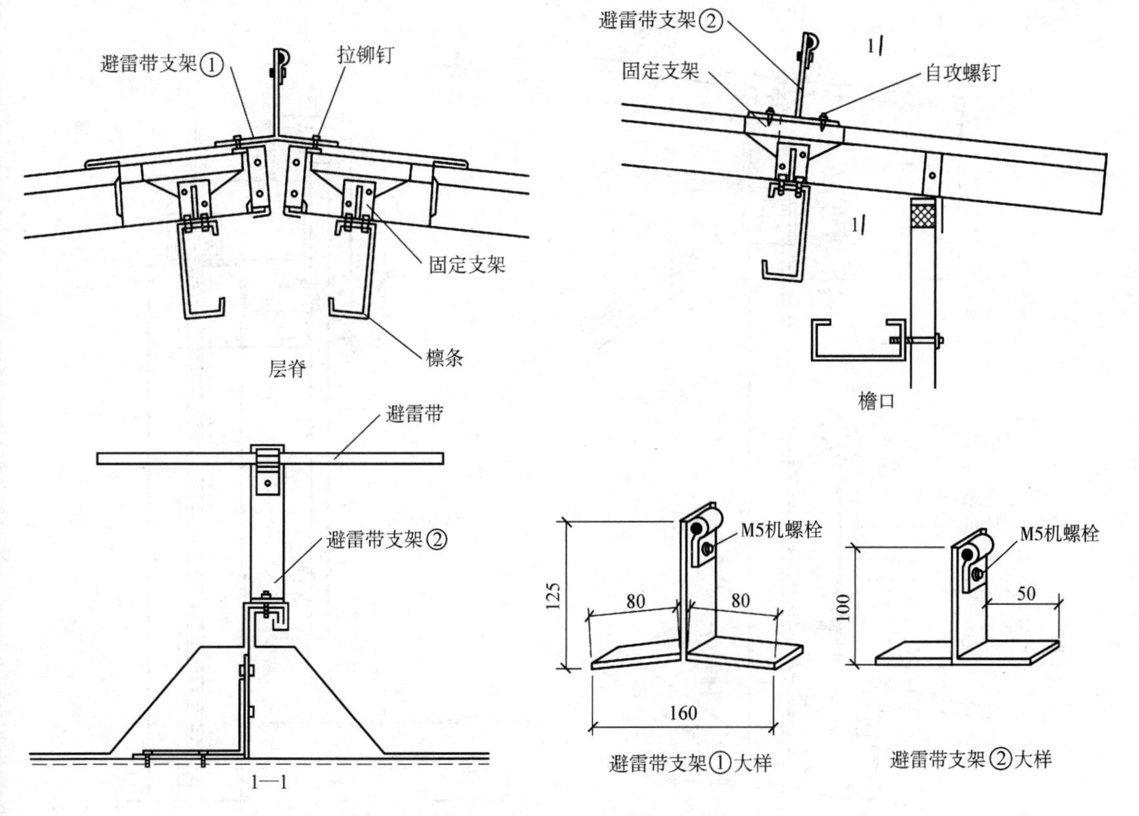

图 2-74　屋面避雷带节点

(14) 图例十四（图 2-75）

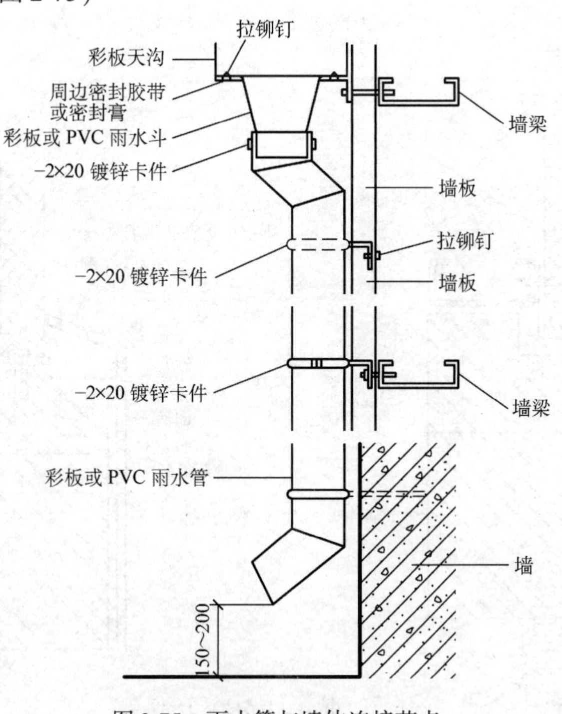

图 2-75　雨水管与墙体连接节点

(15) 图例十五（图 2-76）

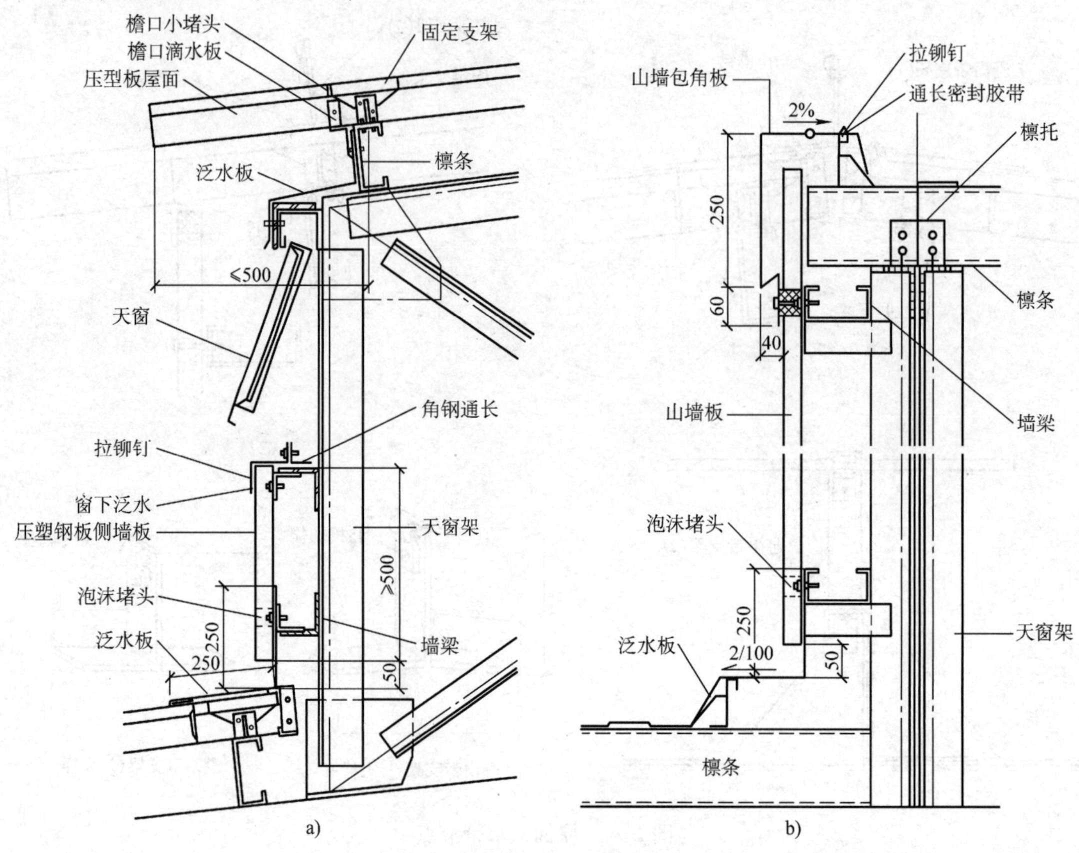

图 2-76　屋面天窗檐口节点

a）天窗檐口　b）天窗端壁

2. 保温夹芯板节点

(1) 图例一（图 2-77）

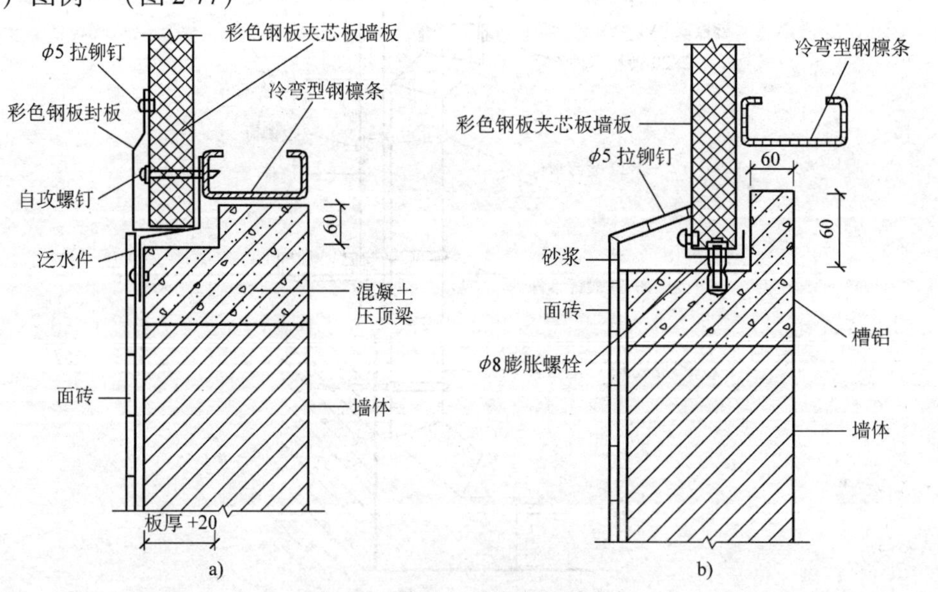

图 2-77　墙板与砖墙连接节点

（2）图例二（图2-78）

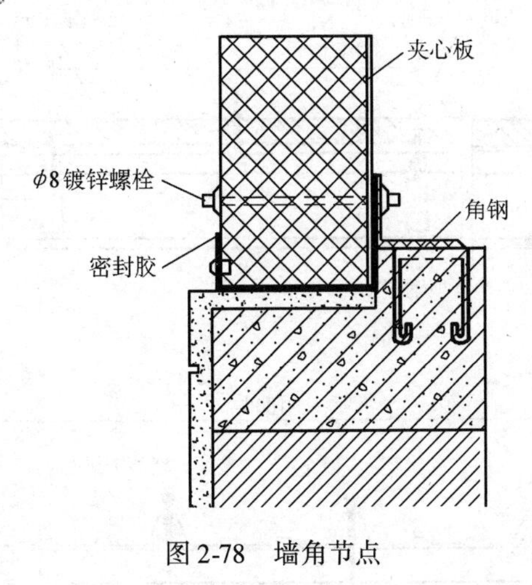

图2-78　墙角节点

（3）图例三（图2-79）

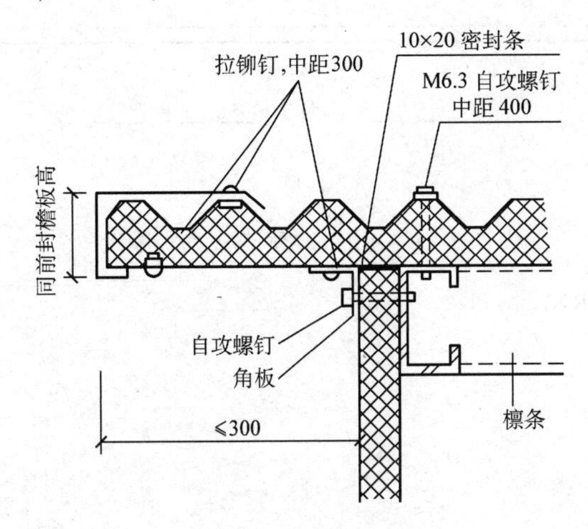

图2-79　山墙挑檐节点

（4）图例四（图2-80）

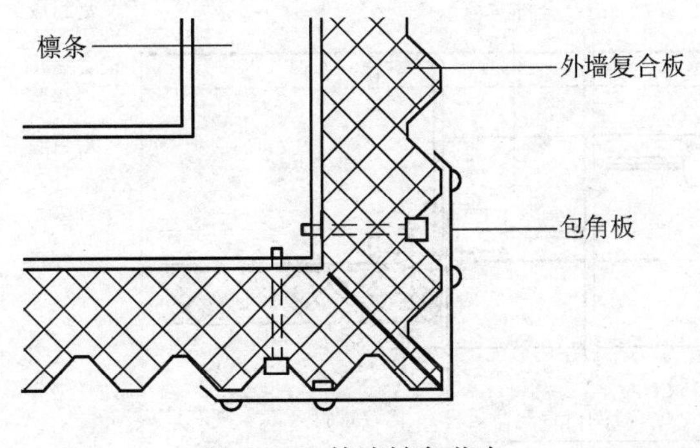

图2-80　外墙转角节点

（5）图例五（图2-81）

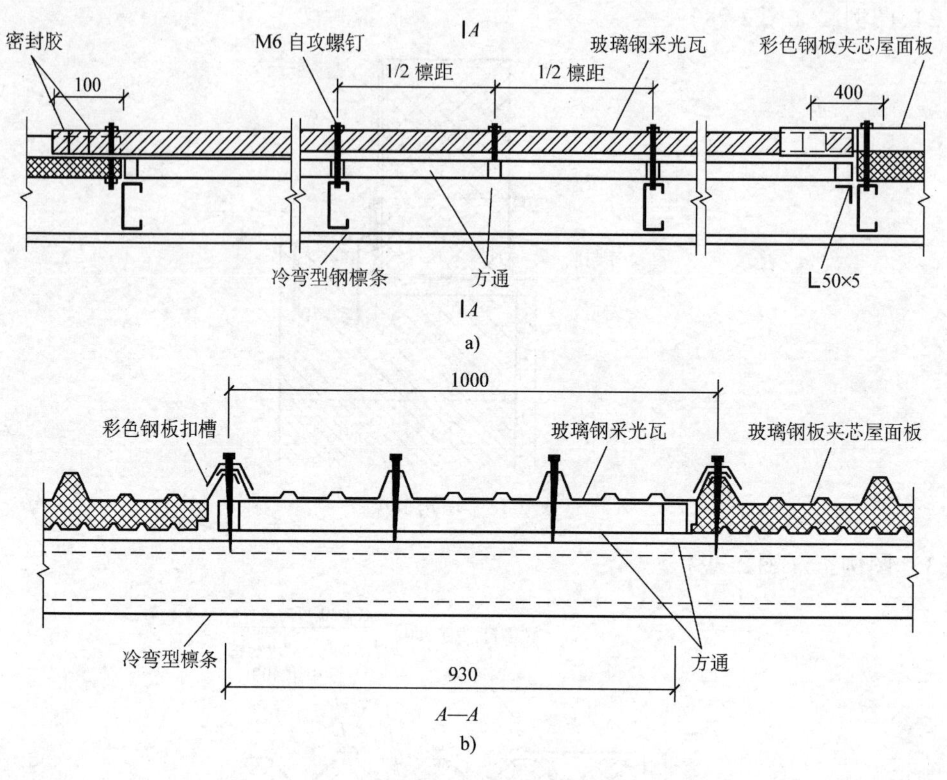

图 2-81　屋面采光瓦与屋面板节点

（6）图例六（图 2-82）

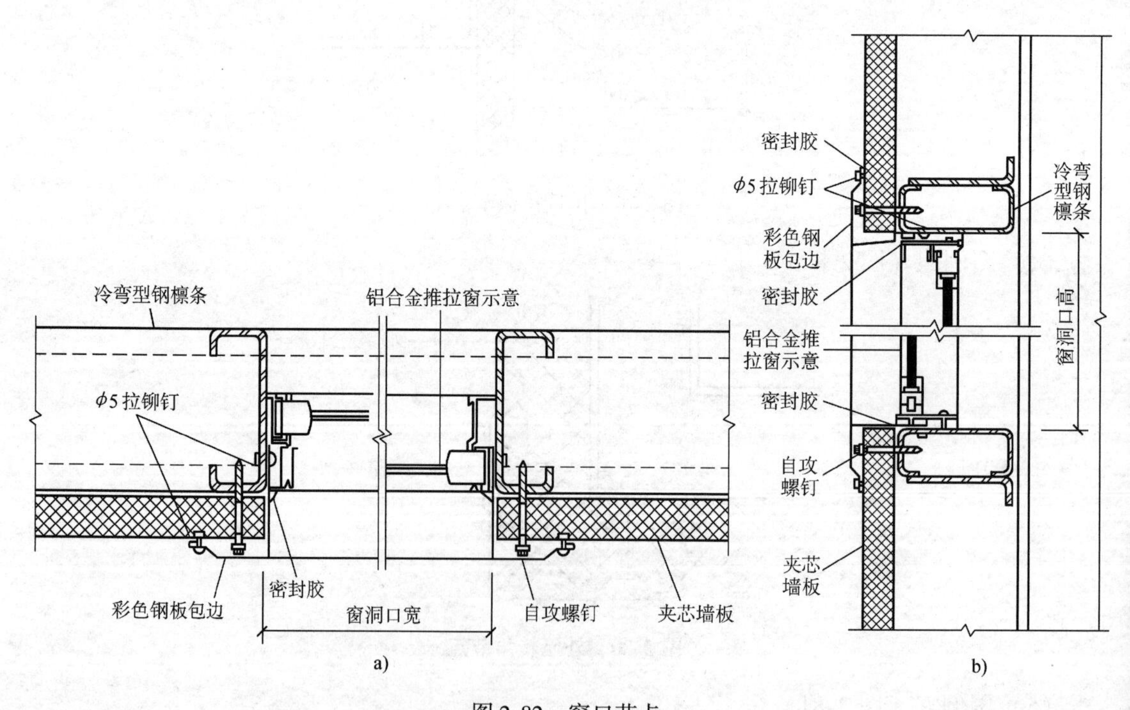

图 2-82　窗口节点

a）窗口水平　b）窗口上下

(7) 图例七（图 2-83）

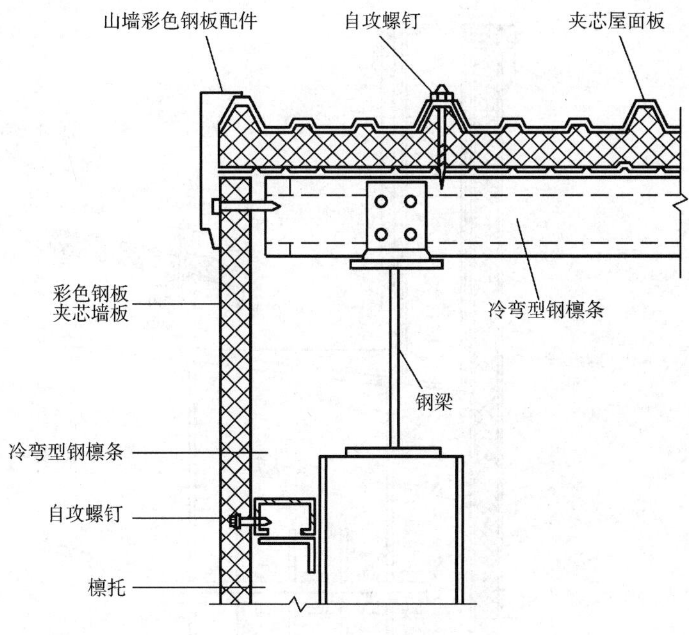

图 2-83　山墙檐口节点

(8) 图例八（图 2-84）

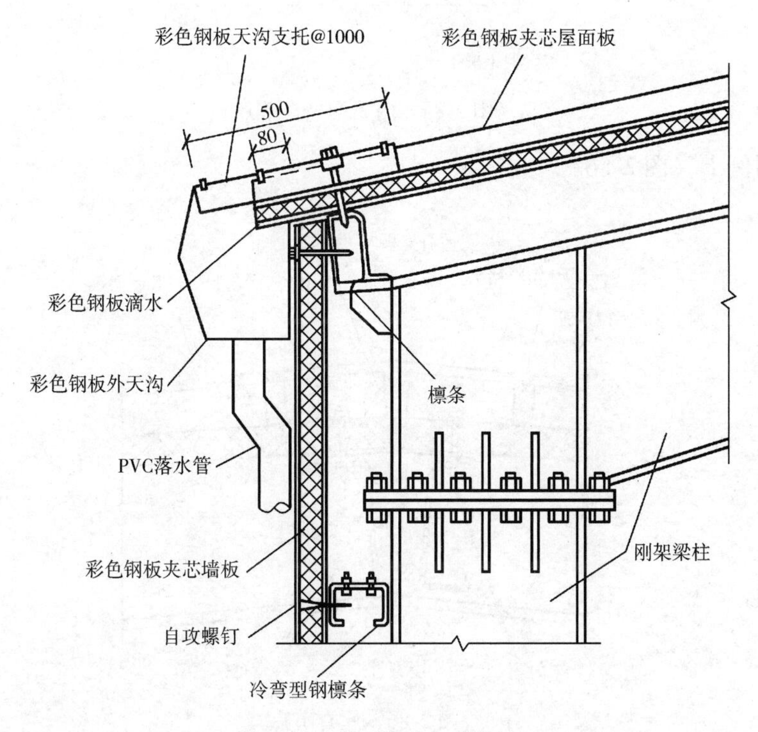

图 2-84　外天沟檐口节点

（9）图例九（图2-85）

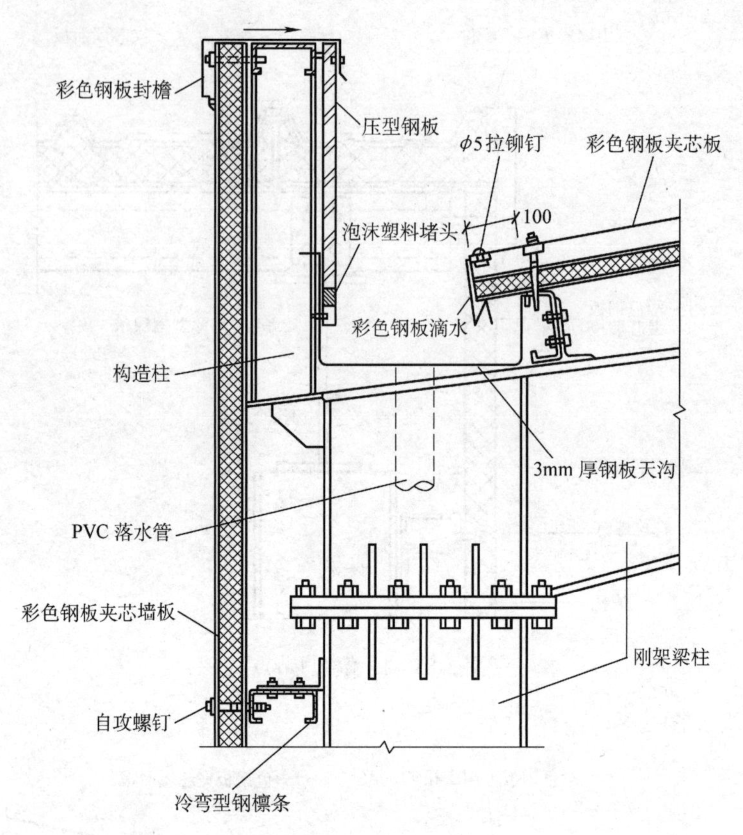

图2-85　内天沟檐口节点

（10）图例十（图2-86）

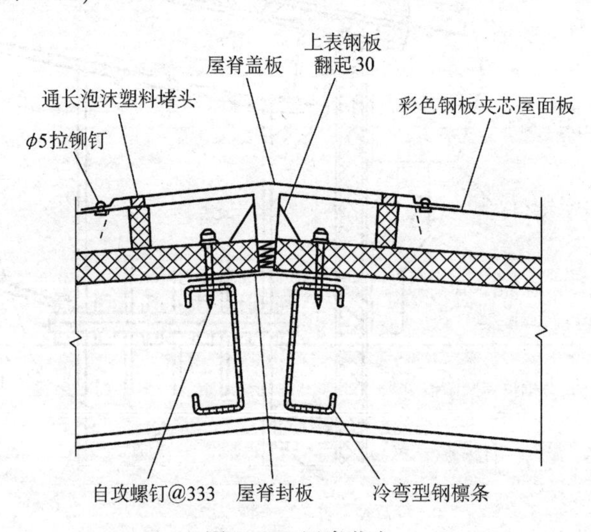

图2-86　屋脊节点

（11）图例十一（图 2-87）

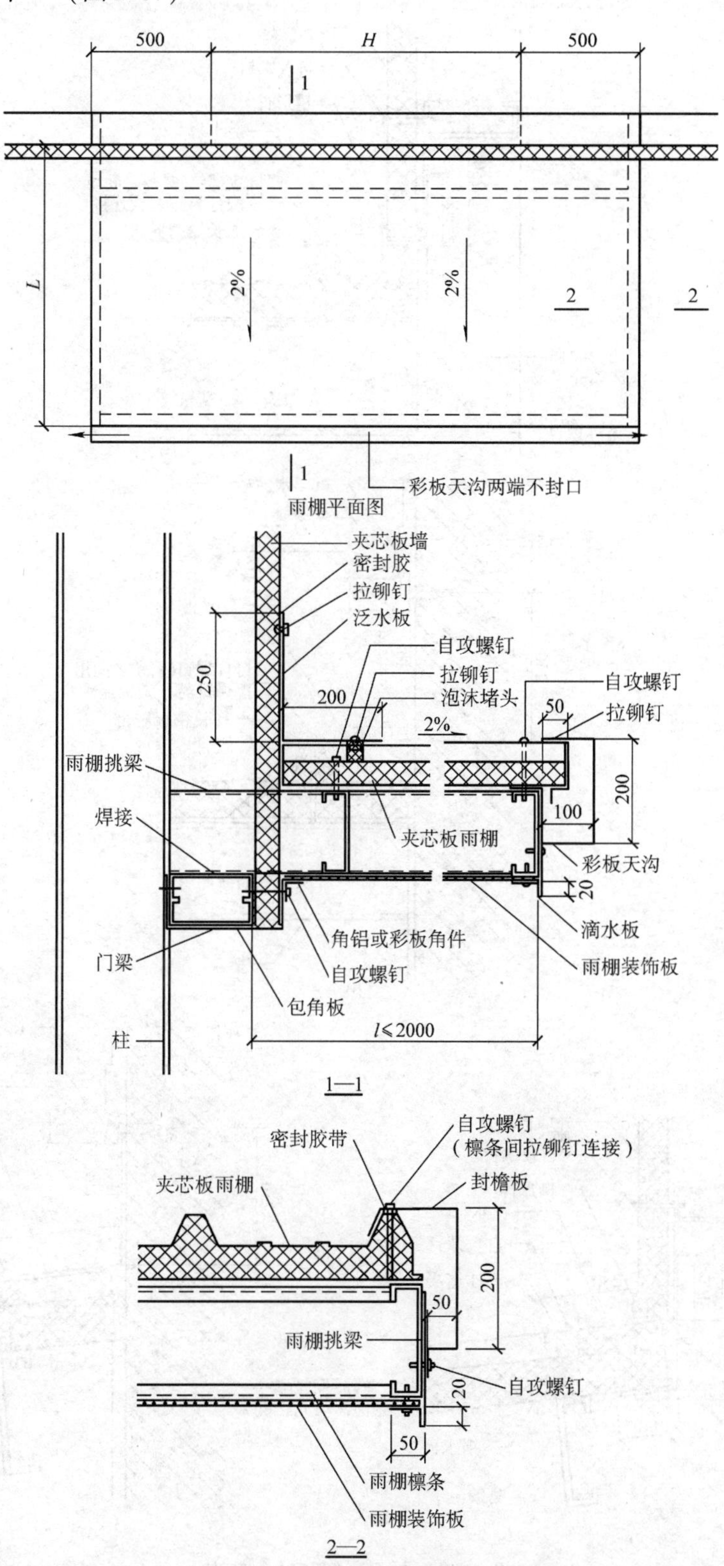

图 2-87　夹芯板雨棚节点

（12）图例十二（图 2-88）

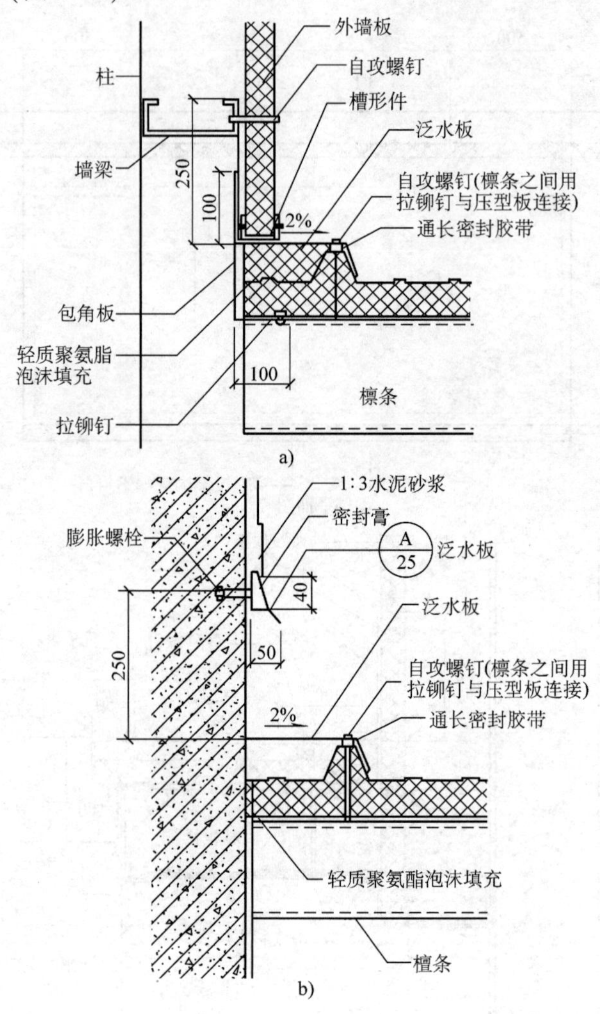

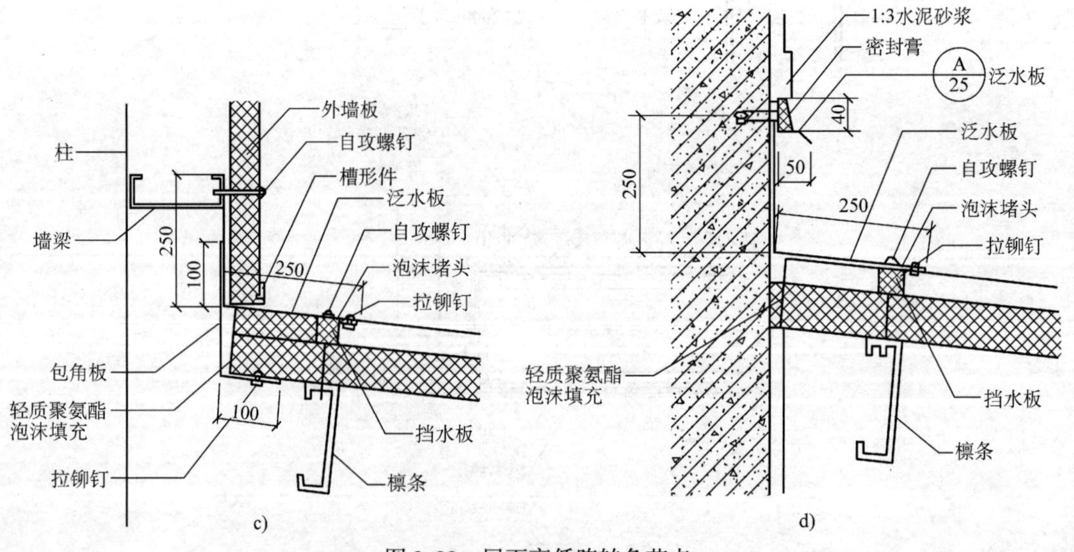

图 2-88　屋面高低跨转角节点

（13）图例十三（图2-89）

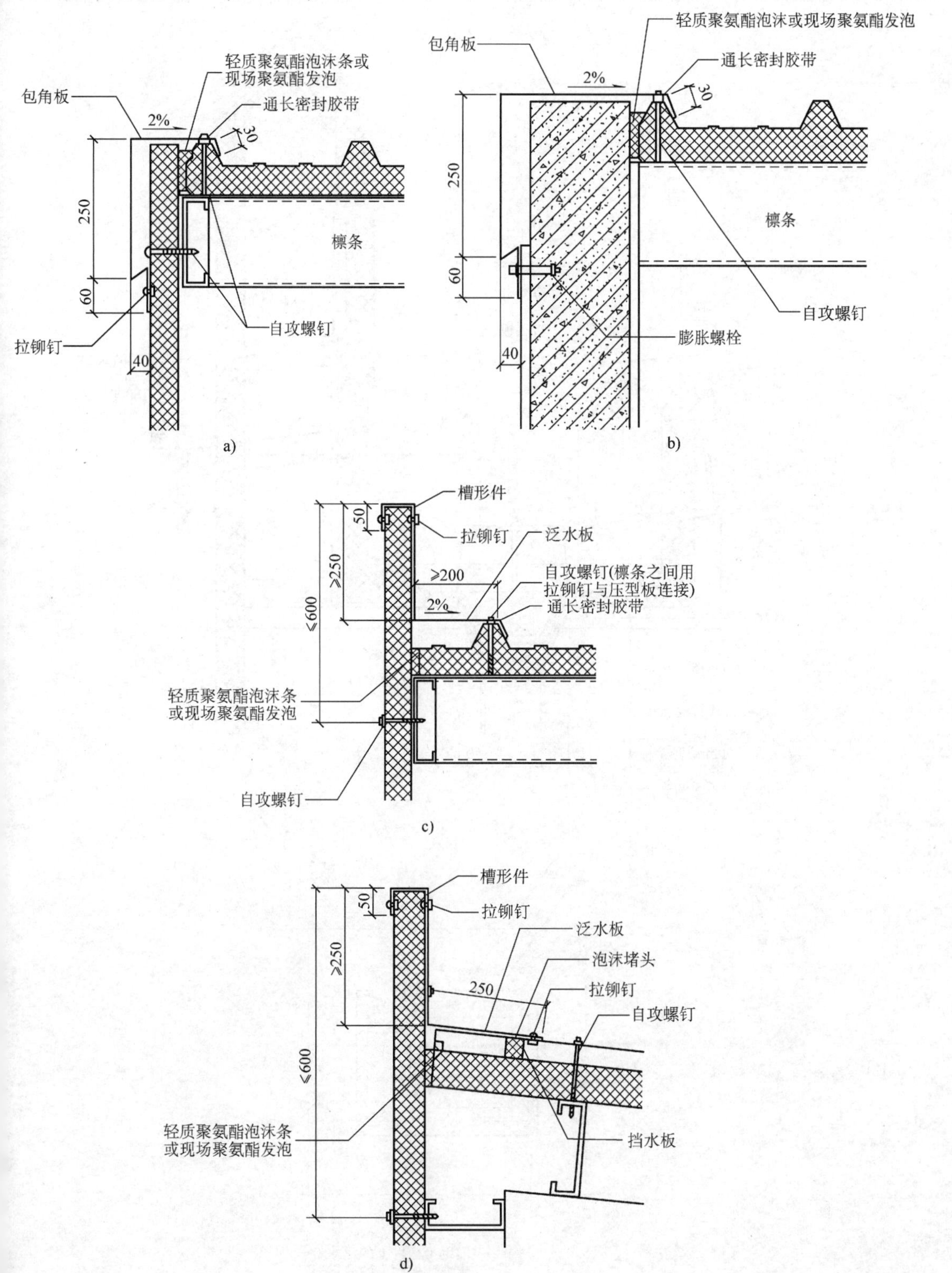

图2-89　屋面与山墙女儿墙节点

(14) 图例十四(图 2-90)

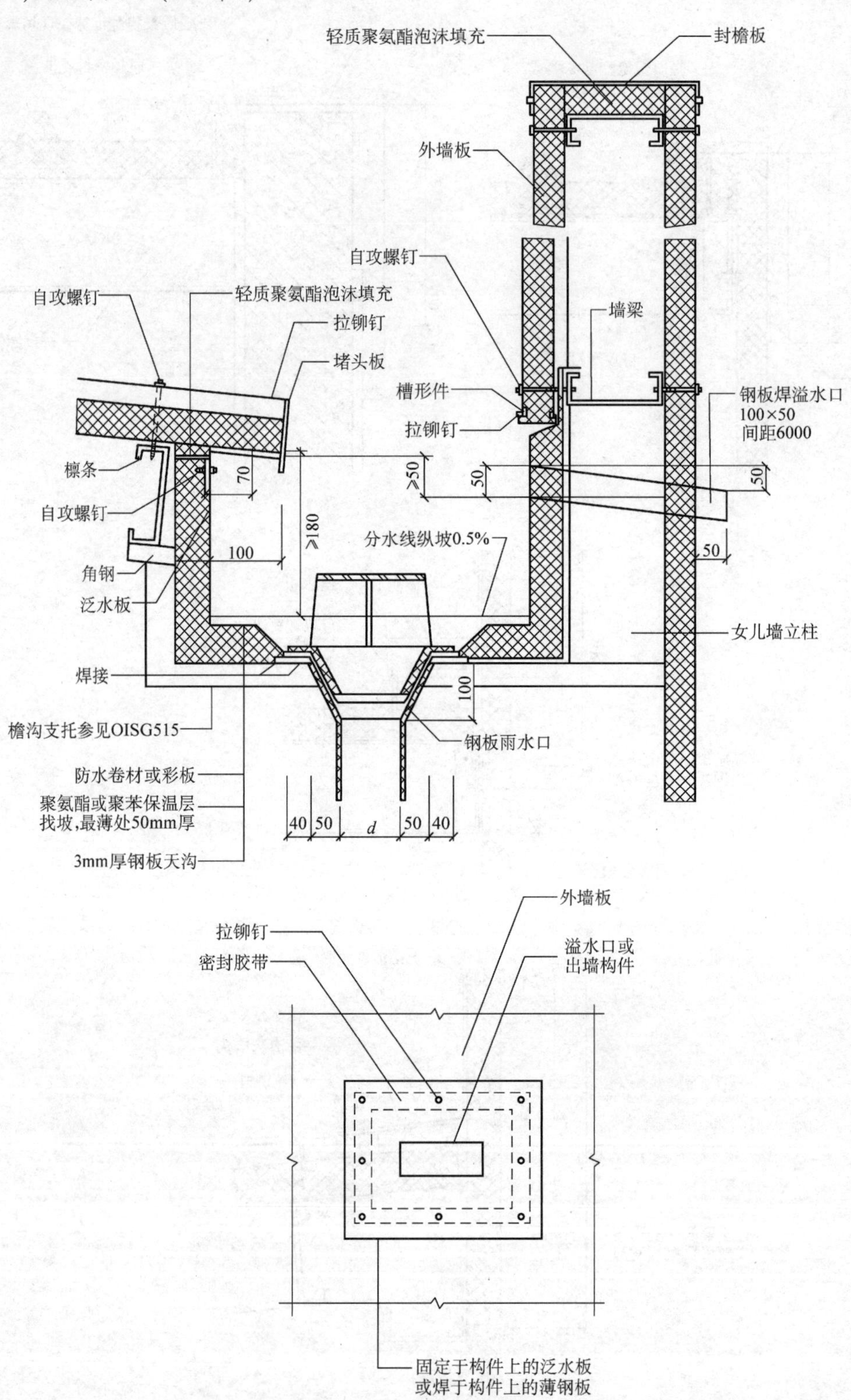

图 2-90　女儿墙与内天沟节点

（15）图例十五（图2-91）

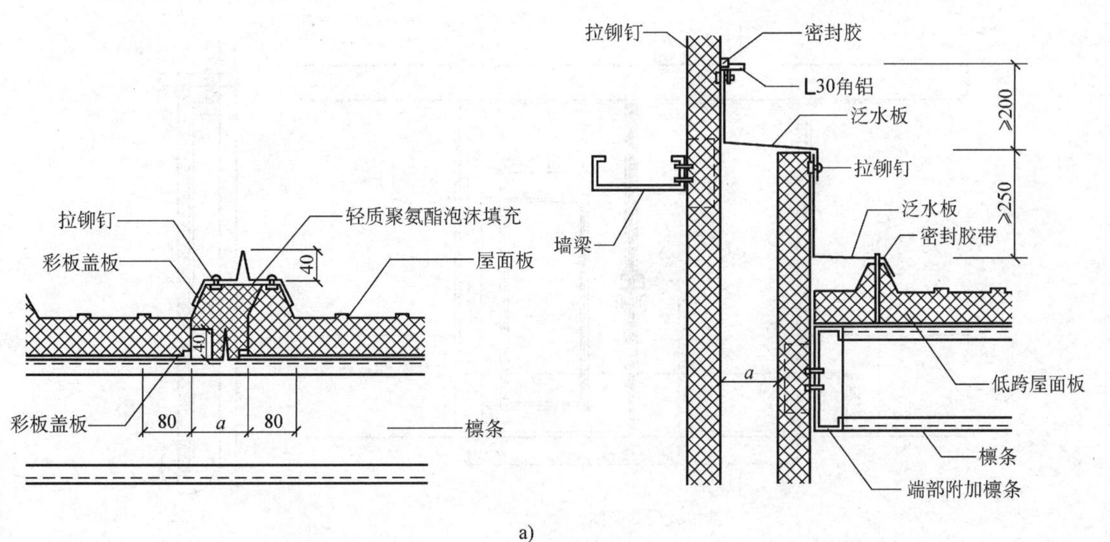

a)

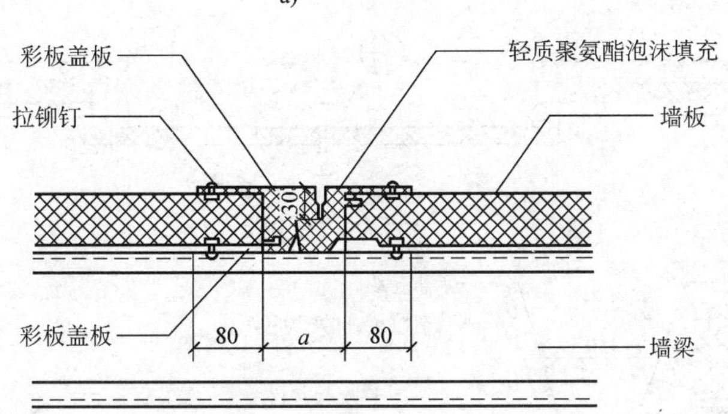

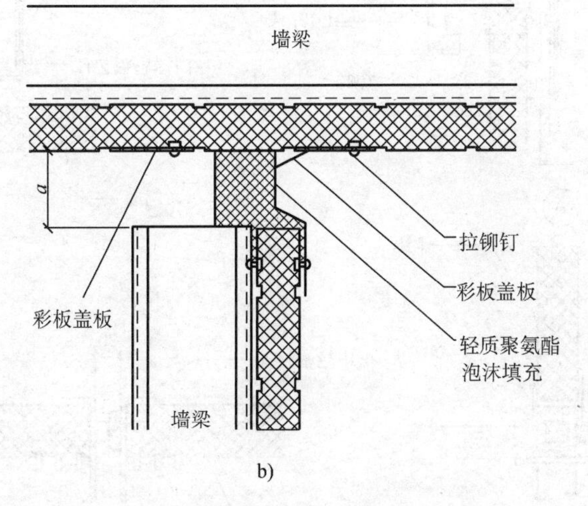

b)

图2-91 屋面、墙面变形缝节点
a）屋面 b）墙面

(16) 图例十六 (图 2-92)

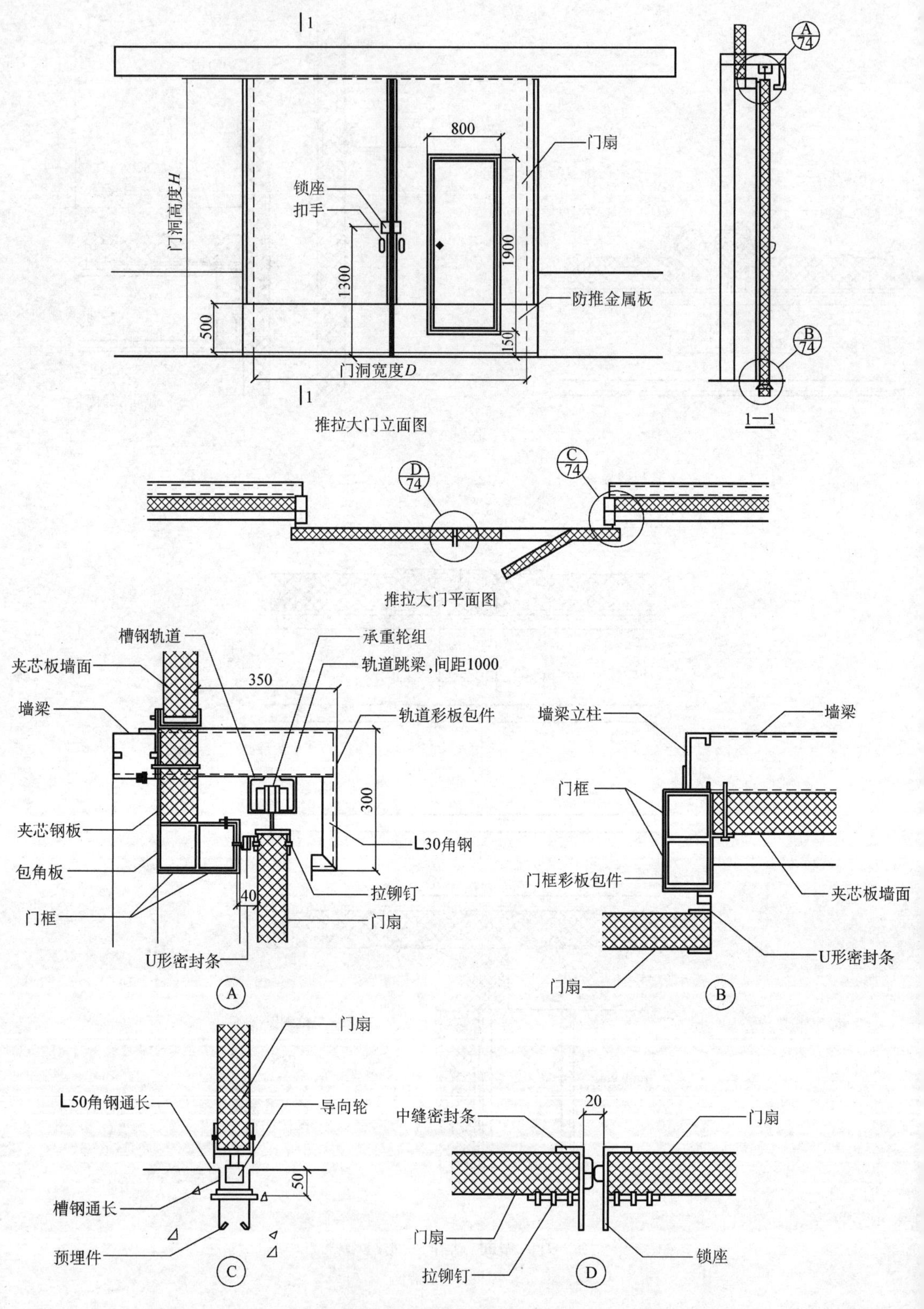

图 2-92 墙体外推拉门节点

（17）图例十七（图 2-93）

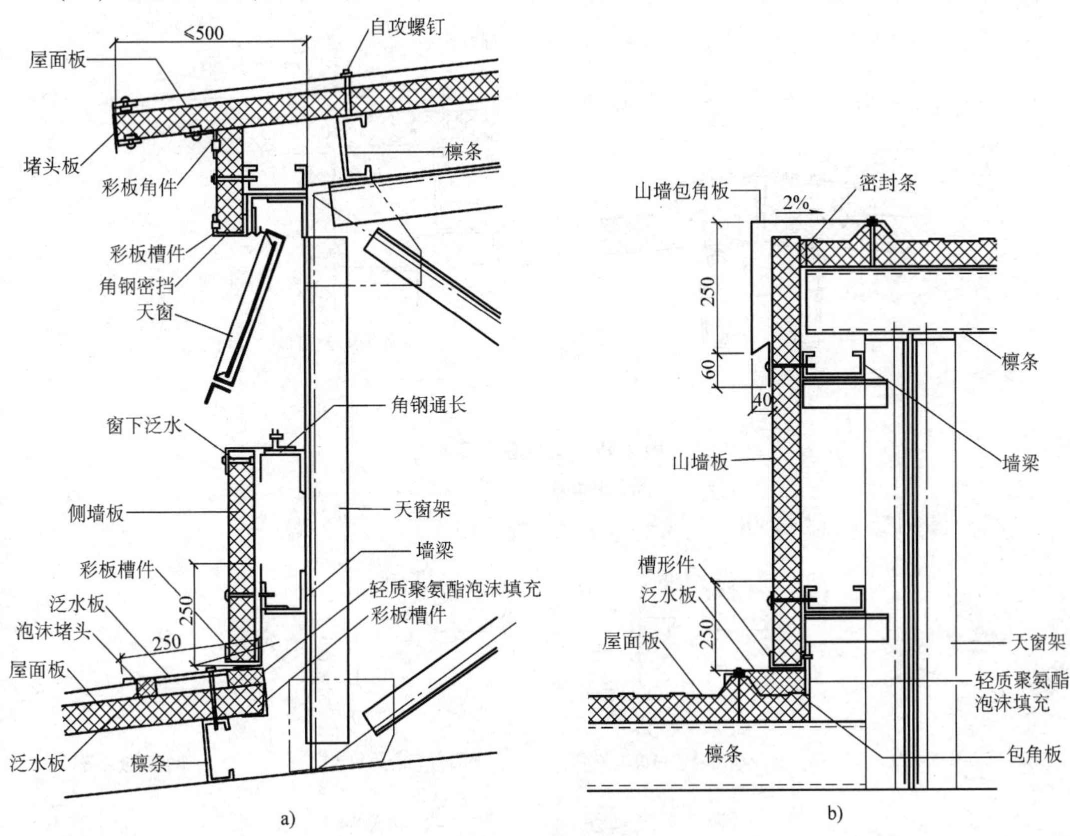

图 2-93　屋面天窗檐口节点

a）天窗檐口　b）天窗端壁

（18）图例十八（图 2-94）

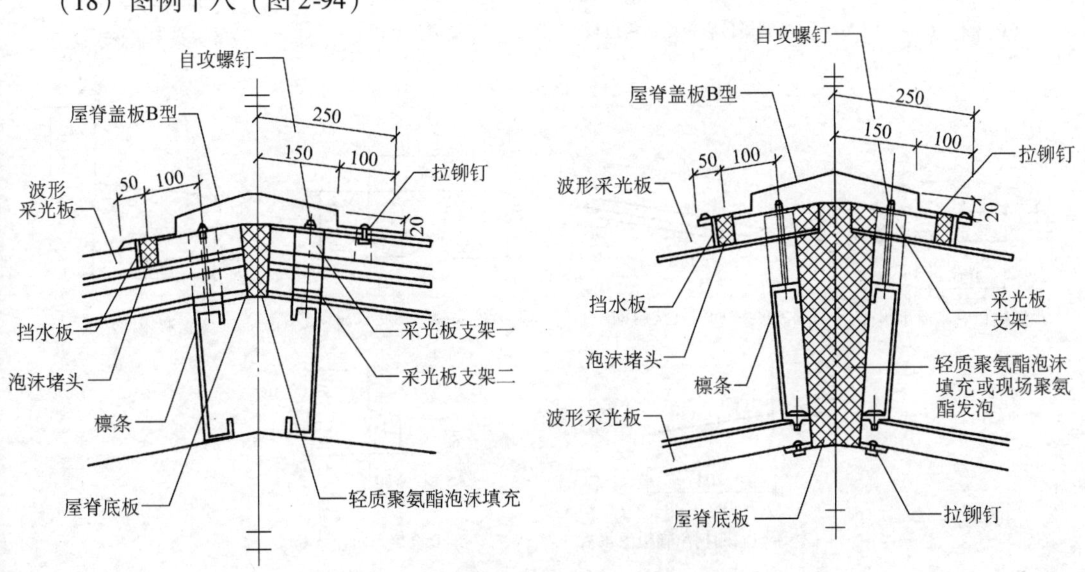

图 2-94　屋面波形采光板屋脊节点

（19）图例十九（图 2-95）

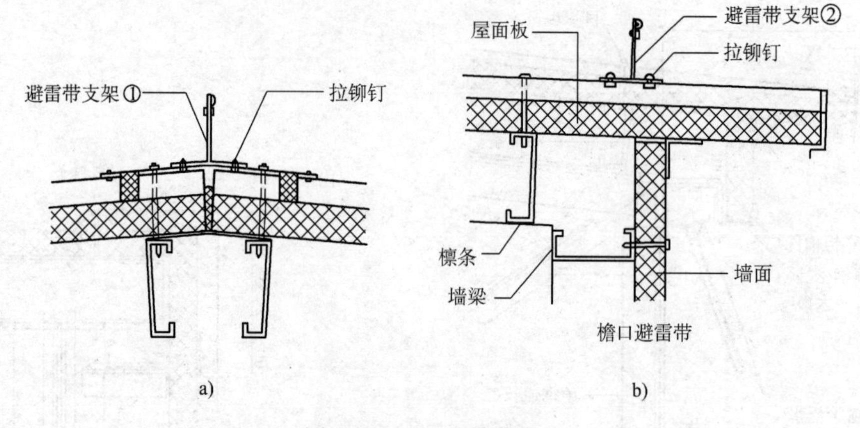

图 2-95　屋面避雷带节点

a）屋脊避雷带　b）檐口避雷带

（20）图例二十（图 2-96）

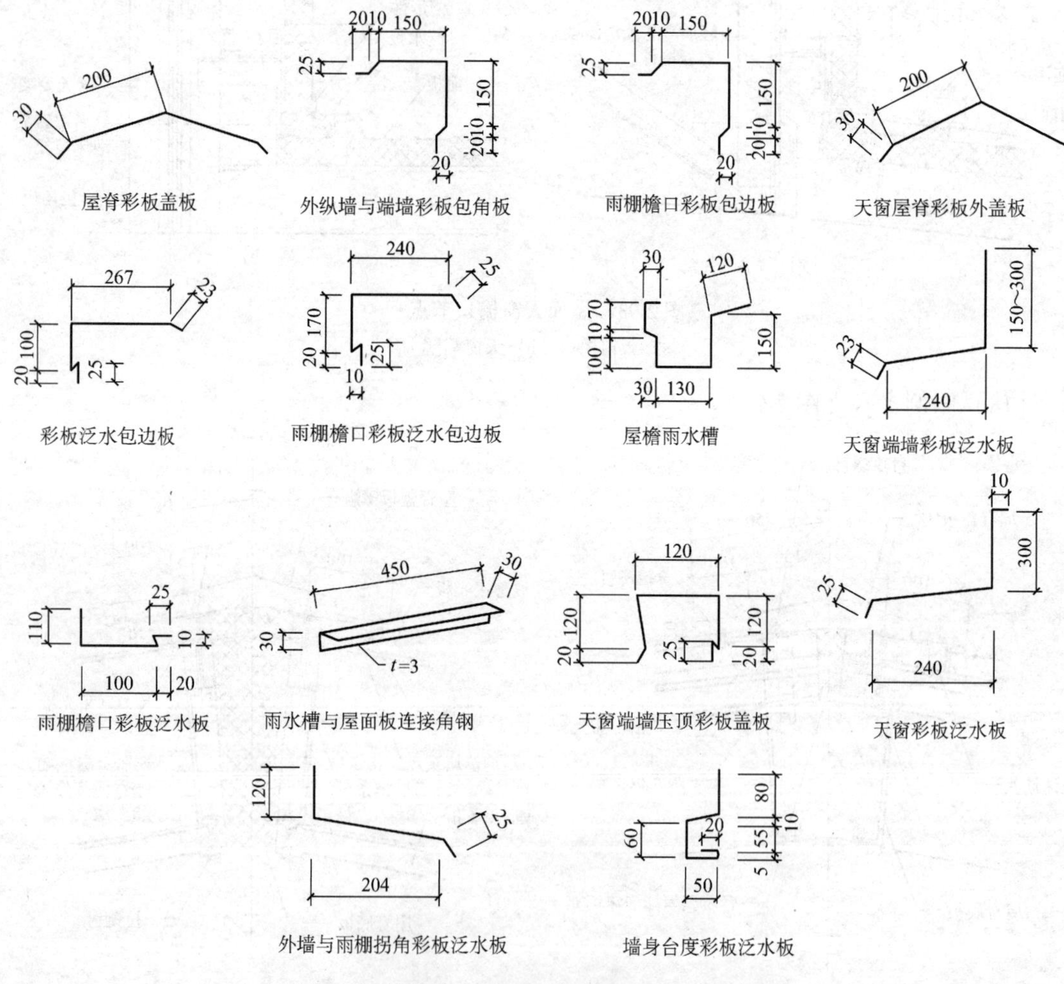

图 2-96　压条板、封边板、包角板、泛水板示意图

注：包角板、压条板、泛水板宜采用平板彩色钢板折叠形成。

第六节　辅助构件详图

钢结构施工图常见辅助构件一般包括钢梯、钢天窗架、车挡、吊车梁走道板等，下面逐一进行介绍。

一、钢梯

钢梯一般可分为普通钢梯、起重机钢梯、屋面检修梯和螺旋钢梯等，下面结合图集针对常用的普通钢梯、起重机钢梯、屋面检修梯进行介绍。

（一）普通钢梯

普通钢梯（包括直钢梯和斜钢梯）按坡度可分为90°、73°、59°、45°、35.5°五种梯型，也可分别表示为1∶0、1∶0.3、1∶0.6、1∶1、1∶1.4，下面仅介绍坡度为90°（1∶0）和45°（1∶1）梯型，其他坡度的梯型识读与此类同。

1. 图例一（图2-97）

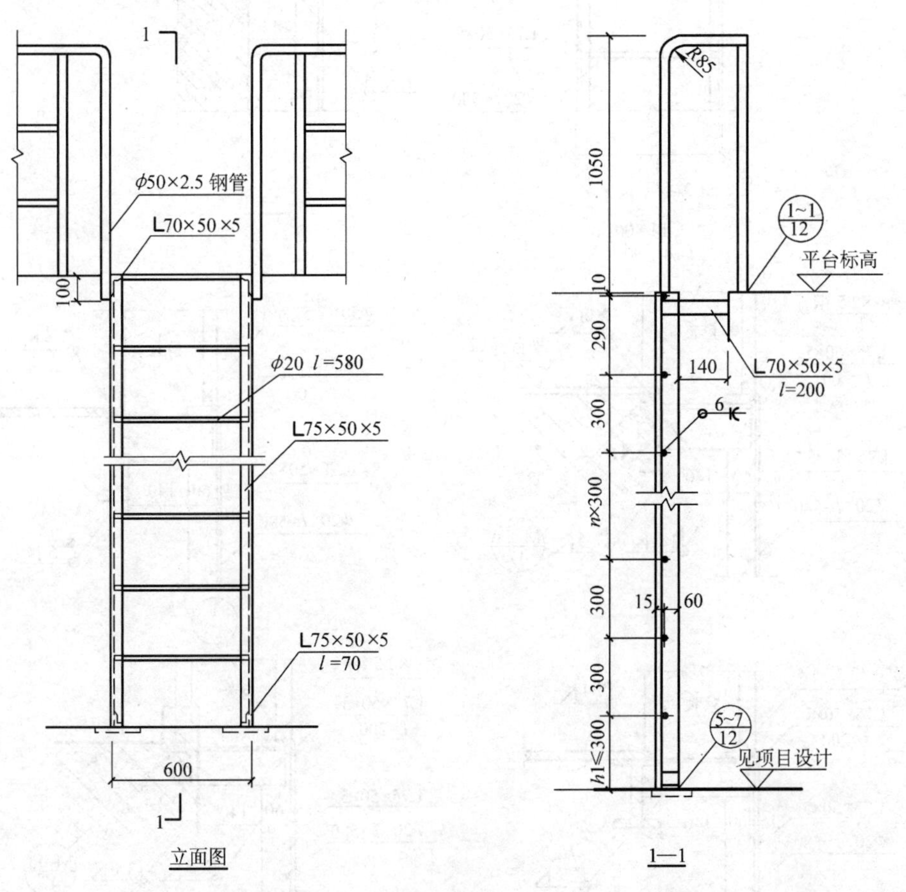

图2-97　坡度为90°梯型（直钢梯）

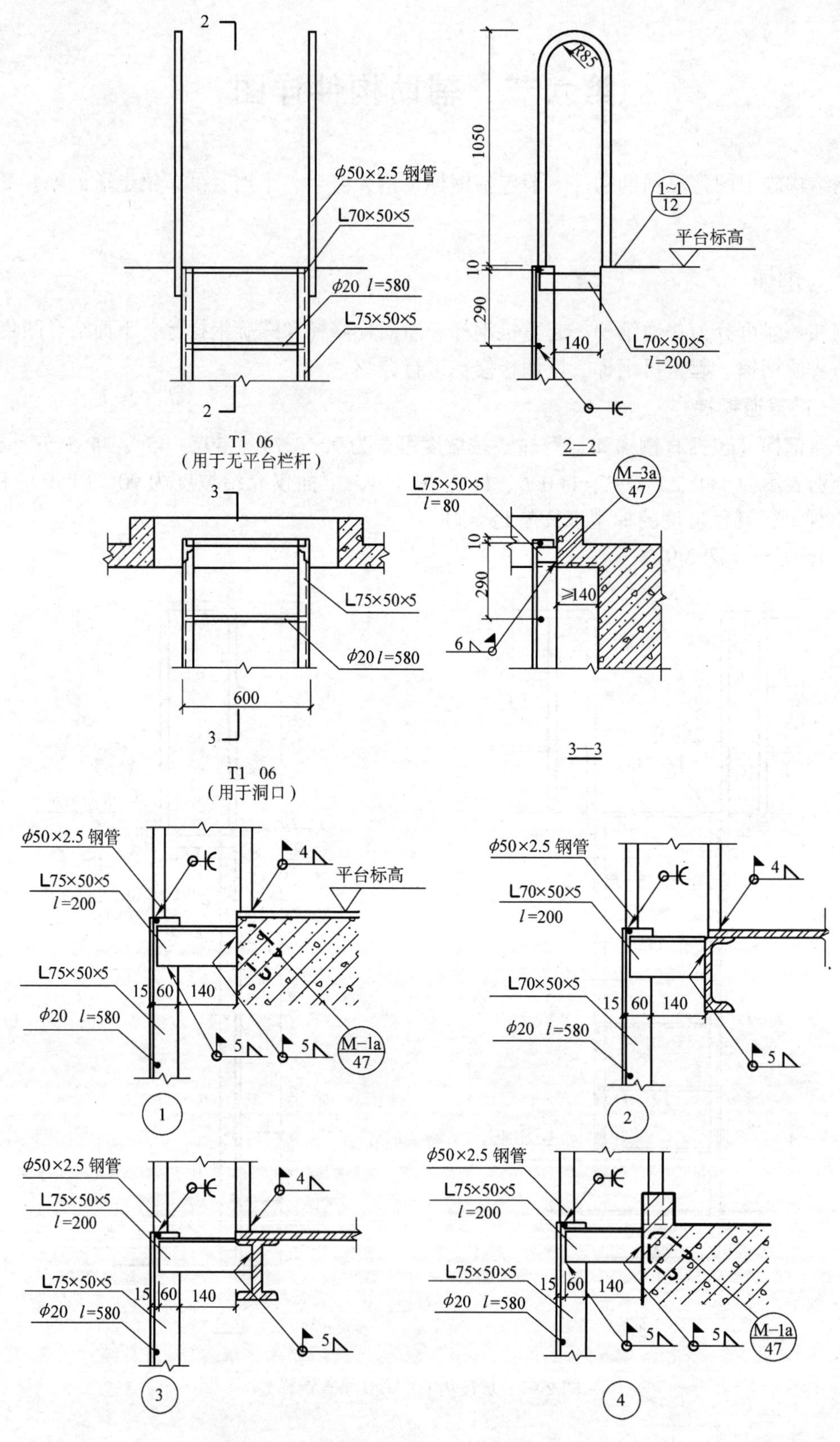

图 2-97　坡度为 90°梯型（直钢梯）（续一）

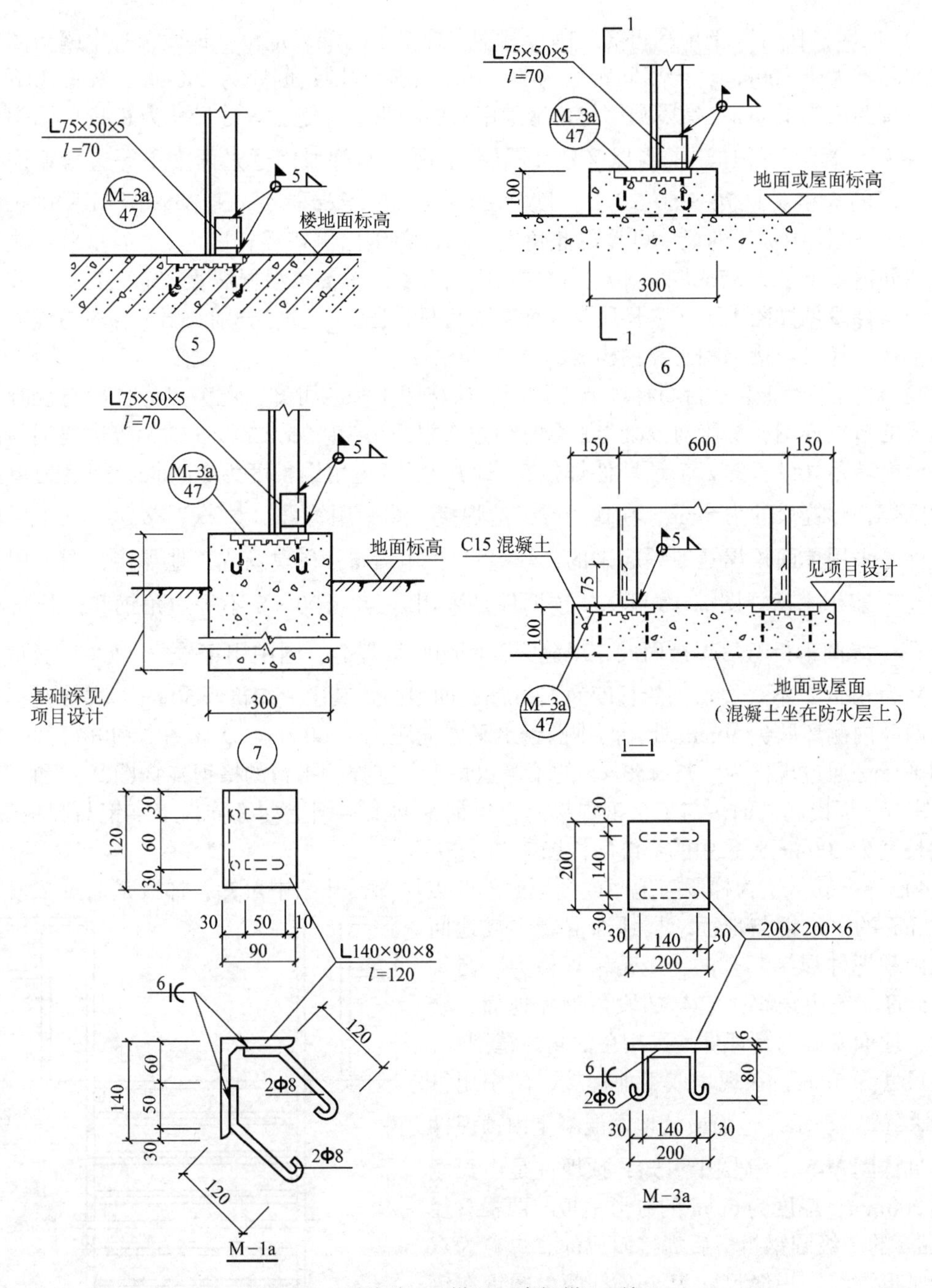

图 2-97　坡度为 90°梯型（直钢梯）（续二）

从图 2-97 中可以读出：

1）从正立面图可知，直钢梯采用两支不等边角钢（规格为∟75×50×5）做梯梁、圆钢（直径为 20mm，长度为 580mm）做踏步组成梯段，梯段宽度为 600mm，采用钢管（直径为 50mm，厚度为 2.5mm）组成平台扶手，扶手伸出平台下 100mm 与梯段两支不等边角钢搭接；从梯梁在正立面图上的投影表示方法可知，梯段踏步圆钢焊于不等边角钢角肢内侧；梯梁下端头内侧需焊两块规格为∟75×50×5，长度为 70mm 的短角钢与预埋件连接固定。

2）根据“1—1”剖面图可知，踏步圆钢在梯梁上的准确定位，梯段第一个踏步圆钢离地面间距不大于300mm，向上间距均为300mm，最后两圆钢间距为290mm，圆钢离不等边角钢肢背距离为15mm；梯段圆钢与角钢采用双面喇叭形焊缝，焊缝尺寸为6mm，图中用符号“6”表示，并加注了围焊符号（圆圈）；平台与梯段间通过两支不等边角钢连接起来，角钢的规格为∟70×50×5，长度为200mm，位于梯段最上端踏步圆钢下方低平台10mm处，从图中标注的尺寸可算出此角钢与梯段角钢内侧搭接长度为60mm；平台扶手上部转角处需折半径为85mm的圆弧；钢梯的底面和平台标高可根据需要来定，其具体节点构造平台与梯段见详图①~④，梯段与地面节点可见详图⑤~⑦，分别画出了梯段与混凝土地面和平台、梯段与槽钢和工字钢构成的节点详图。

3）详图①~④为平台与梯段节点详图，从详图①和④可知，此节点为梯段与混凝土平台构成的节点详图，梯段与混凝土平台是通过2根规格为∟75×50×5的不等边角钢与混凝土平台内转角处设置的2个预埋件焊接起来的，不等边角钢长度为200mm，焊缝为单面角焊缝围焊，焊缝尺寸为5mm，在现场或工地焊接，图中用符号“5”表示。扶手栏杆与预埋件是采用单面角焊缝围焊起来的，焊缝尺寸为4mm，在现场或工地焊接，图中用符号“4”表示。从详图M-1a可知，预埋件是采用∟140×90×8不等边角钢和四根直径为8mm的一级圆钢折弯后焊接而成，焊缝为双面喇叭形焊缝，图中用符号“6”表示，焊缝尺寸为6mm，不等边角钢的长度为120mm，四根圆钢其中一端折弯50mm，焊接在不等边角钢两肢内侧离肢尖30mm处，两排圆钢水平方向距离为60mm。从详图②和③可知，梯段与钢平台是通过规格为∟75×50×5的不等边角钢与支撑钢平台的槽钢（详图②）和工字钢（详图③）焊接起来的，与工字钢焊接时，角钢紧贴工字钢上翼缘伸入工字钢与腹板焊接，角钢长度为200mm，采用的焊缝与详图①和④相同。

4）详图⑤~⑦为梯段与地面或楼地面的节点详图，从图中可知，梯段是通过2根长度为70mm的短角钢与地面、楼地面混凝土或地面基础内预埋件焊接起来的，短角钢规格为∟75×50×5的不等边角钢，它与梯段角钢和地面、楼地面、地面基础内预埋件均采用单面角焊缝围焊，焊缝尺寸为5mm，在现场或工地焊接，图中用符号“5”表示。地面或楼地面混凝土内预埋件构造见详图M-3a，从图中可知，预埋件是由长宽均为200mm，厚度为6mm的方形钢板与两根直径为8mm的一级圆钢折弯后焊接而成的，焊缝为双面喇叭形焊缝，焊缝尺寸为6mm，两根圆钢在钢板上的间距为140mm，横向纵向边距均为30mm，圆钢折弯尺寸可从图中标注尺寸读出。从详图⑥的剖面图“1—1”可知，梯段与地面的连接角钢长肢与梯梁连接，短肢与预埋件连接。

5）钢梯采用材料尺寸具体到图纸上时对照材料表很容易读出，在此不再列出，材质见说明。

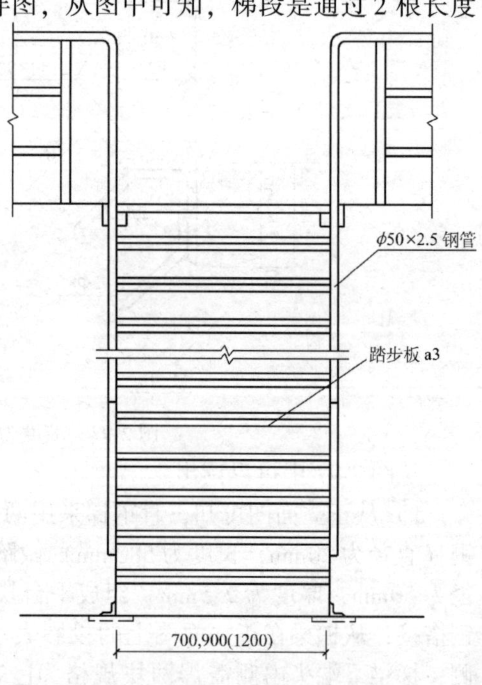

图2-98　坡度为45°梯型（斜钢梯）

2. 图例二（图2-98）

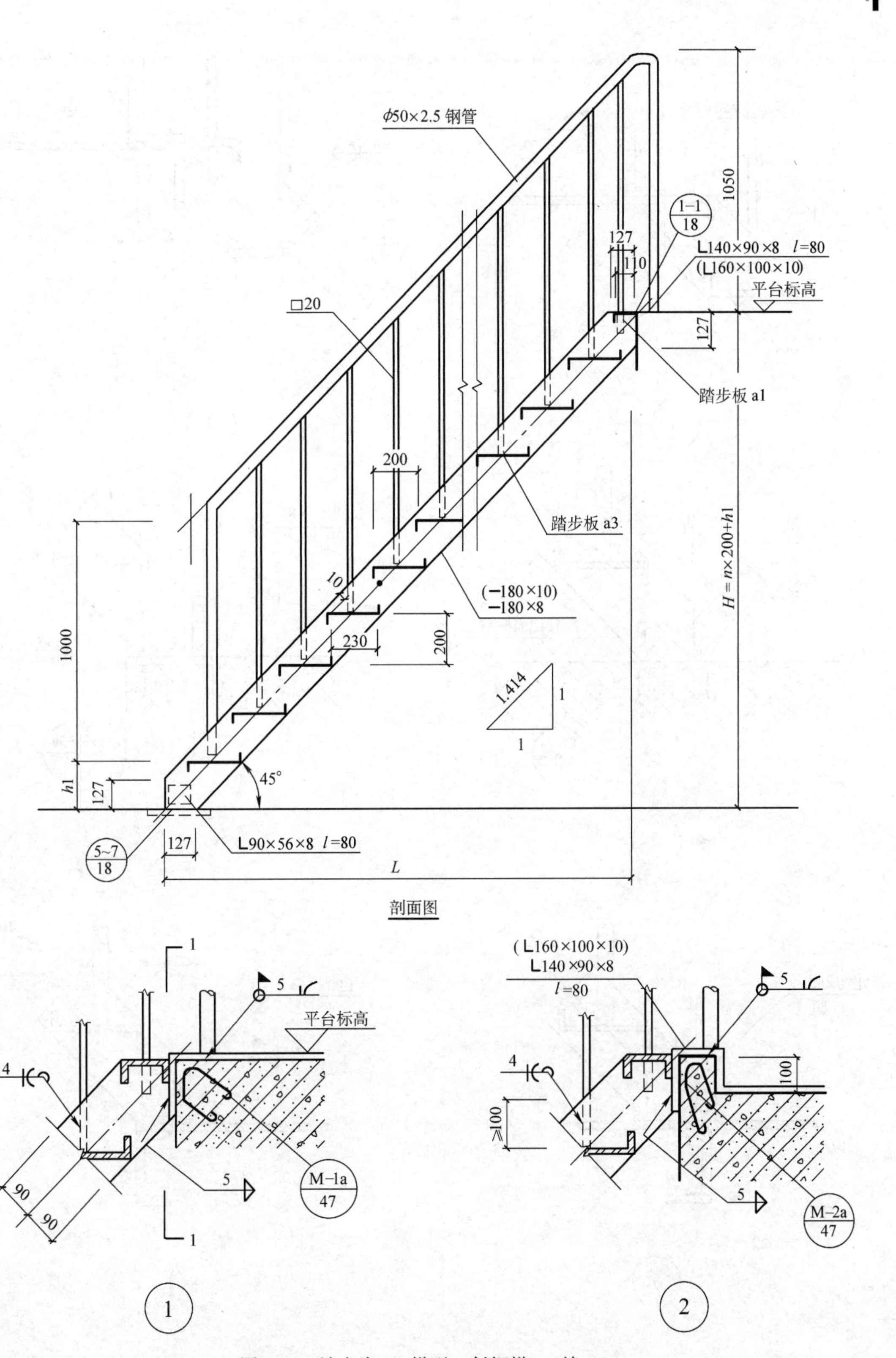

图 2-98　坡度为 45°梯型（斜钢梯）（续一）

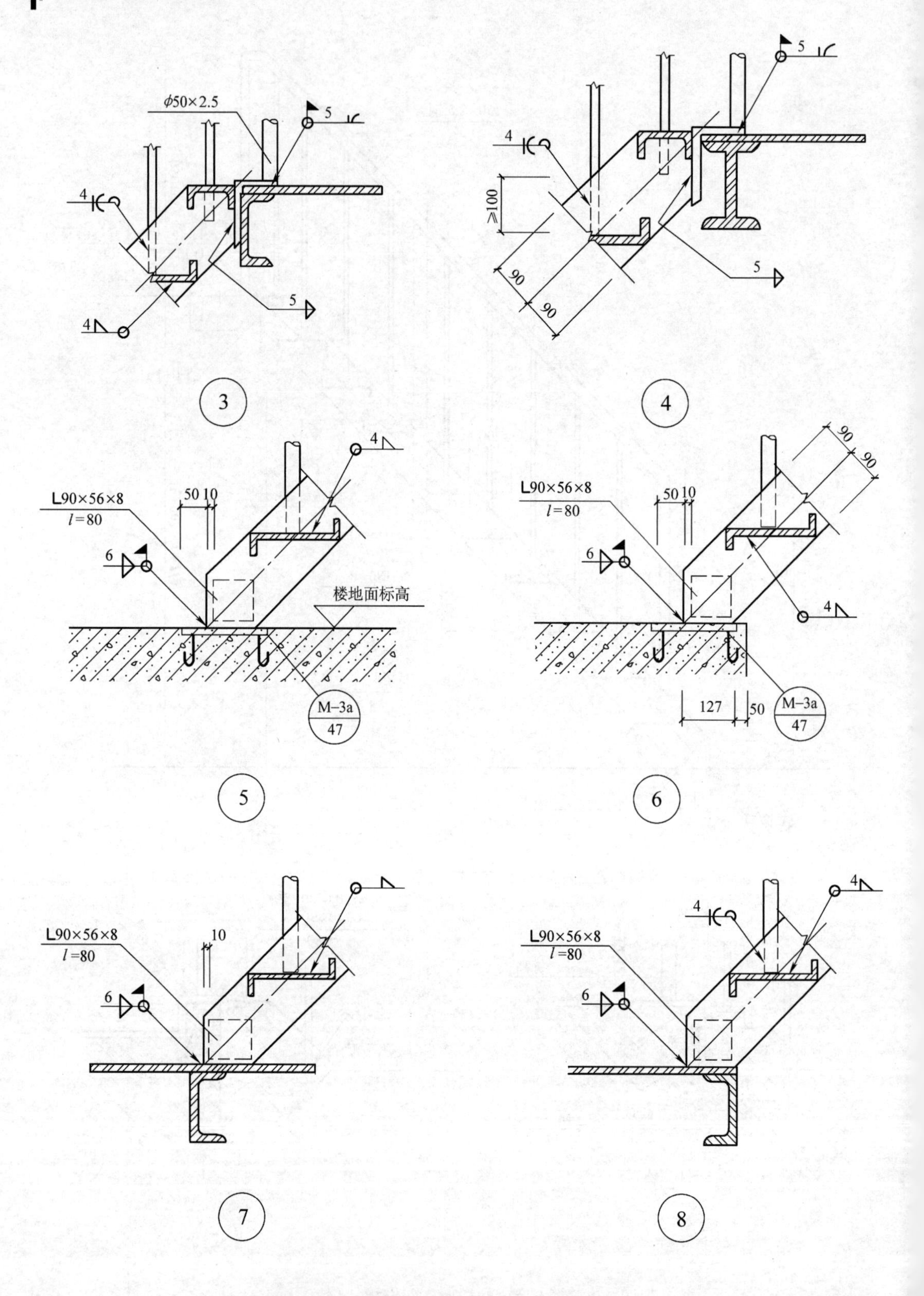

图 2-98　坡度为 45°梯型（斜钢梯）（续二）

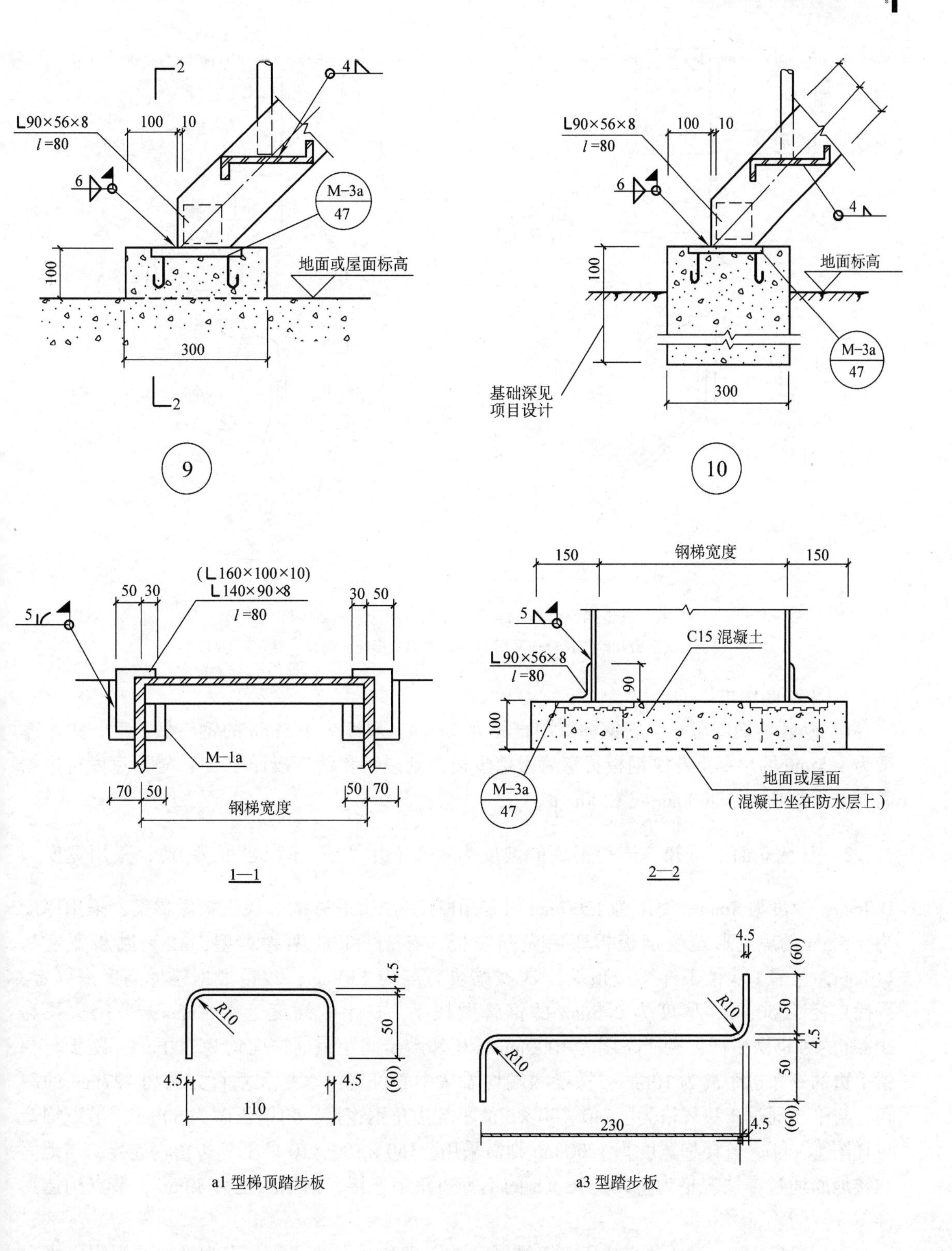

图 2-98　坡度为45°梯型（斜钢梯）（续三）

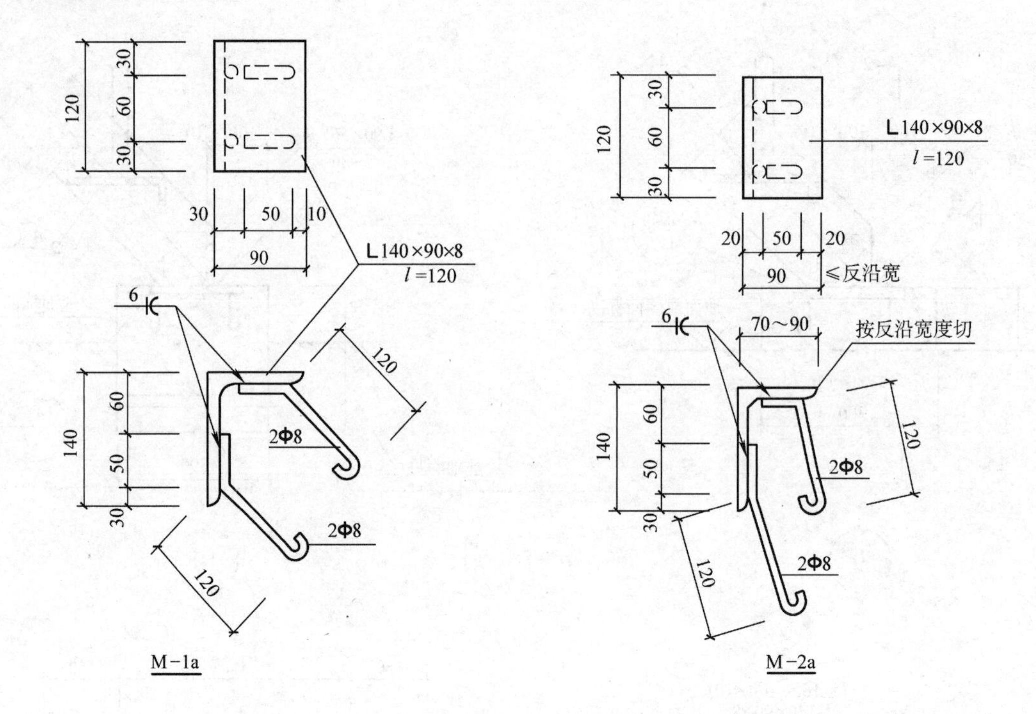

图 2-98　坡度为45°梯型（斜钢梯）（续四）

说明：钢平台和踏步材料均采用4. 5mm 厚扁豆形花纹钢板，材质为 Q235。

从图 2-98 中可以读出：

1）从正立面图可知，斜钢梯采用直径为 50mm，厚度为 2. 5mm 的钢管做扶手，采用厚度为4. 5mm 的扁豆形花纹钢板折弯后做踏步板，见说明和踏步板详图 a3；楼梯宽度可根据需要选择 700mm、900mm 或 1200mm。

2）从侧立面图可知，该斜钢梯的坡度为 45°（由“1.414 1 1”也可读出），采用宽度为 180mm，厚度为 8mm（宽度为 1200mm 时采用厚度为 10mm）的 2 块钢板做梯梁；采用厚度为4. 5mm 的扁豆形花纹钢板折弯后做踏步板，有 a1 和 a3 两种类型，a1 型踏步宽度为 110mm，仅需 1 块位于梯梁最顶端，a3 型踏步宽度为 230mm，数量根据楼梯高度来确定；采用直径为 50mm，厚度为 2. 5mm 的钢管做扶手，扶手的高度为 1050mm；采用边长为 20mm 的方钢做栏杆，栏杆高度为 1000mm；相邻踏步间距纵向横向均为 200mm，踏步与梯梁上边的一条边距离为 10mm；梯梁两端均需从中心位置沿水平和垂直方向切 127mm 的斜角，与平台通过 2 块规格为∟140×90×8 的不等边角钢连接，角钢长度为 80mm，节点构造见详图①～④，若楼梯宽度为 1200mm 则需采用∟160×100×10 的不等边角钢连接，与地面或楼地面通过 2 块规格为∟90×56×8 的不等边角钢连接，角钢长度为 80mm，节点构造见详图⑤～⑩。

3）详图①～④为平台与梯段节点详图，从图①和②可知，此节点为梯段与混凝土平台构成的节点详图，梯段与混凝土平台是通过梯梁与混凝土平台内转角处设置的 2 个预埋件焊接起来的，焊缝为双面角焊缝，焊缝尺寸为 5mm，图中用符号“5”表示；平台栏杆与预埋件是采用单面喇叭形焊缝围焊起来的，焊缝尺寸为5mm，在现场或工地焊接，图中用符号“ ”表示；混凝土平台内预埋件M-1a构造与图2-97直梯相同，预埋件M-2a构造与M-1a类同，在这里不再重复讲述；梯段栏杆与梯梁内侧的连接采用双面喇叭形焊缝，图中用符号“ ”表示，加注了相同焊缝符号。从详图③和④可知，梯段与钢平台是通过梯梁与钢平台转角处的角钢焊接起来的，采用槽钢支撑钢平台与梯段的节点见详图③，采用工字钢做支撑的钢平台与梯段的节点见详图④，图中符号“ ”表示踏步与梯梁采用单面角焊缝。

4）详图⑤～⑩为梯段与地面、楼地面、地面基础和钢平台的节点详图，从详图⑤、⑥、⑨、⑩中可知，梯段是通过2根长度为80mm的短角钢与地面、楼地面混凝土或地面基础内预埋件焊接起来的，短角钢规格为∟90×56×8的不等边角钢，它与梯梁和地面、楼地面、地面基础内预埋件均采用单面围焊缝，焊缝尺寸为5mm，在现场或工地焊接，图中用符号“ ”表示。地面、楼地面混凝土、地面基础内预埋件构造见详图M-2a，与直梯的相同，在这里不再重复讲述。图⑦、⑧为梯段与采用槽钢支撑钢平台的连接详图，与梯段和混凝土内预埋件的连接类同，采用的焊缝及焊缝尺寸均相同，不同的只是连接的对象。

5）从踏步板详图a1和a3可知，踏步宽度方向两端50mm处需折90°弯，踏步板a1两端折弯方向同向，踏步板a3两端折弯方向反向，当楼梯宽为1200mm时两端在60mm处折弯，踏步板的花纹均朝上，起到防滑作用。

6）钢梯采用材料尺寸具体到图纸上时，对照材料表很容易读出，在此不再列出。

（二）吊车梁检修梯

吊车梁检修梯是为了方便人对起重机进行检修而设置的钢梯，是人从地坪至起重机的通道，如图2-99所示。

从图2-99中可以读出：

1）由侧立面图可知，与地坪连接的梯段和上段梯段其坡度均为1∶0.6（59°），图中用符号“ ”表示。从图中标高尺寸标注可知，钢梯下段梯段高度为2m，上段为4.8m。结合详图TD-1和TD-2可知，2m标高平台下方设置的2根梯柱为焊接H型钢，规格型号为H200×150×5×6（截面高度为200mm，腹板厚度为5mm，翼板宽度为150mm，厚度为6mm），高度为2000mm。上下梯段踏步间高度差为230mm，第一个踏步距地面高度为160mm，上部梯段第一个踏步距2m平台高度为200mm。栏杆扶手均采用ϕ50×2.5mm的钢管，栏杆均采用ϕ33.5×3.25mm的钢管，与地坪相连梯段扶手沿坡度方向距地坪860mm处开始设置，上部梯段第一根栏杆距扶手端部544mm，最后一根栏杆距平台扶手端部973mm，中间栏杆在扶手上以1000mm间距均匀分布，以上距离均为沿坡度方向。上下平台横向栏杆采用厚度为4mm，宽度为30mm的钢板，间距可从图中读出，由下至上分别为：375mm、660mm、345mm，下部平台侧面竖向中间栏杆在居中位置，上部平台侧面竖向中间栏杆居两端距离由左至右分别为717mm、751mm。

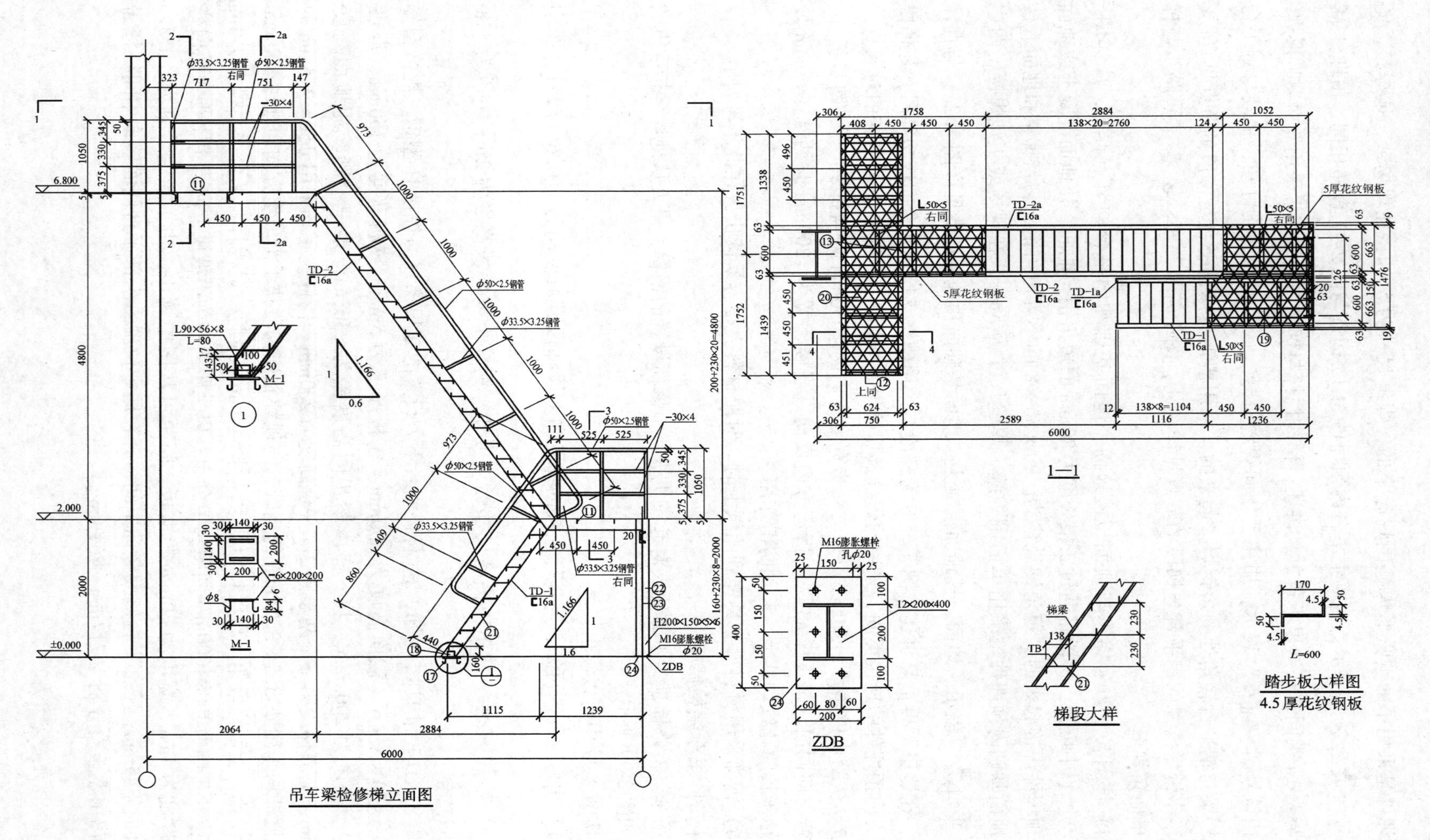
φ33.5×3.25钢管
φ50×2.5钢管
右同
−30×4
TD−2
⊏16a
TD−1
L90×56×8
L=80
M−1
H200×150×5×6
M16膨胀螺栓
ZDB
吊车梁检修梯立面图
L50×5
TD−2a
TD−1a
5厚花纹钢板
1—1
M16膨胀螺栓
孔φ20
12×200×400
梯梁
TB
梯段大样
L=600
踏步板大样图
4.5厚花纹钢板

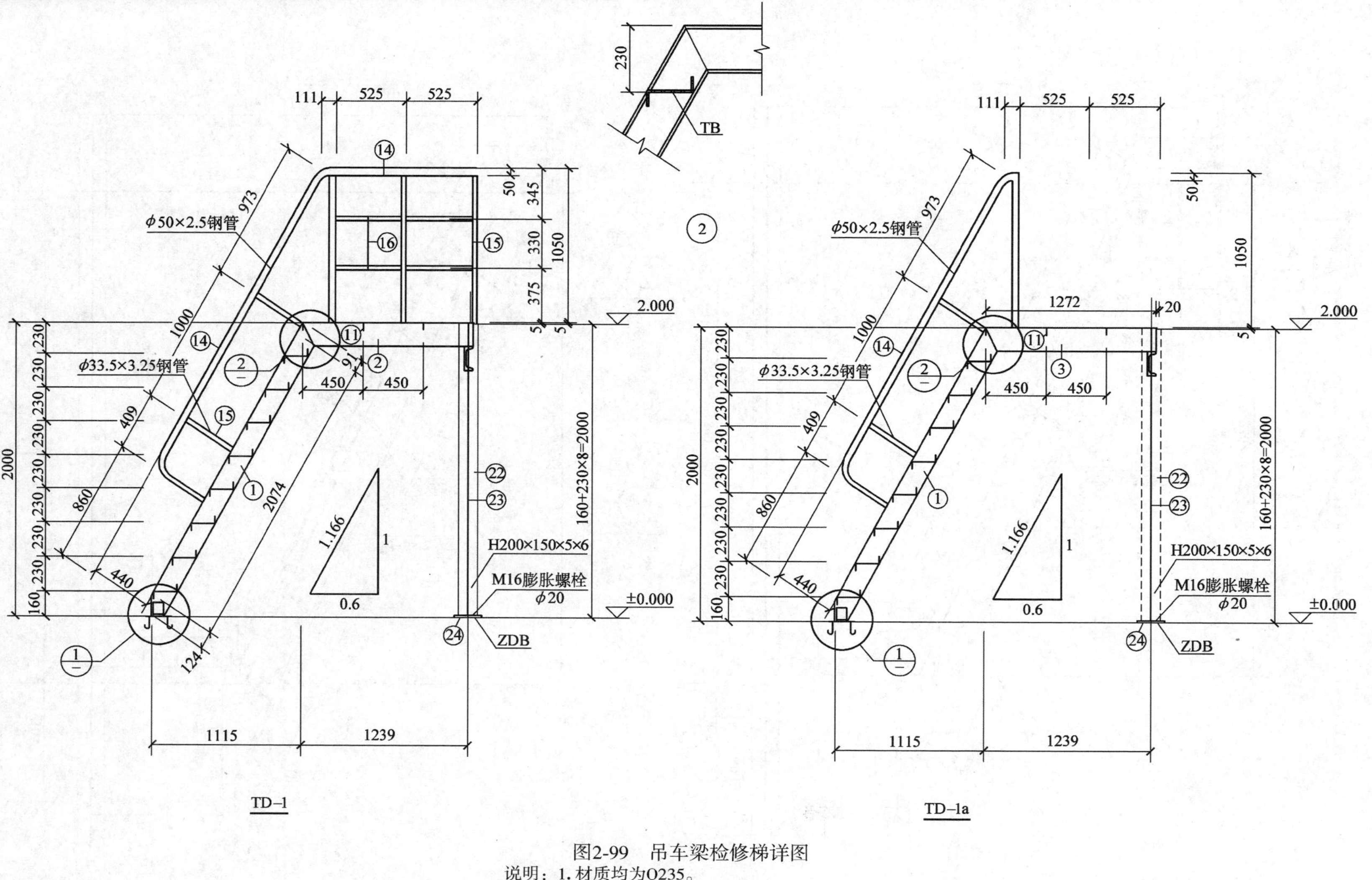

图2-99 吊车梁检修梯详图

说明：1. 材质均为Q235。
2. 构件间均为焊接连接，焊脚尺寸均为5mm。

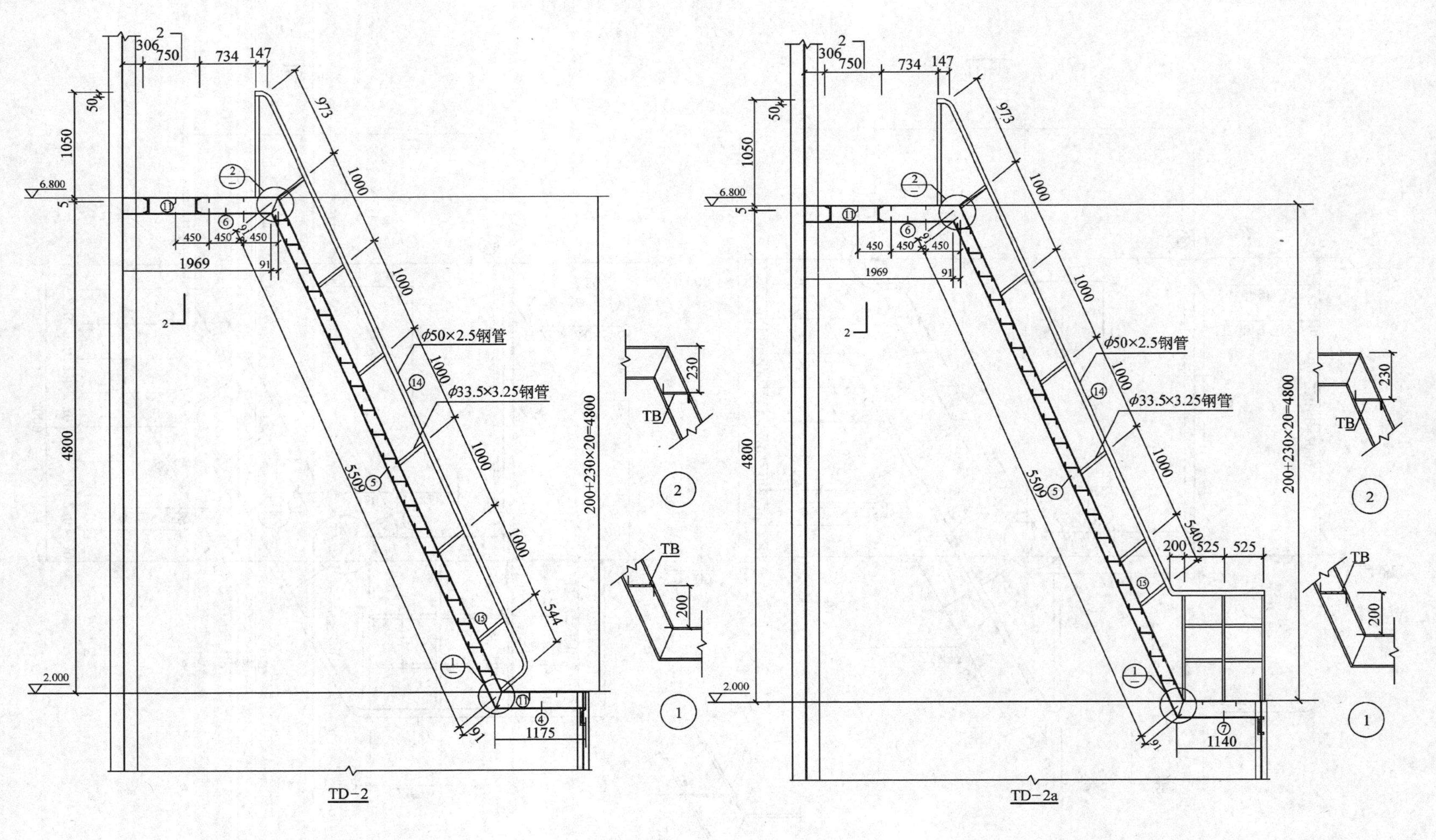
306
750
734
147
973
1000
1050
50
6.800
2.000
4800
1969
450
91
5509
ϕ50×2.5钢管
ϕ33.5×3.25钢管
200+230×20=4800
544
1175
540
200
525
1140
TB
230
TD−2
TD−2a

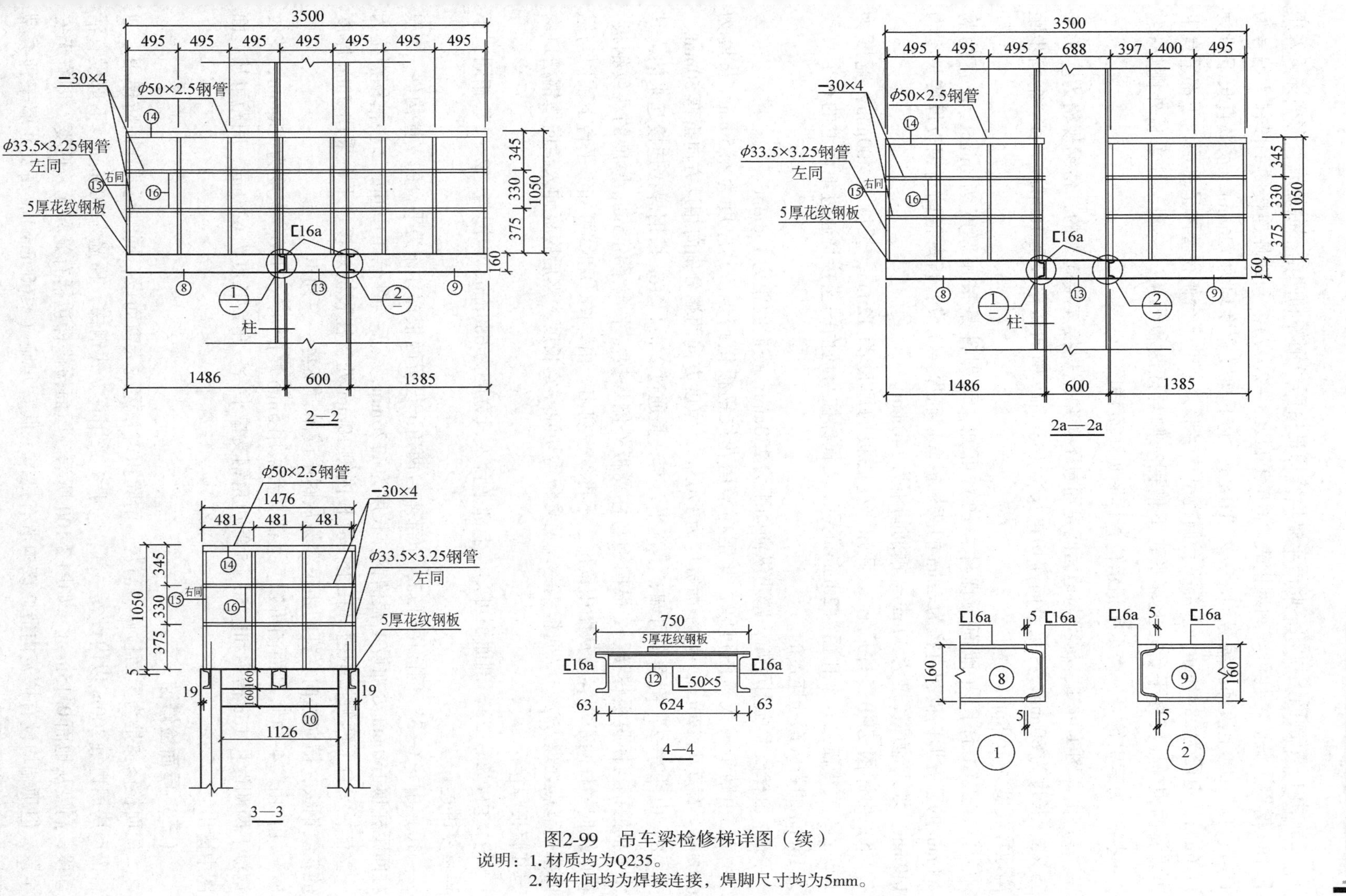

图2-99　吊车梁检修梯详图（续）

说明：1. 材质均为Q235。
2. 构件间均为焊接连接，焊脚尺寸均为5mm。

2）由1—1剖面图可知，此吊车梁检修梯是由两段钢梯和两个平台组成，钢梯梯梁采用［16a槽钢，截面特性可查阅型钢表（GB/T 11263—2017）。与地坪连接的下段梯梁编号为TD-1、TD-1a，上段梯梁编号为TD-2、TD-2a，上下梯段宽度均为726mm，水平直长下段为1116mm，上段为2884mm。下部平台俯视呈7字形，上部平台俯视整体呈T形，下部平台下方设置两根梯柱支撑平台，上部平台下槽钢一侧与柱腹板焊接，一侧与柱翼板外侧焊接。“$\frac{1}{-}$”为索引符号，表示所指示位置详图见本页详图①。

3）由详图①可知，梯梁与地面间是通过不等角钢焊接连接起来的，角钢规格为∟90×56×8，长度为80mm，梯梁竖向需切角长度143mm，横向切角长度100mm，第一个踏步距离地坪高度为160mm。

4）由M-1详图（地面预埋件详图）可知，预埋件是采用厚度为6mm，长宽均为200mm的正方形钢板和直径为8mm的两根折弯钢筋焊接而成，折弯钢筋与钢板焊接长度为140mm，埋入地坪深度为90mm，钢筋间距为140mm。

5）由详图ZDB（柱底板）可知，柱底板的厚度为12mm，长度为400mm，宽度为200mm，底板需钻6个孔径为20mm的孔，2根梯柱与地面的连接是通过地面上的6个直径为16mm的膨胀螺栓连接的。

6）由梯段大样图可知，踏步纵向间距为230mm，横向间距为138mm。

7）由踏步板大样图可知，此钢梯采用花纹钢板做踏步，其厚度为4.5mm，长度为600mm，宽度为270mm。踏步面宽度为170mm，宽度方向两端分别向相反方向折弯50mm。

8）由“2—2”剖面图可知，上部平台与柱是通过2根［16a槽钢焊接连接起来的，其中1根槽钢与柱腹板焊接，1根槽钢与柱翼板外侧焊接。平台采用5mm厚度的花纹钢板，横向纵向栏杆间距很容易从图中读出，不再一一列出。由详图①和②可知，平台下横向与纵向槽钢节点处理方法，纵向槽钢一端两翼板需切除一定长度，然后腹板伸入横向槽钢槽口内与其腹板焊接。

9）由“2a—2a”剖面图可知，上部平台入口宽度为688mm，识读与“2—2”相同，不再重复讲述。

10）由“3—3”剖面图可知，下部平台两角下设置两根梯柱作为平台的支撑构件，2根柱间距柱顶160mm处加设1根槽钢，长度为1126mm，然后与平台下中间的2根槽钢焊接为一整体，平台下两侧槽钢槽口在距柱翼板内侧19mm处与柱腹板焊接。平台采用5mm厚度的花纹钢板，横向纵向栏杆间距很容易从图中读出，不再一一列出。

11）由“4—4”剖面图可知，上部平台采用5mm厚的花纹钢板，宽度为750mm，花纹钢板下两侧设［16a槽钢和∟50×5等边角钢支撑平台，角钢长度为624mm，间距可从立面图中读出。

（三）屋面检修梯

屋面检修梯是为屋面检修、清灰、清除积雪和擦洗天窗而设，同时还兼作消防梯用，通常沿厂房周边每200m以内设置一部，一般多采用直立式钢梯，梯宽为600mm，下部设有活动段，高度从地面0.15m起，如图2-100所示。屋面检修梯包括有笼和无笼两类，即有无安全罩，但顶端均设有护笼构造，该构造有挑檐、低女儿墙（≤600mm）、高女儿墙三种类型的屋面检修钢梯做法。

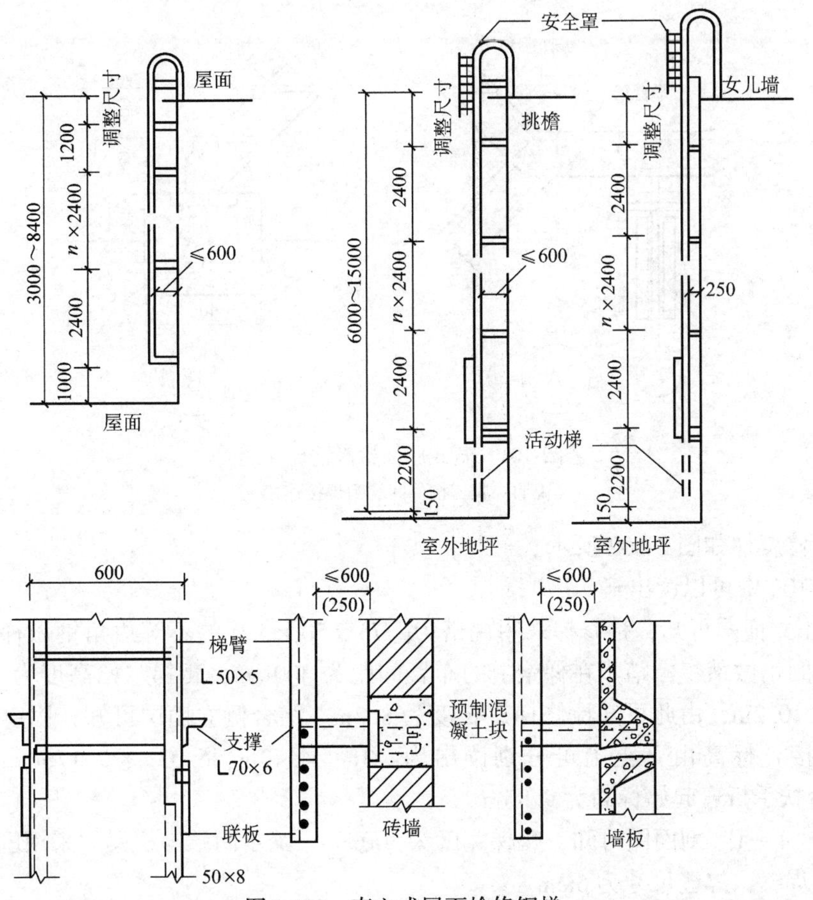

图 2-100　直立式屋面检修钢梯

当厂房很高，可采用斜钢梯，如图 2-101 所示。设计时，应根据屋面标高和檐口构造形式选用定型图集中相应的钢梯类型。

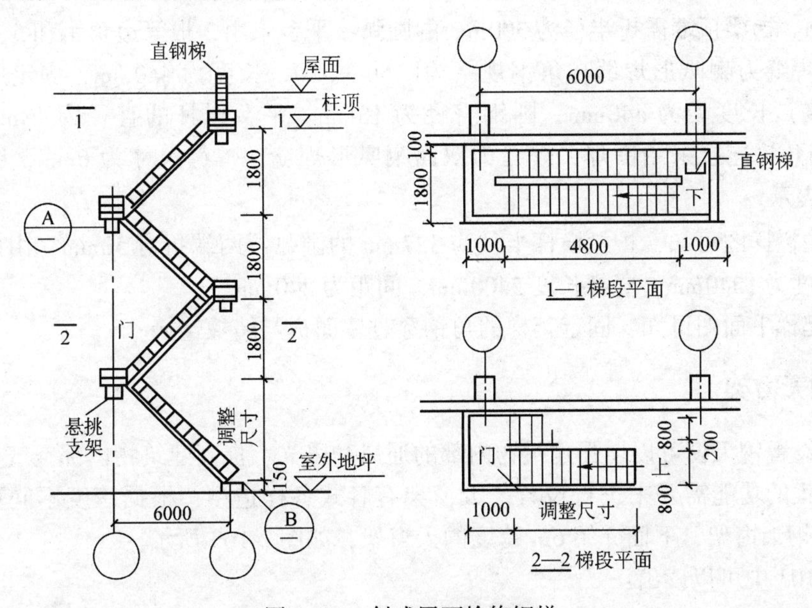

图 2-101　斜式屋面检修钢梯

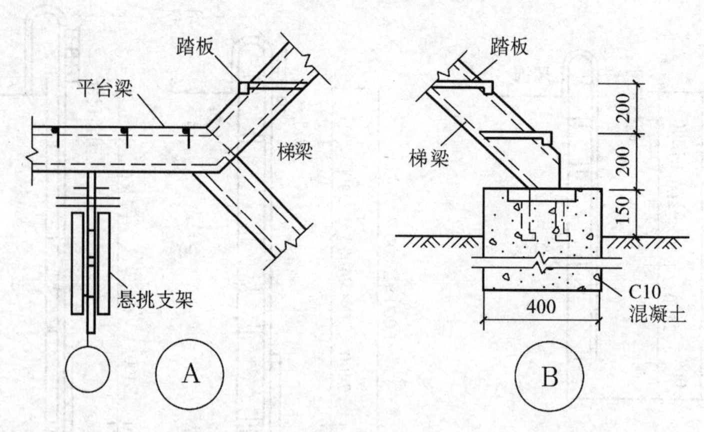

图 2-101　斜式屋面检修钢梯（续）

说明：爬梯构件间均为焊接连接。

屋面检修爬梯如图 2-102 所示。

从图 2-102 中可以读出：

1）由正立面图可知，检修梯采用规格为∟75×50×5.0 的不等边角钢做梯梁，采用直径为 18mm 圆钢做踏步，踏步在梯梁上的布置间距为 300mm，爬梯起始高度为 2m，检修梯顶部标高为 10.2m，由此可知检修梯总长度为 8.2m。结合侧立面图可知，固定爬梯的角钢（与墙梁焊接）标高由下至上可分别读出为：3m、4.43m、6.03m、7.17m，平台标高为 9.1m，平台扶手折弯起始标高为 9.85m。

2）由“*A—A*”剖面图可知，爬梯宽度为 500mm，踏步两端与梯梁间采用围焊连接，焊缝为喇叭形焊缝，焊缝尺寸为 6mm。

3）由右侧立面图可知，第一个踏步距梯梁底边 100mm，踏步长度均为 480mm，由下至上在两根梯梁上按 300mm 的间距均匀布置。爬梯在 5.45m 位置开始设置护栏（一般爬梯超过 6m 设护栏），护栏采用直径为 12mm 的圆钢，圆钢横向间距为 600mm，共设 5 道，竖向间距为 240m。梯梁顶端需折半径为 300mm 的圆弧，平台采用 2 根等边角钢和 5 根圆钢围焊连接而成，焊缝为喇叭形焊缝，角钢规格为∟50×5.0，长度为 440mm，固定爬梯的角钢（与墙梁焊接）长度均为 440mm，圆钢直径为 18mm。平台栏杆的直径为 18mm，长度为 1100mm，与角钢连接采用围焊，焊缝为双面喇叭形焊缝，焊缝尺寸为 6mm，图中用符号“○6|(”表示。

4）由护栏详图可知，护栏横杆半径为 327mm 的圆弧，两端折弯 50mm，由此可计算出横杆下料长度为 1540mm，竖杆长度 2400mm，间距为 240mm。

5）由爬梯平面图可知，固定爬梯的角钢穿过墙面板与墙檩连接。

二、钢天窗架

建筑物设置钢天窗可以增强建筑物内部的通风和采光，提高建筑物内部空气质量，它可根据建筑工程的功能需要来进行设置。天窗架有各式各样造型，根据跨度不同可分为 6m、9m、12m 等钢天窗架，下面介绍 6m 跨度的天窗架，如图 2-103 所示。

从图 2-103 中可以读出：

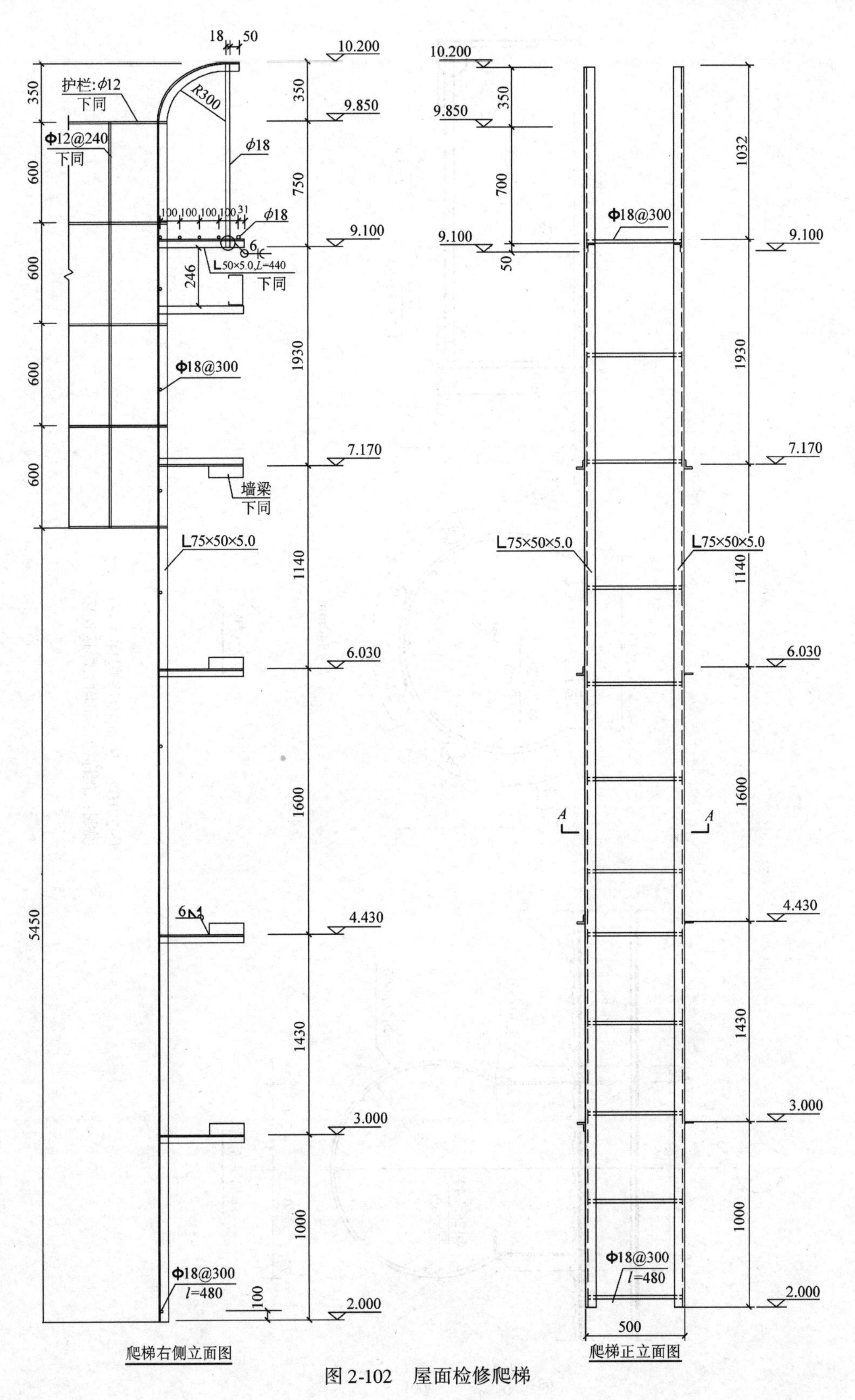

图 2-102　屋面检修爬梯

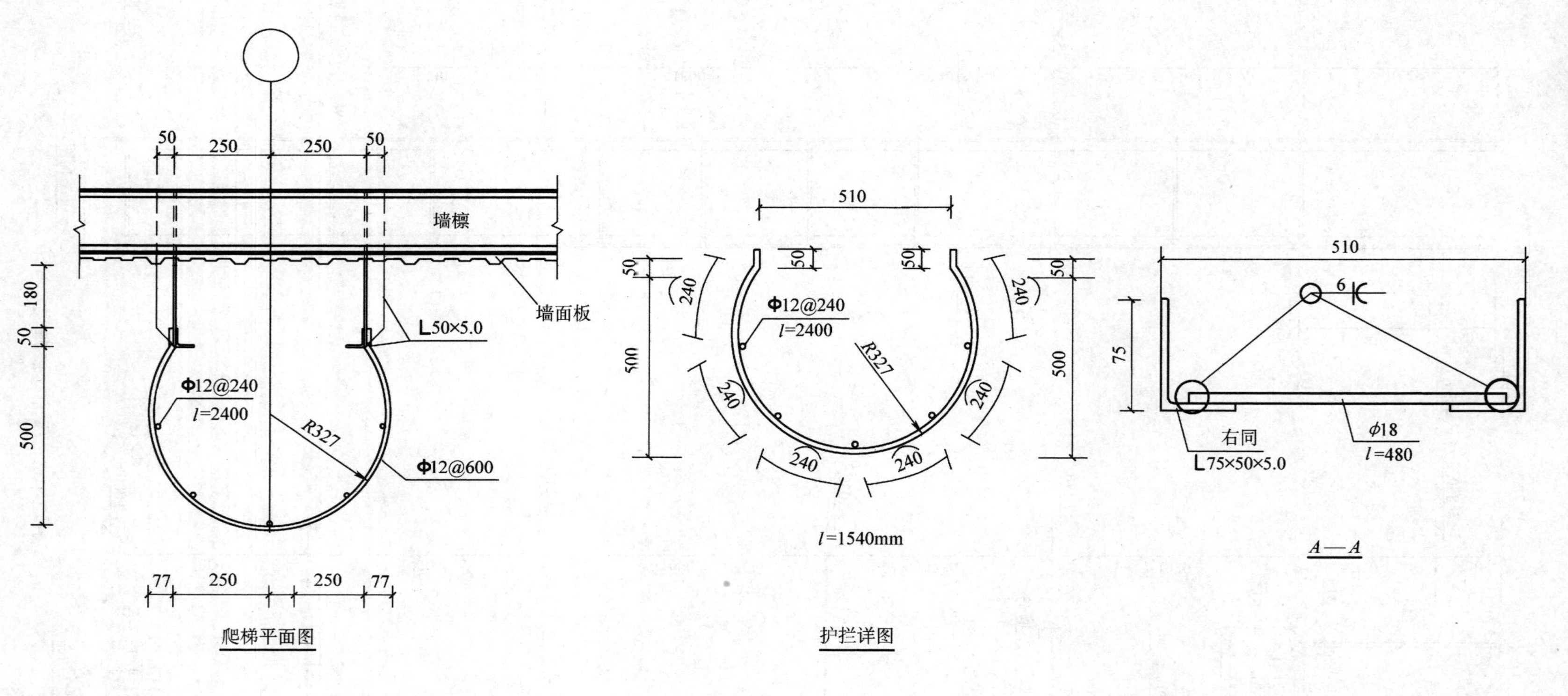

图2-102　屋面检修爬梯（续）
说明：爬梯构件间均为焊接连接。

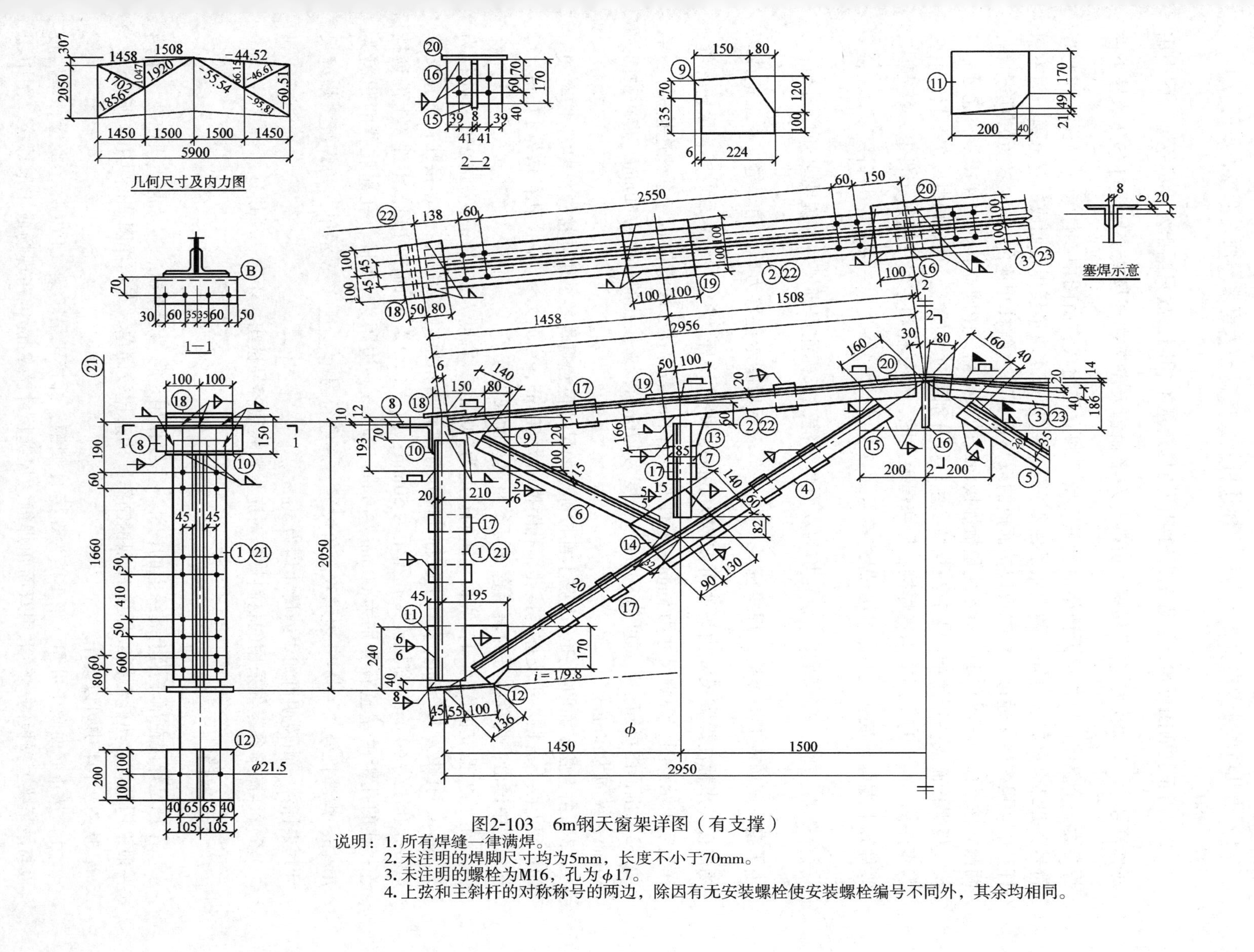

图2-103 6m钢天窗架详图（有支撑）

说明：1. 所有焊缝一律满焊。

2. 未注明的焊脚尺寸均为5mm，长度不小于70mm。

3. 未注明的螺栓为M16，孔为ϕ17。

4. 上弦和主斜杆的对称称号的两边，除因有无安装螺栓使安装螺栓编号不同外，其余均相同。

1）由几何尺寸及内力图中的尺寸标注可知，该榀钢天窗架屋面为双坡，坡度为 1∶10（307/2950）。

2）由正立面图可知，该榀钢天窗架两边构造基本相同，故只画出左半榀钢架，图中用对称符号“”表示，右半榀钢天窗架与左半榀钢天窗架在现场或工地通过⑮和⑳号小件焊接为一个整体；该榀钢天窗架由上弦、斜杆和立柱组成，由图中零件⑰（垫板）和塞焊符号，并结合材料表可知，两上弦是由 4 根零件②通过 4 块垫板焊接而成的双角钢，两主斜杆是由 4 根零件④通过 8 块垫板焊接而成的双角钢，与主斜杆相连的斜杆零件⑥为单角钢，两侧立柱是由 4 根零件①通过 4 块垫板焊接而成的双角钢，中间立柱是由 4 根零件⑦通过 2 块垫板焊接而成的双角钢；上弦与立柱、主斜杆分别通过零件⑨、⑬、⑮焊接在一起，上弦与零件⑨、⑬、⑮采用塞焊缝焊接，见塞焊示意图，侧立柱和主斜杆通过零件⑪焊接起来，零件⑪下端焊接底板支座；图中焊缝符号“”“5 6”“6”“6 5”“8 5”“8 6”“”表示所指示位置均为双面角焊缝，未标注焊脚尺寸由说明可知均为 5mm，小黑旗为现场或工地焊接，焊缝符号“”表示所指示位置为单面角焊缝，在工地或现场焊接，未标注焊脚尺寸由说明可知均为 5mm，焊缝符号“”“”表示塞焊缝，详见塞焊示意图，焊脚尺寸为 5mm；零件⑮两侧中间需焊接 2 块零件⑯（系杆连接板），由“2—2”剖面图可知，板宽度为 80mm，长度为 170mm，连接孔的孔距为 60mm，边距横向为 39mm，纵向为 40mm。

3）由上弦平面图可知，上弦上部按标注的尺寸位置需焊接 5 块连接板，即零件⑱、⑲、⑳；两上弦上需钻水平支撑连接孔，孔距横向为 60mm，纵向为 90mm，孔径均为 17mm，可从说明中读出；焊缝符号的表示含义可参照正立面来识读。

4）由左侧立面图可知，底板支座的长度为 210mm，宽度为 200mm，需钻 2 孔，孔径为 21.5mm，孔距为 130mm；立柱上按标注的尺寸位置需钻垂直支撑和窗挡连接孔，垂直支撑连接孔孔距为 60mm，窗挡连接孔孔距为 50mm；由“1—1”剖面图可知，零件 8 上的窗挡连接孔的孔距由左至右分别为 60mm、70mm、60mm，边距为 30mm，孔离肢背的距离为 70mm；焊缝符号“”表示双面角焊缝，焊缝符号“”表示单面角焊缝，焊缝尺寸均未标注，由说明可知焊缝尺寸均为 5mm。

5）详图中各零件采用的材料规格对应材料表很容易读出，不再一一讲述。

三、车挡

车挡是焊接在吊车梁上翼缘上的构件，主要作用是阻挡起重机，避免起重机出轨，车挡一般采用角钢、热轧型钢或焊接 H 型钢制作，构造比较简单。车挡详图如图 2-104 所示。

从图 2-104 中可以读出：

1）从正立面图中可知，该车挡为焊接 H 型钢，焊接于吊车梁（DCL）上翼缘，车挡腹板与吊车梁上翼板的焊接采用双面角焊缝，焊缝尺寸为 8mm，在现场或工地焊接，图中用符号“8”表示。车挡两翼板均需开 45°坡口且留 2mm 钝边与吊车梁上翼板在工地或

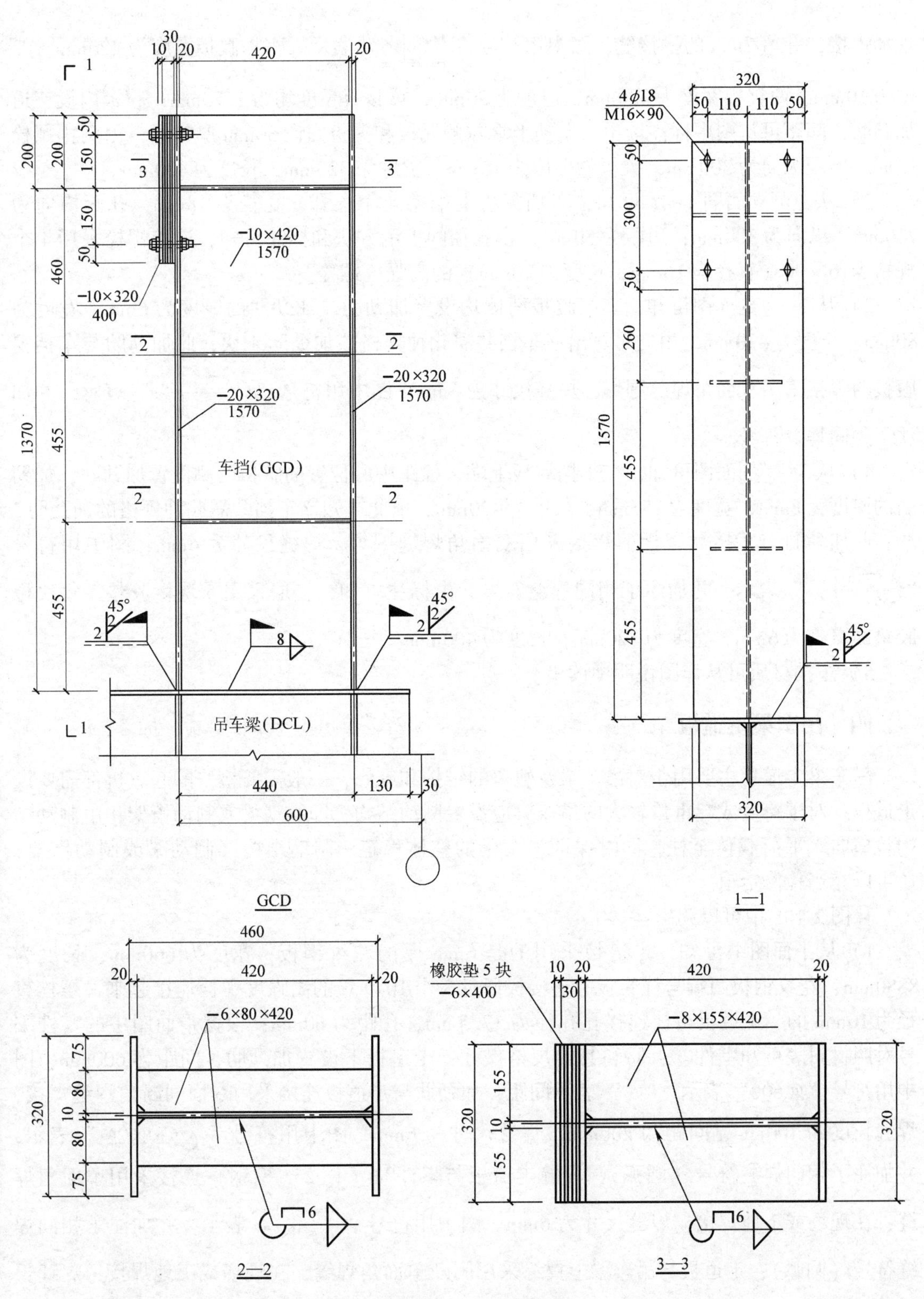

−10×420
1570
−10×320
400
−20×320
1570
车挡(GCD)
吊车梁(DCL)
GCD
1—1
4ϕ18
M16×90
2—2
−6×80×420
3—3
橡胶垫5块
−6×400
−8×155×420

图 2-104　车挡详图

现场焊接，并留2mm的拼接缝，图中用符号“45° 2”表示。车挡腹板宽度为420mm，厚度为10mm，两翼板宽度为320mm，厚度为20mm，翼腹板长度均为1570mm；腹板内设三道加劲肋，间距可从图中标注读出。车挡上端左侧翼板和夹板间设30mm厚垫层，由两排螺栓紧固，栓距纵向为300mm，夹板的厚度为10mm，宽度为320mm，长度为400mm。

2）从左侧立面图1—1可知，车挡翼板上端钻4个栓孔，孔径为18mm，孔距横向为220mm，纵向为300mm；边距为50mm；由孔径的表示方法和标注可知，连接螺栓采用4个规格M16×90（直径为16mm，长度为90mm）的高强度螺栓。

3）从2—2剖面图可知，车挡腹板两侧均设置加劲肋，加劲肋的厚度为6mm，宽度为80mm，长度为420mm，由此可算出该车挡共需此种规格的加劲肋4块；此加劲肋与车挡翼腹板的焊接采用双面角焊缝围焊，焊缝尺寸为6mm，图中用符号“6”表示，并加注了相同焊缝符号。

4）从3—3剖面图可知，在车挡翼板上端、栓距中心位置的腹板两侧设置加劲肋，加劲肋的厚度为8mm，宽度为155mm，长度为420mm，由此可知该车挡共需此种规格的加劲肋2块；此加劲肋与车挡翼腹板的焊接采用双面角焊缝围焊，焊缝尺寸为6mm，图中用符号“6”表示，并加注了相同焊缝符号；由标注可知，垫层采用5块橡胶垫，每块橡胶垫的厚度为6mm，宽度为320mm，长度为400mm。

5）车挡材质可从详图说明中读出。

四、吊车梁走道板

吊车梁走道板主要用于对吊车梁及轨道的维护和维修，一般需要检修的起重机都需要设走道板。对于跨度或起重量较大的吊车梁应设置制动结构，即制动梁或制动桁架；由制动结构将横向水平荷载传至柱，同时保证吊车梁的整体稳定。制动结构（制动梁或制动桁架）还可以充当检修走道。

从图2-105中可以读出：

1）从平面图中可知，走道板采用的是6mm厚的花纹钢板，宽度为660mm，长度为8880mm；花纹钢板两端与柱腹板上连接板通过8个10.9级的高强度螺栓连接起来，螺栓直径为16mm的，走道板与柱连接孔孔径为17.5mm，孔距为60mm；根据平面图中的零件编号对照材料表可知零件③、⑬和⑭的规格尺寸；走道板下设置加劲肋，间距为600mm，图中用符号“@600”表示，“@”表示间距；加劲肋与走道板连接采用双面间断角焊缝焊接，焊缝长度为100mm，间距为200mm，焊缝尺寸为6mm，图中用符号“6 100/200”表示，并加注了相同焊缝符号（圆弧）；焊缝走道板与零件⑬（[25a槽钢）连接采用单面角焊缝，在现场或工地焊接，焊缝尺寸为6mm，图中用符号“6”表示，并加注了相同焊缝符号（圆弧）；走道板与吊车梁上翼缘采用间断单面角焊缝，在现场或工地焊接，焊缝长度为100mm，间距为200mm，焊缝尺寸为6mm，图中用符号“6 100/200”表示，并加注了相同焊缝符号（圆弧）。

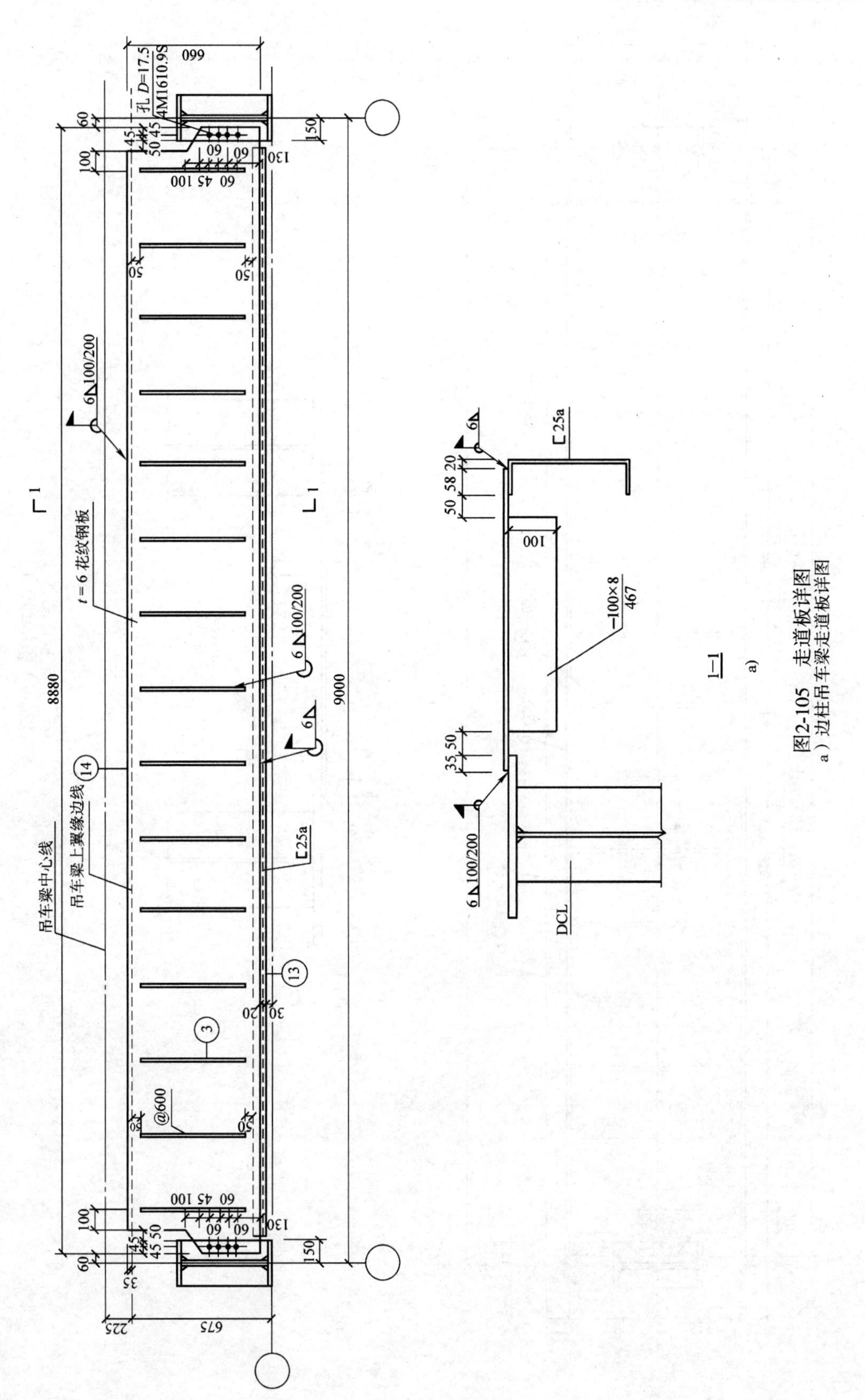

图2-105　走道板详图

a）边柱吊车梁走道板详图

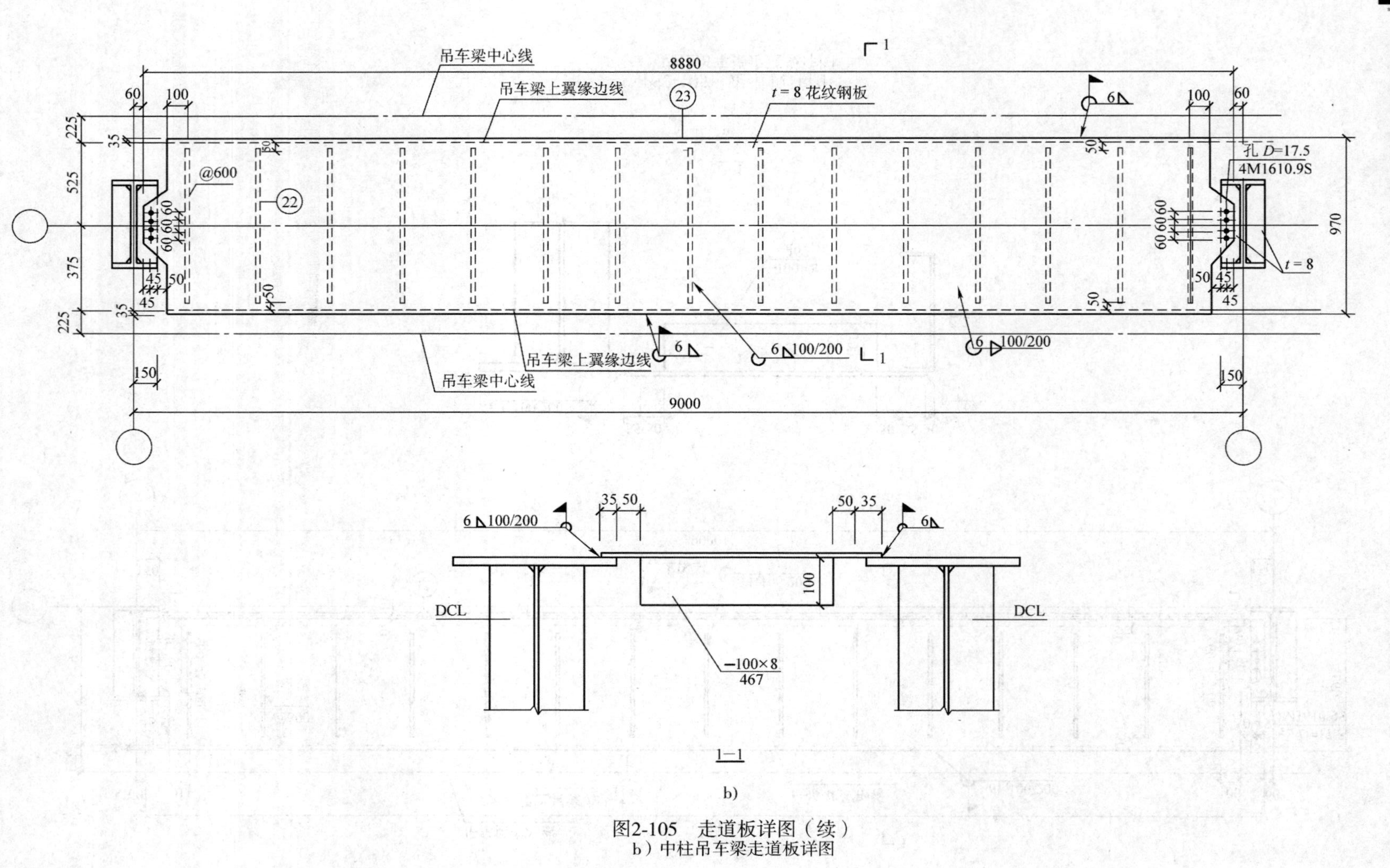

图2-105 走道板详图（续）
b）中柱吊车梁走道板详图

2）从图 2-105a“1—1”剖面图可知，花纹钢板长度方向上的一端搭接 35mm 焊在吊车梁上翼板上，一端搭接 58mm 焊在规格为[25a 槽钢上翼板上，加劲肋的宽度为 100mm，厚度为 8mm，长度为 467mm。走道板与槽钢上翼板的焊接采用单面角焊缝，在现场或工地焊接，焊缝尺寸为 6mm，图中用符号“6”表示，并加注了相同焊缝符号（圆弧）；走道板与吊车梁上翼板的连接采用单面角焊缝在现场或工地焊接，焊缝长度为 100mm，间距为 200mm，焊缝尺寸为 6mm，图中用符号“6 100/200”表示，并加注了相同焊缝符号（圆弧）。

3）图 2-105b 中柱吊车梁走道板详图识读可参照图 2-105a 进行识读。

第三章　钢结构设计施工图实例

钢结构按其刚架结构体系可分为轻钢门式结构、框架钢结构和特殊钢结构三大类。

下面针对简单常用的轻钢门式钢结构和多层钢结构的特点来进行讲述，并给出两套钢结构建筑较为常见并具有代表性的实例，可以使读者对钢结构施工图的组成有一个整体的概念，方便读者理解和识读钢结构构件间相互关系的表达方式，建立钢结构工程施工图的全局观念。

第一节　轻钢门式钢结构

一、结构组成、特点及应用

（一）结构组成

轻钢门式钢结构主要是指承重结构和围护结构钢构件材料均为采用薄钢板（钢板通常<16mm）的单层结构，其结构体系包括基础、主刚架、次结构、外围护结构和辅助结构。

主刚架主要包括钢柱、钢梁、钢吊车梁等构件。它常采用焊接 H 型钢（等截面或变截面）、热轧 H 型钢（等截面）或冷弯薄壁型钢等构成的实腹式门式刚架或格构式门式刚架。单层门式钢结构根据主刚架构成可分为无起重机和带起重机两类。无起重机门式刚架结构组成如图 3-1 所示，带起重机刚架结构组成与此类同，只是在柱上设计标高位置加上一道或几道吊车梁。

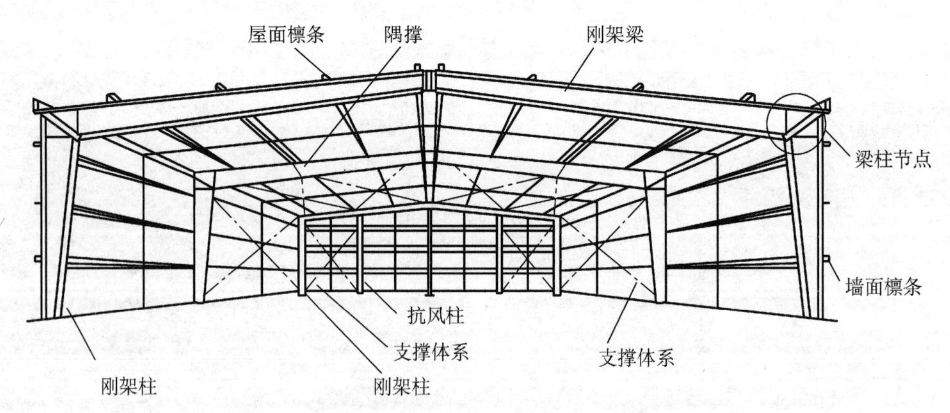

图 3-1　单层门式刚架结构的组成（无起重机）

次结构主要包括水平支撑、柱间支撑、系杆、隅撑、拉条、套管、檩条、墙梁等构件。构件材料常采用型钢（圆钢、钢管、角钢、槽钢等）做支撑、冷弯薄壁型钢（槽钢、C 型钢、Z 型钢等）做檩条和墙梁。

围护结构主要包括屋面板和墙面板等构件，构件材料常采用压型钢板、夹芯板或加保温层的双层压型板。

辅助结构主要包括楼梯、天窗架、车挡、走道板等构件，构件材料常采用槽钢、H 型钢、角钢、花纹板、钢管、方钢等。

（二）特点及应用

轻钢门式钢结构属轻型钢结构，此结构形式的主要特点如下：

1）体现轻钢结构轻型、快速、高效的特点。

2）实现工厂化加工制作、现场施工组装、方便快捷、节约建设周期。

3）应用节能环保型新型建材，结构坚固耐用、建筑外形新颖美观、工期短、经济效益明显。

4）柱网尺寸布置自由灵活，能满足不同气候环境条件下的施工和使用要求。

门式钢结构主要应用范围包括单层工业厂房、民用建筑超级市场和展览馆、库房以及各种不同类型仓储式工业及民用建筑等。因门式钢结构具有工期短、经济效益明显等特点，故在工业厂房建筑中应用较为广泛。

二、××生产车间施工图

××生产车间施工图整体划分为建筑施工图和结构施工图两大部分。

通过整体识读图可读出如下信息：

1）该厂房类型为轻钢门式钢结构，长为 86m，宽为 54m，共分三跨，每跨均为 18m，并均设有 1 台 5t 起重机。

2）厂房共有 15 榀刚架，采用双坡屋顶，坡度为 6%，采用内天沟（2mm 厚钢板天沟）排水方式。

3）围护结构墙面 1.2m 以下为 240mm 厚砖墙，以上采用 900 型 0.426mm 厚单板，下部每间设有一道窗户，上部窗户为通窗，4 个门均设有雨棚。

4）屋面采用 840 型 0.476mm 厚单板加玻璃棉，并设有采光带和通风器。

5）①轴ⒶⒷⒸⒹ轴设 4 个吊车梁检修梯。

（一）图纸目录（图 3-2）

本套图纸包含建筑施工图和结构施工图两大部分，具体目录内容可从图纸名称里读出，本套图纸共计 17 张图，识读时可根据目录里的图号方便地找到需要识读和参考的图纸。

（二）建筑设计总说明

建筑设计总说明如附图 1 所示。

建设设计总说明主要说明一些与建筑相关的信息内容，包含 6 大部分，可从说明里逐条掌握自己需要了解的信息内容。

（三）建筑平面图识读

要识读的建筑平面图如附图 2 所示。

由附图 2 可读出以下信息：

1）此生产车间横向轴线 15 根，即①～⑮轴，①～②轴、⑭～⑮轴开间为 7000mm，②～⑭轴开间为 6000mm，纵向轴线 4 根，即Ⓐ、Ⓑ、Ⓒ、Ⓓ，纵向分轴线 6 根，即$\frac{1}{A}$、$\frac{2}{A}$、$\frac{1}{B}$、$\frac{2}{B}$、$\frac{1}{C}$、$\frac{2}{C}$。

序号	图纸名称	图号	自然张数	备注
1	图纸目录	建施-00	1	
2	建筑设计总说明	建施-01	1	
3	建筑平面图	建施-02	1	
4	建筑立面图	建施-03	1	
5	建筑剖面图	建施-04	1	
6	建筑屋顶平面图	建施-05	1	
7	建筑屋顶节点图	建施-06	1	
8	钢结构设计总说明	结施-01	1	
9	基础布置图	结施-02	1	
10	锚栓布置图	结施-03	1	
11	结构平面图	结施-04	1	
12	吊车梁平面布置图及构造图	结施-05	1	
13	吊车梁节点图	结施-06	1	
14	GJ-1 详图	结施-07	1	
15	结构节点详图	结施-08	1	
16	屋面檩条布置图	结施-09	1	
17	墙面檩条布置图	结施-10	1	
		共计	17	

		工程名称 ××生产车间		
设计		图名 钢结构图纸目录	页号	
绘图			图别	
校队			图号	00
审核			日期	

图 3-2　图纸目录

2）生产车间一共 3 跨，即ⒶⒷ跨、ⒷⒸ跨、ⒸⒹ跨，每跨设地控 5t 起重机 1 台，共 3 台。

3）生产车间①轴线设起重机检修梯 4 个。

4）地面做法参照图集 05ZJ001 第 8 页详图 6 和该页①地面详图。

5）由说明可知，门及下窗的数量和定位尺寸，门窗均居中于定位轴线布置。

6）室内外高差为 150mm 以及室外地沟的做法参照图集 11ZJ901 第 7 页图 1。

7）由指北针 北 可知生产车间的方向定位。

（四）建筑立面图识读

要识读的建筑立面图如附图 3 所示。

由附图 3 可读出以下信息：

1）由Ⓐ、Ⓓ轴正立面图可知，此生产车间屋面板采用 840 型 0.476mm 厚单板加 100mm 厚玻璃棉，墙面板采用 900 型 0.426mm 厚单板，每间在车间内布置一个落水管，即为内排水，排水管采用直径为150mm的PVC管，1.2m以下为240mm厚的砖墙，做法详见说明。

2）由Ⓐ、Ⓓ轴正立面图左侧标高可知上下窗户在高度方向的定位尺寸以及檐口的高度为7.5m和屋脊高度为9.21m，通过门窗表再结合建筑平面图可知门窗的规格型号。

3）由①、⑮轴正立面图可知，车间屋脊两侧设有型号500的无动力通风器，檐口设有天沟，天沟做法可参照天沟尺寸详图，即厚度为2.0mm的镀锌钢板折弯而成。

（五）建筑剖面图识读

要识读的建筑剖面图如附图4所示。

由附图4可读出以下信息：

1）屋面的具体做法，即钢梁上6m开间处设置规格型号C160×60mm×20mm×2.0mm的C型钢檩条，在两侧7m开间处设置规格型号C160×60mm×20mm×2.5mm的C型钢檩条，屋面坡度6%，墙面设置规格型号C160×60mm×20mm×2.0mm的C型钢檩条。

2）由详图①可知，屋脊泛水板的做法及定位。

3）由详图②可知，钢柱转角1.2m以上墙板采用彩钢板包角的连接方法。

4）由详图③可知，下窗上下C型钢的安装方向，并在窗户室外设彩钢泛水板，防止室内渗水，并通过自攻钉与墙板和C型钢连接。

5）详图④上窗户识读与下窗户类同，不同的是在上窗户下部也设置了泛水板。

6）由钢柱与墙转角处节点详图可知，1.2m以下砖墙与钢柱间设直径6mm的一级钢筋，间距为500mm，钢筋与钢柱焊接连接。

7）由钢柱与墙拉接节点详图可知，拉筋采用直径6mm的一级钢筋，圈梁处拉筋为2根直径为10mm的一级钢筋，间距为500mm，拉筋宽度为180mm，长度为1000mm，拉筋内侧与钢柱现场焊接，外侧距墙外边缘60mm。

8）由窗框和门框收边节点详图可知，门框窗框的收边做法，即窗框用彩板包住C型钢后压住墙面板外面然后用自攻钉固定，门框用彩板包住双C型钢后同样压住墙面板外边缘，然后用自攻钉固定，具体尺寸可按需要的实际尺寸确定。

（六）建筑屋顶平面图识读

要识读的建筑屋顶平面图如附图5所示。

要识读的建筑屋顶节点图如附图6所示。

由附图5可读出如下信息：

1）此生产车间屋顶坡度6%，设有EPR采光带，厚度为1.2mm，分别设置在②~⑤轴间，⑥⑦轴~⑨⑩轴间，⑪~⑭轴间，并与840型彩钢板相配套，具体按照屋顶节点图②去搭接。

2）风机分别设置在②③轴间、④⑤轴间、⑦⑧轴间、⑨⑩轴间、⑫⑬轴间，共有5个风机，风机距屋脊3000mm，风机数量可根据使用情况增设。

3）设有4个雨棚，雨棚外挑1.2m，详见雨棚节点详图①，即附图6中的①号节点，雨棚梁与钢柱采用螺栓连接，SB1、SB2、SB3分别为外墙包边板、泛水板、雨棚包边板。

（七）钢结构设计总说明

要识读的钢结构设计总说明如附图7所示。

钢结构设计说明主要说明一些与结构相关的信息内容，包含12大部分，可从说明里逐条掌握自己需要了解的内容。

（八）基础布置图识读

要识读的基础布置图如附图 8 所示。

由附图 8 可读出如下信息：

1）基础分 JC-1、JC-2、KFZJC-1 三种。其中 JC-1 共 30 个，JC-2 共 30 个，KFZJC-1 共 12 个。

2）由 JC-1、JC-2 与钢柱的连接详图可知，钢柱的柱底标高为 ±0.000，柱底设有抗剪键。

3）由 KFZ 与混凝土柱连接详图可知，抗风柱柱底标高为 ±0.000。

4）钢柱和抗风柱柱底板孔距可结合锚栓布置图 MS-1、MS-2、MS-3 读出。

（九）锚栓布置图识读

要识读的锚栓布置图如附图 9 所示。

由附图 9 可读出以下信息：

1）钢柱、抗风柱柱脚锚栓的直径均为 24mm。

2）ⒶⒹ轴线锚栓栓距横向为 300mm，纵向为 520mm，ⒷⒸ轴线锚栓栓距横向为 300mm，纵向为 430mm，$\frac{1}{A}$、$\frac{2}{A}$、$\frac{1}{B}$、$\frac{2}{B}$、$\frac{1}{C}$、$\frac{2}{C}$轴线锚栓栓距纵横向均为 150mm。

3）钢柱抗剪键为型号 14 的槽钢，长度为 100mm。

（十）结构平面图识读

要识读的结构平面图如附图 10 所示。

由附图 10 可读出以下信息：

1）钢架共有 15 榀，钢柱 60 支，抗风柱 12 支，钢梁数量可结合附图十三 GJ-1 立面图（结施-07）识读，一榀 8 支钢梁，所以共计 120 支。

2）屋面水撑和柱撑分别布置在①②轴线间、⑦⑧轴线间、⑭⑮轴线间，系杆在ⒶⒷⒸⒹ轴线上均通长布置，在$\frac{1}{A}$、$\frac{2}{A}$、$\frac{1}{B}$、$\frac{2}{B}$、$\frac{1}{C}$、$\frac{2}{C}$分轴线上分别布置于①②轴线间、⑦⑧轴线间、⑭⑮轴线间。

3）系杆分 XG-1、XG-2 两种，一共 86 支，其中 XG-1 有 20 支，XG-2 有 66 支；水撑分 SC1、SC2 两种，一共 54 支，其中 SC1 有 36 支，SC2 有 18 支。

4）柱撑分两种（ZC-1、ZC-2）；抗风柱分 KFZ-1、KFZ-2、KFZ-3 三种，一共 12 支，其中 KFZ-1 有 4 支，KFZ-2 有 4 支，KFZ-3 有 4 支。

5）各节点可从结构节点详图（结施-08）里识读，系杆节点读结构节点详图①，水撑节点读结构节点详图②，柱撑节点读结构节点详图③，抗风柱节点读结构节点详图④。

（十一）吊车梁平面布置图及构造图识读

要识读的吊车梁平面布置图及构造图如附图 11 所示。

由附图 11 可读出以下信息：

1）吊车梁分 DCL-1、DCL-1A 两种，一共 84 支，其中 DCL-1 有 72 支，DCL-1A 有 12 支，根据吊车梁材料表可知，吊车梁规格型号为 HN400×200mm×8mm×13mm 的窄翼缘成型钢。

2）由吊车梁断面图可知，吊车梁加筋肋厚度为 6mm，间距为 750mm，下端距下翼缘上边缘 50mm。

3）上翼缘吊车梁与钢轨节点详见本图①，边跨吊车梁与牛腿节点见吊车梁节点图（结施-06）②，中跨吊车梁与牛腿节点见吊车梁节点图③，中跨吊车梁支撑节点见吊车梁节点图④，边跨吊车梁支撑节点见吊车梁节点图⑤。

（十二）吊车梁节点图识读

要识读的吊车梁节点图如附图12所示。

由附图12可读出以下信息：

1）边跨吊车梁腹板中心距柱里侧边缘250mm，吊车梁上面端部与柱采用厚度为10mm，宽度为190mm，长度为220mm的连接板连接，连接板横向孔距为100mm，纵向孔距为130mm。

2）钢柱上的与吊车梁连接的连接板厚度为10mm，宽度为90mm，长度为250mm。

3）边跨吊车梁下翼缘端部设置厚度为20mm，宽度为90mm，长度为420mm的垫板，与吊车梁焊接为一个整体，并与钢柱牛腿通过2条M25的高强度螺栓连接。

4）吊车梁设置支撑，支撑规格为∟50×5的等边角钢，与钢柱和吊车梁上翼缘通过M16的普通螺栓连接，螺栓距离钢柱中心600mm。

5）中跨吊车梁与牛腿节点的识读与边距类同。

（十三）GJ-1详图识读

要识读的GJ-1详图如附图13所示。

由附图13可读出以下信息：

1）该钢架分为三跨，跨度均为18000mm，$\frac{6}{100}$表示坡度为6%。

2）Ⓐ Ⓓ轴线钢柱为规格型号HN396×199mm×7mm×11mm的窄翼缘型钢，Ⓑ Ⓒ轴线钢柱为规格型号HW294×200mm×8mm×12mm的宽翼缘型钢，钢柱牛腿均采用规格型号为HN396×199mm×7mm×11mm的窄翼缘型钢；钢柱檐口高7500mm，檩托板的间距分别为1200mm、1300mm、1300mm、1500mm、1100mm、1100mm。

3）钢梁分为8段，规格型号共有三种，分别为H（550~298）×149mm×5.5mm×8mm（为规格型号HN298×149mm×5.5mm×8mm的型钢加腋合成）、HN298×149mm×5.5mm×8mm、H（600~300）×150mm×6.5mm×9mm（为规格型号HN300×150mm×6.5mm×9mm的型钢加腋合成），位置可根据钢梁标注得知；钢梁檩托板的间距从屋脊至檐口分别为200mm、1300mm，其余均为1500mm。

4）剖面1—1为钢柱与钢梁连接处钢柱连接板的剖面，连接板的厚度为20mm，宽度为200mm，长度为835mm，孔径为24mm，孔距横向为110mm，纵向由上至下分别为108mm、210mm、211mm、108mm，连接板上下均设有加筋板，加筋板厚度为10mm，宽度为95mm，长度为120mm。

5）剖面2—2~剖面8—8识读与剖面1—1类同。

6）剖面9—9为柱脚剖面，柱底板的厚度为20mm，宽度为400mm，长度为620mm，孔径为29mm，孔距横向为520mm，纵向均为150mm，柱脚垫板厚度为20mm，长宽均为80mm，孔径为26mm；剖面10—10与剖面9—9识读类同。

7）剖面11—11为钢柱加筋板位置剖面，加筋板厚度为10mm；剖面13—13与剖面11—11识读类同。

8）剖面12—12为牛腿剖面，牛腿宽度为200mm，长度为450mm，牛腿上翼板上孔的孔径为27mm，间距横向为320mm，纵向为100mm，牛腿加筋板的厚度为10mm。

9）剖面14—14识读与剖面12—12类同。

10）钢柱和钢梁檩托板厚度为6mm，宽度160mm，长度200mm，孔径14mm，孔距横向为100mm，纵向为60mm。

（十四）结构节点详图识读

要识读的结构节点详图如附图14所示。

由附图14可读出以下信息：

1）①号详图为XG（系杆）大样图，系杆采用直径为89mm，厚度为3.0mm的钢管，系杆堵头板厚度为8mm，长宽均为140mm，系杆端部连接板厚度为8mm，宽度为100mm，长度为140mm。

2）②为SC（水撑）节点大样图，水撑采用直径为20mm的圆钢，水撑端部穿过钢梁腹板，加∟75×6的角钢垫后螺栓紧固，腹板穿孔位置设有加固板，与钢梁腹板焊接为一体，加固板厚度为5mm，宽度为80mm，长度为200mm。

3）③号详图为ZC（柱撑）下大样图，柱撑采用∟75×5的等边双扣角钢，双角钢间加有缀板，间距为300mm，缀板和Ⓐ号件的厚度均与Ⓑ号件相同为10mm（说明里注明），Ⓐ号件宽度为250mm，长度为300mm，孔径为21.5mm，Ⓑ号件宽度为200mm，长度为350mm，焊接于柱撑的通长双扣角钢中间，角钢边距40mm，孔距70mm；ZC（柱撑）上大样图采用∟75×5单角钢（说明里注明），节点与ZC下类同。

4）④号详图是抗风柱与钢梁连接的节点详图，抗风柱规格型号为HN300×150mm×6.5mm×9mm，抗风柱与钢梁连接板厚度为10mm，宽度为140mm，长度为180mm，孔径横向为80mm，纵向长孔，孔长为50mm，孔距抗风柱顶为90mm；抗风柱底板厚度为20mm，宽度为190mm，长度为340mm，孔径为34mm，孔距横向为150mm，纵向为130mm，底板垫板厚度为20mm，长宽均为80mm，孔径为28mm。

5）拉条采用直径为12mm的圆钢，间距为60mm，两端攻螺纹长100mm，拉条距C型钢下缘120mm，檩条间的拉条上下交错连接，拉条实际长度可通过实际放样确定。

6）撑杆（CG）采用直径为32mm，厚度为2.0mm的钢管，距穿于内部的拉条端部50mm。

7）隅撑采用∟50×3的角钢，隅撑孔长度方向距边30mm，宽度方向居中，孔径为14mm，它与钢梁成45°夹角，一端与钢梁下翼缘上的隅撑板通过M12的螺栓连接，另一端与檩条连接，隅撑板厚度为6mm，宽度为80mm，长度为80mm，隅撑长度可按实际长度放样确定；LT（檩条）与LT间留有10mm间隙。

（十五）屋面檩条布置图识读

要识读的屋面檩条布置图如附图15所示。

由附图15可读出以下信息：

1）屋面檩条有14列38排，共计532支，7000mm开间为规格型号C160×60mm×20mm×2.5mm的C型钢，共76支，6000mm开间为规格型号C160×60mm×20mm×2.0mm的C型钢，共456支，檩条间距可由GJ-1檩托间距得知。

2）直拉条（WLT）、斜拉条（XLT）均为直径12mm的圆钢，直拉条7000mm开间2列39排，6000mm开间1列39排，数量共计624支，斜拉条每间8支，数量共计112支；撑杆为直径32mm，厚度2.0mm的钢管，撑杆内穿拉条。

3）隅撑为规格∟50×3.0的等边角钢，在檩条上间隔布置，①、⑮轴线每根轴线18

支，②～⑭轴线，每根轴线上 36 支，数量共计 504 支。

（十六）墙面檩条布置图识读

要识读的墙面檩条布置图如附图 16 所示。

从附图 16 可知：

1）墙面檩条为规格型号 C160×60mm×20mm×2.0mm 的 C 型钢，Ⓐ、Ⓓ轴线有 14 列 5 排，①、⑮轴线有 9 列 5 排，墙面檩条数量共计 230 支。

2）上、下窗窗柱为规格型号 C160×60mm×20mm×2.0mm 的 C 型钢，下窗户有 42 个，一个窗户 2 支窗柱，则下窗柱共有 84 支；上窗户为通窗，共 4 个，故上窗柱共 8 支。

3）门柱和门梁均为规格型号 C160×60mm×20mm×2.0mm 的 C 型钢拼焊而成，门有 4 个，1 个门有 2 支门柱和 1 支门梁，则门柱共计 8 支，门梁共计 4 支。

4）墙面直拉条和斜拉条均为直径 12mm 的圆钢，拉条间距 60mm，两端攻螺纹长 100mm，斜拉条孔距轴线 250mm，直拉条Ⓐ、Ⓓ轴线无门开间 12 间，每间 2 支，有门开间 2 间，每间 1 支，斜拉条Ⓐ、Ⓓ轴线 14 间，每间 4 支，直拉条①、⑮轴线 9 间，每间 2 支，斜拉条 9 间，每间 4 支，则墙面直拉条共计 88 支，斜拉条共计 184 支。

第二节　钢框架结构

一、结构组成及特点

框架钢结构主要是由基础、柱、楼层梁、外围护和楼梯等构件组成，与钢筋混凝土的框架结构类似。不同处在于：一是选用的构件材料不同；二是由于钢结构本身自重轻，结构体系的水平位移往往较大，为了控制其水平位移或其整体刚度，有时需加设支撑，如图 3-3 所示。

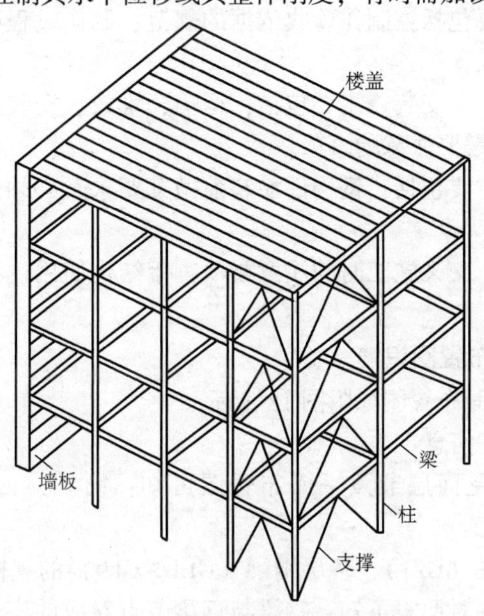

图 3-3　框架钢结构的组成

二、××钢框架施工图

××钢框架施工图整体同样划分为建筑施工图和结构施工图两大部分，此框架外围护采用砖墙结构，在这里只识读结构施工图中的钢结构部分。

通过整体识读图可读出以下信息：

1）本工程横向轴线有3根，纵向轴线有7根，共有21根柱，材质采用Q345B，规格型号采用为HW400×400mm×13mm×21mm的宽翼缘型钢，框架柱需分段制作，在标高12m处往上1950mm位置断开。

2）楼层共6层，局部设加高层，每层钢梁分别为宽、中、窄翼缘型钢，从截面表可知其主梁（两端与柱连接）次梁（两端与梁连接）规格型号，材质为Q345B。

（一）图纸目录

图纸目录主要写明图纸包含的内容及与之相对应的图号，如图3-4所示。

（二）钢结构设计说明

钢结构设计说明如附图17所示。

1）主要包括：图纸设计的基本信息；钢构件材料、制作、涂装、堆放以及运输安装过程中的设计要求和其他一些需要注意的事项。

2）图纸设计的依据。主要包括：工程设计所依据的现行建筑结构设计规范及规程；甲方提供数据的按照甲方提供的数据设计。

3）基本设计参数。主要包括：结构设计的安全等级、使用年限、抗震烈度、屋面的恒载、活载及风雪荷载值、计量单位及其他。

4）结构材料。主要包括：钢架采用的材料、材质（本工程采用Q345B）及依据的标准，其余材料可依据相关图纸说明确定；材料的性能要求及依据的标准；需采用的连接螺栓的等级及依据的标准；焊接采用的焊材材料及依据的标准规定；对其他需要材料的要求等。

5）钢结构制作。主要包括：制作验收依据的规范；制作过程中为保证构件质量需要注意的制作工艺要求。

6）构件的运输、制作、安装。主要包括：运输、堆放、安装过程中采取的保证构件及工程的安装质量的措施及需要注意的事项。

7）钢构件的涂装。主要包括：钢构件涂装前抛丸要求及必须达到的等级标准；构件油漆的要求及油漆的范围。

8）其他。主要包括：交叉施工时的注意事项；钢结构使用过程中为保证结构安全对定期维护的要求；其他要求。

（三）各层节点平面布置图识读

要识读的各层节点平面布置图如附图18所示。

由附图18可读出以下信息：

1）由第一~四层及屋面层节点平面布置图可知：第一~四层及屋面层的钢梁位置布置。

2）由截面表可知钢柱（GZ1）、各层钢梁（GL1~GL9）的规格型号及材质。

3）由第一~四层节点对照表可知：钢梁与钢梁节点对应的序号，节点大样详见节点详图二和详图三。

序号 SERIAL No	图纸名称 TITLE OF DRAWINGS	图号 DRAWN No	规格 SPECS	附注 NOTE
01	钢结构设计说明	1/8	A1	
02	桩位布置图	2/8	A1	
03	装置基础图	3/8	A0	
04	各层节点平面布置图	4/8	A0	
05	各轴节点立面布置图	5/8	A0	
06	节点详图一	6/8	A0	
07	节点详图二	7/8	A0	
08	节点详图三	8/8	A0	
09				
10				
11				
12				
13				
14				
15				
16				
17				
18				
19				
20				
21				
22				
23				
24				
25				
26				
27				
28				
29				
30				

XX工程设计研究院有限公司	建设单位 CLIENT	XX化工有限公司	工程编号 CONTRACT. No.	
	工程名称 PROJECT TITLE	XX装置	图　别 CATEGORY	结施
建筑工程　化工工程　甲级　XXXXXXXXX JOB NO. A132005336	图纸目录		图　号 DRAWING. No.	
制　表			日　期 DATE	
			共　页 PAGE TOTAL	1
			第　页 PAGE No.	1

图 3-4　图纸目录

（四）各轴节点立面布置图识读

要识读的各轴节点立面布置图如附图 19 所示。

由附图 19 可读出以下信息：

1）由 1～3 轴、A～G 轴框架节点立面布置图可知：立面钢柱与钢梁连接对应的节点序号，例如节点 $\frac{1}{6}$ 表示此处连接节点详图见结施图第 6 页 1 号节点（图纸节点详图一里的 1 号节点）。

2）为方便运输，钢柱均需从标高 12.000 处往上 1950mm 位置断开。

3）各层钢梁层高分别为 6m、6m、5.8m、5.8m、3.2m、3.5m。

（五）节点详图一识读

要识读的节点详图一如附图 20 所示。

由附图 20 可读出以下信息：

1）由钢柱脚大样图可知：钢柱柱底标高为 -1.200m，柱底往上至标高 0.000m 之间两侧翼板上设有 9 道栓钉，栓钉直径为 16mm，长度为 65mm，间距 130mm。外围设有 10 道箍筋和 3 道加强箍筋，箍筋采用直径 10mm 的三级钢筋，间距为 100mm，加强箍筋采用直径 12mm 的三级钢筋，主筋采用 18 根直径为 22mm 的三级钢筋。

由钢柱脚大样图平面图可知：底板厚度为 22mm，宽度为 440mm，长度为 500mm，底板孔径为 31mm，孔径横向为 132mm，纵向为 340mm，采用 M24 的地脚锚栓连接；垫板厚度为 16mm，长宽均为 70mm，孔径为 26mm，现场与柱底焊接，为现场焊接符号；45° 2 表示钢柱翼板需开 45°坡口，留 2mm 间隙与柱底板焊接；钢柱在 ±0.000 位置需加一道加筋板，筋板厚度为 22mm，宽度为 180mm，长度为 358mm。

2）由上下钢柱对接节点详图Ⓐ可知：上下钢柱对接采用厚度为 10mm，宽度为 253mm，长度为 765mm 的 2 块夹板连接，夹板上的孔径为 21.5mm，横向三列孔，孔距均为 70mm，纵向 10 排孔，孔距上下均为 70mm，中间孔距为 107mm，上下柱对接留 7mm 间隙，上柱下端翼板开坡口后内侧加垫板与下柱现场焊接。

3）由①号节点可知：此节点为钢柱腹板与规格型号为 HN400×200×8×13 钢梁的连接节点，钢柱等截面牛腿与钢梁连接，HN 表示此钢梁为窄翼缘型钢，400 表示截面高度为 400mm，200 表示翼板宽度为 200mm，8 表示腹板厚度为 8mm，13 表示翼板厚度为 13mm；符号㊹表示此节点采用刚接连接方式，焊接位置下面需加垫板，钢柱牛腿与钢梁在现场螺栓连接后再现场焊接，㊹表示焊接形式和方法，与图纸说明里的焊接节点大样对应，㊹的焊接节点大样如图 3-5 所示。从图 3-5 中可知，对接间隙 b 根据钢梁的厚度来确定，当钢梁厚度在 6～12mm 时，间隙取 6mm，当钢梁厚度大于 13mm 时，间隙取 9mm，此节点间隙取 9mm；符号 6 表示双面焊缝，焊缝尺寸为 6mm，圆弧表示与此构造相同的位置均采用这种焊缝；钢柱牛腿上下翼板厚度为 14mm，宽度为 358mm，长度为 394mm，腹板厚度为 10mm，宽度为 372mm，长度为 490mm，腹板上孔孔径为 22mm，有 1 列 4 排孔，竖向孔距为 70mm，孔距钢梁上翼缘上面距离为 95mm，孔距腹板边缘 47mm，钢柱牛腿与钢梁采用规格 M20 的摩擦型高强度螺栓连接（设计说明第三条有说明）；钢梁端部翼板两侧加腋，厚度为 14mm，宽度 35mm，长度 145mm。切角宽为 10mm，长为 100mm；钢梁腹板端部距钢柱牛腿翼板端部 23mm。

4）由⑥号节点可知：此节点为钢柱腹板与规格型号为 HN400×200mm×8mm×13mm

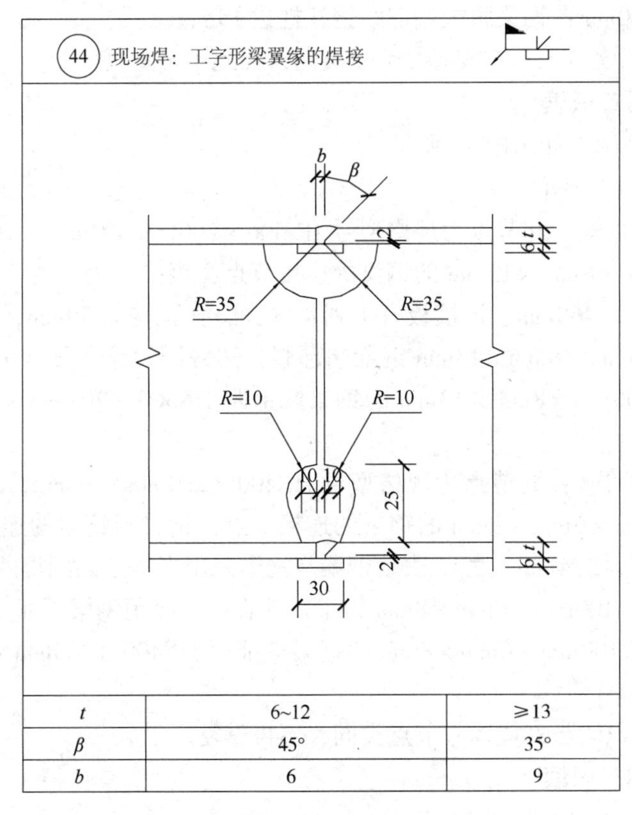

t	6~12	≥13
β	45°	35°
b	6	9

图 3-5　焊接节点大样

钢梁的连接节点，钢柱变截面牛腿与钢梁连接，其他识读与①节点类同；钢梁腹板端部距钢柱牛腿翼板端部 15mm。

5）由⑫号节点可知：此节点为钢柱翼板与规格型号为 HN400 × 200mm × 8mm × 13mm 钢梁的刚接连接节点，钢梁下翼缘端部加腋，宽度为 100mm，长度为 500mm；钢柱与钢梁间的连接板厚度为 10mm，宽度为 95mm，长度为 304mm，连接板有 1 列 4 排孔，孔距均为 70mm，边距为 47mm，最上面一个孔距钢梁顶面 95mm，钢柱翼板与钢梁翼板留间隙 9mm（图 3-5 焊接节点大样的要求）；在钢柱腹板上与钢梁上下翼板齐平的位置加有 4 块加筋板，板厚与钢梁翼板厚度相同；钢梁腹板端部距钢柱柱边 15mm。

6）⑮号节点识读与⑫号节点类同，不同的是此节点在钢柱腹板与规格型号 HN500 × 200mm × 10mm × 16mm 的钢梁对应位置加有一块补强板，补强板厚度为 4mm，宽度为 348mm，长度为 952mm，上边缘距梁顶面 150mm，板上开 24 个孔，符号 ⊐〈(61) 表示补强板需要与钢柱腹板塞焊，具体做法参照焊接节点大样(61)；HN500 × 200mm × 10mm × 16mm 的钢梁腹板端部距钢柱柱边 15mm。

7）由⑳号节点可知：此节点为上节钢柱柱顶与规格型号 HN400 × 200mm × 8mm × 13mm 钢梁的连接节点，钢柱顶板距钢梁顶面 60mm，钢柱腹板与钢梁对应位置加有补强板，识读与⑮号节点补强板类同；钢梁上下翼板端部加有异形盖板，上翼板盖板厚度为 6mm，宽度为 182mm，长度为 286mm，盖板切角宽度为 12mm，长度为 220mm，下翼板盖板厚度为 6mm，宽度为 218mm，长度为 295mm，盖板切角宽度为 30mm，长度为 220mm；柱顶板厚度

12mm，长宽均为 460mm；钢梁腹板端部距钢柱柱边 15mm。

其余节点详图识读与①、⑥或⑫号节点类同，在此不再重复。

（六）节点详图二识读

要识读的节点详图二如附图 21 所示。

由附图 21 可读出以下信息：

1）由㉑号节点可知：此节点为规格型号 HN500×200mm×10mm×16mm 的钢梁与规格型号 HN400×200mm×8mm×13mm 的钢梁的连接节点，钢梁与钢梁的连接板厚度为 10mm，宽度为 95mm，长度为 468mm，连接板有 1 列 4 排孔，孔距均为 70mm，孔距钢梁腹板边距 46mm，HN400×200mm×8mm×13mm 钢梁端部腹板边缘距钢梁顶面 49mm，钢梁与钢梁顶面齐平；HN400×200mm×8mm×13mm 的钢梁端部距 HN500×200mm×10mm×16mm 的钢梁的腹板中心 20mm。

2）由㉒号节点可知：此节点为规格型号 HN400×200mm×8mm×13mm 的钢梁与规格型号 HW100×100mm×6mm×8mm 的钢梁的连接节点，钢梁与钢梁的连接板厚度为 10mm，宽度为 96mm，长度为 374mm；5表示钢梁与钢梁采用现场三面围焊的连接方式，焊缝尺寸为 5mm，HW100×100mm×6mm×8mm 钢梁端部腹板边缘距钢梁顶面 25mm，钢梁与钢梁顶面齐平；HW100×100mm×6mm×8mm 的钢梁端部距 HN400×200mm×8mm×13mm 的钢梁的腹板中心 20mm。

3）其余节点的识读与㉑或㉒号节点类同，不再重复。

（七）节点详图三识读

要识读的节点详图三如附图 22 所示。

由附图 22 可读出如下信息：

1）由㊻号节点可知：此节点为规格型号 HN300×150mm×6.5mm×9mm 的钢梁与规格型号 HW300×300mm×10mm×15mm 的钢梁的连接节点，钢梁与钢梁的连接板厚度为 8mm，宽度为 145mm，长度为 270mm，连接板有 1 列 2 排孔，孔距为 70mm，孔距钢梁腹板边距 71mm，距钢梁顶面 44mm；钢梁顶面和底面设有加强盖板，盖板厚度 12mm，宽度 150mm，长度 750mm，盖板与钢梁用 12 条 M20 的高强度螺栓连接，盖板孔径 22mm，长边孔边距为 35mm，两端三排孔孔距均为 70mm，中间两排孔距 400mm；HN300×150mm×6.5mm×9mm 的钢梁端部距 HW300×300mm×10mm×15mm 的钢梁的腹板中心 20mm。

2）其余节点识读与㉑、㉒或㊻号节点类同，不再重复。

参 考 文 献

[1] 侯军. 建设工程制图图例及符号大全 [M]. 北京：中国建筑工业出版社，2004.
[2] 周佳新，姚大鹏. 建筑结构识图 [M]. 北京：化学工业出版社，2008.
[3] 刘志杰，孙刚. 建筑施工图与读图技术实例 [M]. 北京：化学工业出版社，2009.
[4] 轻型钢结构设计手册编辑委员会. 轻型钢结构设计手册 [M]. 北京：中国建筑工业出版社，2003.
[5] 尹显奇，轻型钢结构施工与监理手册 [M]. 北京：金盾出版社，2003.
[6] 王景文. 实用钢结构工程安装技术手册 [M]. 北京：中国电力出版社，2006.
[7] 郭荣玲，等. 实用焊接技术快速入门 [M]. 北京：机械工业出版社，2010.
[8] 宋琦，刘平. 钢结构识图技巧与实例 [M]. 北京：化学工业出版社，2009.